Vilim Vasata

Gaukler, Gambler und Gestalter

Vilim Vasata

Gaukler, Gambler und Gestalter

Persönliche Geschichten
aus einem erstaunlichen
Gewerbe

Econ

In Dankbarkeit widme ich dieses Buch meinem engsten Wegbegleiter und Namensvetter, Pentel Pen, ohne dessen unerschöpfliche Quellkraft wohl kaum eine meiner Arbeiten vorstellbar wäre. Der Autor.

Adver D. Pen

Inhalt

Das Gewerbe

Mir hat es keiner erklärt

Auf ein Wort. Atemlos. Das Ganze ein Film. Und keiner hat's dir erklärt, das Geschäft. Die Leute von ihrem Geld zu trennen.

Nur über die »geheimen Verführer« konnte man nicht aufhören sich aufzuregen. Ein totaler Blödsinn, im Nachhinein.

Schon Kishon hat sich über die Leute lustig gemacht, die alles glauben. Mit diesem Sketch: »Auf dem Marktplatz, da tanzt ein Hecht.« Den kennst du bestimmt auch.

Da sitzt einer an seinem Fenster, Leute kommen vorbei, und er fragt sie: »Wo lauft ihr denn hin?«, und sie antworten: »Hast du es nicht gehört, auf dem Marktplatz, da tanzt ein Hecht.«

Der Mann denkt sich was und tippt sich nur an die Stirn. Erst als noch mehr Leute kommen, geradezu vorbeiströmen, wird der kluge Mann schließlich nervös. Er steht auf und schließt sich der Menge an. So viele können nicht irren. Na.

Bei so was, da klärt sich auch was bei dir. Du lernst was über die Litanei. Über die beschwörende Kraft der Penetration. In dem Gewerbe.

Es hat dir keiner gesagt, was hinter den Dingen steckt.

Hinter dem Weihrauch und der Monstranz. Die planvoll bestickte Identität. In kerzenbeschimmertem Gold.

Alles gestaltet, auf Masse gedacht. Hat dir keiner erklärt.

Die Kutten-Farbhierarchie des Religionsmanagements, für die Kardinäle, nach Goethe die höchste der prächtigen Farben: das Purpur-Rot.

Hat dir keiner erklärt, dass das Kreuz eines der mächtigsten Logos ist, mit denen du deine Leute sogar in eine Schlacht treiben kannst, wie urdamals der Konstantin, »in hoc signo vinces«, was? Ja, das ist deine verdammte Gestalter-Profession.

Tausend Jahre später, weil's dir keiner gesagt hat, erkennst du's auf einem Plakat für eine Ausstellung von Unternehmensdesign, Swastika, das Hitler'sche Hakenkreuz aus der Mongolei, mit dem sarkastisch lehrreichen Satz: »Never underestimate the power of a corporate image.«

Mensch, mein feingeistiger Künstlerfreund, du hast es mit Einfluss zu tun. Was heißt schon Werbe-Gewerbe und Kommunikations-Design? Einfluss ist dein Beruf, Problemlösung dein Geschäft.

Selbst Lagerfeld folgt der Tradition von Coco Chanel, zeichnet ihr diszipliniertes Konzept, die Inszenierung der Uniformen, die du entwirfst, wusstest du es?, sie dient der Versammlung von Macht. Du dachtest, du hättest es wohl mit Kunst zu tun, wie der Christo, mit seinem »Running-Fence«? Dabei ist auch das bloß Event-Marketing, und das Produkt bist du selbst.

Hat dir keiner erklärt. Das Genie und den Widerspruch.

Der Herr Dr. Piëch aber, erklärt es dir gern: »Hörn's, gehn's mia weg mit der Technik, am liebsten is mia ein Sonnenaufgang in der Sahara, ›Vorsprung durch Technik‹, ja schön, aber mir macht das enormen Druck. Ein Glacéhandschuh auf dem Beifahrersitz, was weiß ich, machen's doch so was vielleicht.«

Nichts davon hast du geahnt, gar gewusst, zwei Tage vor Ausbruch des zweiten Kriegs, mit neun, grad noch herausgekommen aus Zagreb, nach Wien. Und fast ohne Deutsch zu können aufs Gymnasium. Du stehst in zu großer HJ-Uniform, frierend in dunkler Nacht, an einer fremden, nassen Ecke in Ottakring, verkaufst aus einem flachen Karton fürs Deutsche Hilfswerk, klick, klack, handgeschnitzte Figürchen, für einen Zweck, der sich dir nicht erschließt.

Findest den Weg kaum nach Hause, der Vater im Job in Kiel, während du dir zwischen den fallenden Bombensplittern, Helm auf, den nächstbesten Bunker suchst. Wie kannst du den Zufall in deinem Zeichenlehrer erkennen, der dir Talent für die Graphik bescheinigt, die Graphik?, und dir damit einen unbekannt seltsamen Weg aufzeigt.

Kannst du wissen, dass dir später die »Folkwang« in Essen zum Abschluss ein Semester für »gute Führung« schenkt?

Damals, als du noch in einer selbstgestrichenen Malerwerkstatt in einem muffigen Hinterhof gesessen hast, den bestellten Satzabzug von weit hergeholt, nur um ihn dann mit der Nagelschere in die richtige Abfolge zu schneiden und über Nacht, Zeile für Zeile, mit geschwollenen Augen mit »Uhu« bündig zu kleben? Lieber tastenverwöhnter Computerfreund, alles mit Hand, vor dem riesigen weißen Blatt für die »Anzeige«, deine erste. Was ist das? Wie geht das? Hilflos, tränende Augen und Schweiß.

Vor dir der Papyrus deiner Bewährung, Enigma, ja, so spielt die eisig kalte Erfahrung eben mit dir. Denn keiner hat's dir gesagt, bei dem ganzen akademischen Formenspaß, keiner hat dir erklärt, wo du anfangen musst, mit Layout, Stand und »Mitteilung«. Was ist das, eine Headline? Und was tun, wenn du die Illustration oder das Photo nicht selber hinkriegst, wie ein müde grinsender Profi?

Handwerk, das ist Arbeit vom Grund auf, das Ready-to-use-Element aus der Maschine, so etwas Feines gab's damals nicht. Nichts. Jeder Buchstabe, jedes Bild, buchstäblich nur aus der Hand. Später, weit später, legt sich der fiebrige Stress.

Du machst eine Streichholzschachtel für den Golfclub Bergisch Land, dein Kollege aus Studienzeiten, er hilft, die Begabungen in der Partnerschaft gleichen sich aus, erste Sachen entstehen. Vorzeigbar.

Werbebriefchen, illustrierte Broschüren, ein Auftrag von einer Henkel-Sparte, sie erscheinen im »Graphis«, dem Annual der Gestalterehre. Bald steigt dir wohl etwas zu Kopf. Eine Agentur, die »Werbe«, so heißt sie, wird auf dich aufmerksam, eine »Agentur«?

Hat dir keiner erzählt, wie viel Sparring dahinter steht. Für die Nehmerqualitäten im Ring. Der einzige Agenturmann unter uns Amateuren war Günther, bis heute Ads Freund. Günther Gahren, der damals schon fertige, stets unüberhörbar lachende Werbe-Profi, unzählige Kämpfe schon hinter sich. Es war Günther, der mit uns Greenhorn-Talenten aus einem Studio eine Agentur gemacht hat. Nämlich die »Team«. Wohl dem, der da einen Profi hat. Die Briefings des neuen Business zu verstehen.

»Briefings«, das kennst du heute vom Militär, das sind die Aufmarschpläne der Generalstabskünste des Kunden. Kunden? Der Auftraggeber von Firmen mit Namen von Weltgewicht, nur aus fernen Distanzen hast du von denen gehört. Was, die?

In den Briefings, die später deine einzigen Wegweiser sind, steht alles, was dein Klient sich aufs Haarkleinste wünscht. Was, an wen, wodurch, das ist Media. Media, was? Und womit? Du bist gut beraten, alles penibel schlau zu beachten, vor allem herauszuarbeiten, du lernst, es zu belassen, wunschentsprechend genau, wie's im Briefing steht, doch anders, stark oder neu, witzig, auffällig »kreativ«, ah, ohne vom Thema zu gehen, das ist ja klar. Sonnenklar. Im Zweifel ist ja noch Günther da!

Hm? Du bekommst doch noch Luft?

Du lernst, du liest es dir von den Schlagzeilen ab, das muss reinhauen »wie'n Holzhammer«, so haben sie früher gesagt, aber der Boulevard, wie die »Sun«, tut es noch, eine »Headline« dagegen ist nobler Spaß.

Aber du verstehst, was dir keiner erklärt hat, über ein solches Geschäft. Du beginnst, dich zu imprägnieren, begreifst, dass es der »Impact« ist, den jeder will, für sich und gegen den Wettbewerb. Und plötzlich merkst du, wie sich die Begriffe ändern, hey, du bist doch nicht etwa schon im Geschäft?

Auf der Madison-Schule lernst du die große Kunst, aus dem Einfachsten eine große Wirkung zu machen. So wie es für unzählige von Adepten der Welt der einmalige, der unerreichte Bill Bernbach vorgedacht hat, als er diese einfache, normale Karre, den Kleinwagen Volkswagen, zum »beetle« gemacht hat, zum Käfer, auf dem Dach liegend, die Reifen nach oben. »It's ugly, but it gets you there.«

Da endlich wusste ein jeder, was es heißt, kreativ zu sein. Sie zeichnen das Ding auf einem Ei stehend, kongenial, »Es gibt Formen, die man nicht verbessern kann«. Seitdem gilt dein Gewerbe als klassisch, gesellschaftsnah, und, endlich begreifst du sie, die Kunst vom Markt-Dialog. Nun erklärst du's dir selbst. Weil du lernst.

Du lernst es von David Ogilvy, der von der Direktwerbung kommt, du siehst den Mann mit der Augenklappe, im später so berühmten »Hathaway«-Shirt, und liest Davids berühmte »Line« für Rolls-Royce: »Bei 60 Meilen die Stunde kommt das Lauteste, was du in diesem neuen Rolls-Royce hörst, von seiner elektrischen Uhr.«

My oh my, das ist eine andere Welt, nicht nur bloßes Design. Das hier, das arbeitet für das Business, mit Einfühlung in den Markt, statt mit der bloßen Form.

John Caples, er kam vom Direktmarketing, war ein Meister des »Rücklaufs«, erinnere nur diese höchst naiv gezeichnete Anzeige von 1926, die Illustration einer feinen Gesellschaft mit einem unauffälligen Mann, der am Klavier steht. John, einfühlender Kenner des people's way, schreibt diesen seitdem unvergesslichen Satz für eine Methode, mit der man Klavierspielen lernen kann. Oh, Freund, das ist es, warum man diesem Gewerbe so mühelos leicht verfallen kann: »... They Laughed When I Sat Down At the Piano. But When I Started to Play! –«

Ich habe John, nahe 90, bei BBDO an der Madison noch erlebt. Wenn ich da war, hab ich ihn immer besucht. »Hi, John, do you still play the piano?« Und, er hat gelacht.

Man sagt, keine Anzeige sei so erfolgreich gewesen und über die Jahre öfter gelaufen als diese. John Caples, der war einer der Pioniere, welche die ersten Steine für ein glaubhaft wirksames Gewerbe der kreativsten, einfachsten Einfühlung gesetzt haben.

Wie der alte George Batten auch, das eine B von BBDO (Batten, Barton, Durstine & Osborn), der 1893 in einer ersten Agentur-Annonce unter dem Label »BUSINESS HELPERS« so unübertrefflich direkt geschrieben hat:

»I want more business.
George Batten, Newspaper Advertising Agent, 38 Park Row, New York:

What I have is of the best. I want as much of the best as I can do – as well as I do what I have.

My work is well done. My clients know how well. They will answer for me.

You know how hard it is to get any delicate work well done.«

Woher hättest du wissen können, dass du je einem solchen Manne nachkommen würdest?

Dass du dem Gefühl der Pioniere nachkommen würdest, wie es sich aus einer Anzeige vom Jahr 1936 der Markt-Neulinge Harry und David Rosenberg für ihre berühmten Birnen aus Oregon, den »Royal Riviera Pears«, herauslesen lässt. Diese Überwältigung, wie du sie heute doch nirgends mehr findest, in den Zeiten der Madoffs nicht und sowieso nicht in den faden steifgesetzten »Copies« eines erstarrten Reklame-Babylon. Lies lieber den Aufschrei der Birnengebrüder Rosenberg, in seiner ganzen überwältigenden Naivität:

Unglaublich, Harry und ich werben für unsere Birnen in FORTUNE!

Hier draußen auf unserer Ranch, da geben wir wirklich nicht vor, viel über Werbung zu wissen, und wahrscheinlich sind wir verrückt, dass wir den Preis eines Traktors für diese Seite bezahlen, aber mein Bruder und ich hatten eines Abends diese Idee, und wir glauben, dass ihr Leute, die ihr FORTUNE lest, die Leute seid, die sich dafür interessieren. Also, hier ist unsere Geschichte:

»Wir haben einen wunderschönen Obstgarten hier draußen im Rogue River Valley in Oregon, und die Erde, der Regen und die Sonne lassen hier die schönsten Birnen der Welt wachsen. Und dann beschreiben die Rosenbergs in ihrer ganzen Leidenschaft das Herrliche ihres Produkts, die seltene Birnensorte aus Frankreich, die nur von 20 Jahre alten

> Bäumen zum Verkauf kommt und sich ihrer Köstlichkeit wegen ihren Weg schon bis in die feinsten Hotels und Restaurantadressen der großen Welt gebahnt hat, bis hin zum Zarenhofe in Russland: … Wir packen die großen, saftigen, blühenden Dinger in die feinsten Tücher, und wir sind sehr aufgeregt darüber.«

Herrschaften, ich weiß nicht, überfällt euch nicht auch so ein Gefühl, jetzt in unserer elenden Weltenkrise der Gier und des verblasen fiktiven Mammons, dass darin wieder ein Anfang und auch der Anstand steckt, der nun selbst vom Papste geleugnet wird, unter dem Petersdom ein geistiger Holocaust aller aufgeklärten Moral?

Die Rosenbergs, wie auch der Levi Strauss, sicher waren die Juden, doch das ist normal, lass es dir sagen, mein stets differenzierender Freund, die hatten ein sinnliches Marktgefühl, das habe ich damals auch nie gehört, dass es allein darum geht, das ist das, warum es im schönsten Verkaufsgewerbe der Formjongleure und Textartisten eben auch diese so eben tüchtig benannten »Fuzzis« unter uns gibt, warum, auf ein Wort und atemlos, reden wir hier, und über was?, natürlich über die Dinge, die schnell und schnippisch und auch noch schick mit »Nägelchen« ausgezeichnet, in überalterter Clubmanier überzeichnet sind, wir reden, was mir keiner erzählt hat, und uns erzähl ich, was das für Birnen, wie »Royal« die sind, die Produkte vom Herz, was für ein Unternehmen ein Unternehmen ist, was schmerzlicher Ehrgeiz ist, was die phantastische Ambition, was draußen ist, ein strömender Markt von Ding und Gefühl und von der Verantwortung der Vervielfältigung und, dass du, von mir aus, mit Macintosh, iPod und Blackberry mitspielen kannst, mein selbstverliebter Equilibrist, aber dann erst, wenn du's in deinem Blute verstehst, ganz wie ein Drogba am Ball, und dass du es nicht erfassen kannst, mit einem blässlich verforschten Kopf, auch dieses Kraut hier zu lesen, das ich dir zumute, anrichte, lieber Freund, mit einem dir fremden, radikalen und vielleicht dir so wie vorgesetztem Geschmack. Aber, bitter ist süß.

Wenn du es dir denn zumuten willst, Freund, dich einzufühlen, in diese Einfalt und die Kunst, die naive, erste Eindringlichkeit und vielleicht auch die eitle Intelligenz, in den coolen Sex von Tom Ford und in Anna Wintours grandiose Allüre. Nicht zu vergessen, den Freigeist Graydon Carter von »Vanity Fair« in seiner geschliffenen Grobheit, im Impact der Freiheit, die absolute, die frei geschriebene Show, dann, Freund, auf ein Wort, atemlos, geh ein Stück mit und versuche, sie zu verstehen, die Welt des Gaukler- und Gamblergewerbes, die sich bis in die Powerpoints Gesetze und Regeln, selbst Bibeln zu geben verstand und doch von der Aufhebung aller Regeln lebt, nur um sich neue zu schaffen, auf Zeit. Frag Ries und Trout.

So ist das Klima, die oft einfach unmäßige Temperatur. Freund, bist du angestrengt? Dann ist es gut. Nett, so fürchte ich längst, ist nur okay, und ohne Passion geht bei uns nichts.

Und nichts, ohne den guten Mann. So selten er ist. Als Klient. Einer, der das Taktieren verachtet und einfach nur »gute Sachen« liebt.

Ohne Passion, da geht nichts. Wahrheit ohne Umwege, Denken, Transformation und Leidenschaft, Imagination, große Augen und Lust. Charakter zuerst. Und dann Ambition. Gambling, Awarding, ein Armband zum Poker, all-in und rasend riskanter Verlust. Und, aller Gewinn. Kategorie der Lustform, auch das hat dir keiner vorher und nachher gesagt. Henry Miller, der schon.

Außer der Politik und der Schauspielerei gibt es wohl kaum ein Gewerbe wie dies. Für ein freies Denken. Wie das von Michel Onfray. Obama und Sarkozy. Bei Carla endet die Phantasie nie. Performt doch wie wir.

Der Jahrmarkt der Gaukler und Gambler ist voll von harmlos träumendem Volk. Wenn du aber Gestalter bist, dann besser, oder notwendig sollte ich sagen, dann besser gestalte mit.

Die global umfassenden Medien, sie sind die mächtigste Realität und gleichzeitig spielen sie mit der Traummoral unserer Welt. Glaub's mir, ich habe Ted Turner erlebt und damals laut träumen gehört. Vom Weltnetz. Von CNN.

Globalweberei. Als Gestalter bist du davon ein beachtlicher Teil. Verlässt du dich etwa auf Politik? Auf die wohlfeilen Prediger? Auf Schaumredner in Davos?

Willst du ein großes, ein ganz großes Wort? Gut, egal, dann hör hin: Nur die Gestalter, die Kreativen, die ändern die Welt. Yes, we can. Also, Freund, zeig deine Layouts vor. Und, rede gefälligst mit. Wozu denn hast du trainiert?

Womöglich hat dieses wunderwirre Mixtum Compositum von Gewerbe ja doch einen Sinn. Weißt du was? Dann stell dich hin.

Sag nicht, es hätte dir keiner erzählt. Und, lies es noch mal. Von vorn.

Die Einführung zu meinem Thema, den wahren Geschichten eines unglaublichen Gewerbes, möchte ich einem weitaus befähigteren Kollegen überlassen, Harald Körke, der ein Virtuose der schreibenden Werbekunst war und, wie im Folgenden nachzuempfinden, ein getreulicher Skribent unserer ehrbaren Zunft. Wenngleich als Glosse getarnt, so ist alles doch Wahrheit, nachzulesen im Fachblatt »New Business«, Artikel 25, vom 18. 6. 1984.

Harald Körke.
Etiketten-Schwindel.

Kürzlich hat mir ein Freund aus der Branche, der geliebten, einen Tip gegeben: »Wenn du für eine Agentur einen berühmten Namen brauchst, dann musst du zu Mogel & Schummelmann gehen.«

> »Wozu brauche ich einen berühmten Namen?«, fragte ich, »Was könnte mir das bringen, wenn ich eine Agentur hätte?«
>
> »Mäuse«, sagte mein Freund. »Knete. Kunden. Ein berühmter Name ist wie die Erlaubnis, Geld zu drucken. Denk an Lürzer, Conrad & Leo Burnett.«

Ich musste ihm recht geben. Lürzer ist schon seit langem nur noch als glorreicher Name dort. Mir fiel auch A.B.S. & Boebel, Bieberstein ein: Das S-As Schneider ist schon so lange weg, dass er nicht mal mehr weiß, wo sich die Toiletten befinden. Und Bieberstein fährt einen Firmenwagen von Ted Bates.

»Du hast recht«, sagte ich und drückte ihm dankbar die Hand.

Die Firma, die so was arrangiert, befindet sich in der Flunkerstraße 7 in Berlin-Kreuzberg, wo man seit Jahren was von Türken versteht. »Mogel & Schummelmann oHG«, stand auf dem Türschild. »Agentur für Etiketten-Schwindel«. Herr Mogel empfing mich persönlich. Er trug einen schwarzen Zylinderhut, aus dem er laufend weiße Kaninchen und vergoldete ADC-Mitglieder zauberte. Auch griff er mir an die Nase und holte dort einen Krüger Rand heraus. »Mein Beratungshonorar«, sagte er erklärend.

»Etiketten-Schwindel«, sagte Herr Mogel, »ist so alt wie die Welt. Er ist, entgegen anderslautenden Behauptungen, wirklich das älteste Gewerbe der Welt. Denken Sie an Masken und Fetische.«

»Aber in Agenturen«, fragte ich, »machen die so einen Schwindel mit?«

»Und ob!«, sagte Herr Mogel. »Der Firmenname ist die Visitenkarte. Was meinen Sie, was eine Agentur bereit ist zu zahlen, bloß damit der Name drin bleibt, wenn eine Koryphäe die Kurve kratzt?«

»Was?«, frage ich.

»Na«, sagte Herr Mogel, »bei Lürzer haben wir eine Tantieme vereinbart. Jedes Mal, wenn die Telefonzentrale sich mit dem Namen meldet, kriegt er einen Fünfer.«

»Das ist aber nicht viel.«

»Kleingeld macht auch Mist«, sagte Herr Mogel, »und wenn's ihm nicht ausreicht, kann Lürzer ja immer noch selber dort anrufen. Außerdem hat er Copyright auf die Visitenkarten und die Eintragung in Red Box.«

»Nun gut«, sagte ich, »das sind Agenturen, in denen ein

Göttlicher die Mütze genommen hat. Aber wie sieht es bei denen aus, die von vornherein so profiliert sind wie Kartoffelpüree?«

»Denen besorgen wir Namen«, sagte Herr Mogel. »Wir haben berühmte Namen für alle Gelegenheiten. Kreative, administrative, intellektuelle, bahnbrechende und integrierende sowie Agentur-Philosophen.«

»Könnten Sie mir den Vasata liefern?«

»Das nun gerade nicht«, sagte Herr Mogel und lachte, »die meisten unserer Namen sind Doubles. Das ist billiger. Nehmen Sie doch Scholz oder Völker. Schmitz haben wir dutzendweise.«

»Vasata«, sagte ich beharrlich.

Herr Mogel seufzte. »Den Namen gibt es nicht so oft«, sagte er und drückte auf einen Knopf. »Bringen Sie mir die Vasata-Akte, Fräulein Lug«, sagte er.

Die Akte kam. »Vasata«, las Herr Mogel mir vor, »Alter 42; Größe 2 Meter 05; Gewicht, 165 kg …«

»Um Himmels willen«, unterbrach ich ihn, »ich wollte bei Ihnen kein Fleisch kaufen, sondern einen berühmten Namen!«

»Unser Vasata«, sagte Herr Mogel, »ist Freistil-Ringer. Wir haben ihn in Bosnien aufgetan. Er nennt sich der Bulle von Belgrad.«

»Was kostet sein Name?«, fragte ich.

»Teuer«, sagte Herr Mogel, »sehr teuer. Wollen Sie nicht lieber einen Zimmermann haben? Vielleicht einen hübschen Borsch? Gerstner, Kutter?«

»Vasata«, sagte ich störrisch, »davon habe ich immer geträumt.«

»Unser Vasata ist schon so gut wie weg«, sagte Herr Mogel. »Hegemann hat ’ne Option drauf genommen.«

»Was zahlen die?«, fragte ich.

Herr Mogel zog ein Notizbuch aus dem Jackenärmel und blätterte darin.

»Eine Million Einstand«, sagte er schließlich, »plus Erfolgsbeteiligung. Sodann Essen und Trinken. Hormonspritzen.«

Er schaute mich ernst an. »Sie glauben gar nicht, was der Kerl frisst. Nur Steaks von handmassierten japanischen Stieren. Kilo 40 Dollar.«

Ich lehnte mich zurück und sagte: »Das können Sie einem erzählen, der nicht alle Serifen an der Antiqua hat, mein lieber Herr Mogel. So viel Geld für irgendeinen Catcher vom Balkan?! Und nicht mal den richtigen Vasata, den echten mit dem GWA-Knopf im Ohr?!«

»Mein lieber Junge«, sagte Herr Mogel väterlich. »Es kommt gar nicht auf den richtigen an. Hier«, sagte er und zog einen Strohmann aus dem Zylinder, »darauf kommt es an.« Der Strohmann hielt ein Spruchband in den Händen, auf dem stand: NO MAN EST OMEN.

»Ich verstehe«, sagte ich und stand auf, »aber ich glaube, das ist mir zu teuer.«

Herr Mogel zuckte die Achseln. »Wenn Sie meinen, dass Sie auf das Vertrauen Ihrer Kunden verzichten können. Mir soll's recht sein.« Er gab mir die Hand und fand darin noch einen Canadian-Maple-Leaf Dollar. »Wie wäre es«, fragte ich, denn die Sache begann ein bisschen teuer für mich zu werden, »könnten Sie nicht meinen Namen vermarkten?«

Herr Mogel winkte ab. »Davon kann nicht die Rede sein«, sagte er, »wir sind eine seriöse Schwindel-Firma.«

P.S.: Wenn du doch noch lebtest, mein Freund: kaum selbst ein Fachreferat könnte der Wahrheit, die wir meinen, näher sein. Wahrheit! Wozu sonst das Buch? Außer, als Reklame für mich.

Die Zündhölzer

Markentheater

Mein Name ist Adver D. Pen. Sagen wir, es ist ein Künstlername. Wenn du willst, kannst du mich auch einfach Ad nennen.

Ich bin Söldner. Spezialität Wirtschaftsdelikte. Abgeschminkt, Mädchen für alles, aber täusch dich nicht, in meinem Geschäft kannst du's ganz schön weit bringen. Vom Dienstboten zum Dienstleister, was willst du. Oder, vom Agent Provocateur zum Berater, also bitte, dunkler Anzug, weißes Hemd, ganz wie die Jungs an der Wall Street. Du wirst vielleicht sogar Intimus von irgendeinem Präsidenten. Das gibt's. Magnifique. Man vertraut dir. Und hier und da findet sich in diesem Geschäft selbst so etwas wie ein Freund. Hier und da, wie gesagt. Ein Freund, dem du auf Bewährung einen Platz zwischen den Narben deiner Seele zuweist. Zu viel darfst du nicht erwarten. Merk dir das. Erwarte nicht zu viel, ok? Niemals. Das ist deine Lebensversicherung.

Gut, die meisten Klienten in dem Geschäft sind anständige Kerle. Die haben alle selbst Probleme bis unters Dach und geben sich richtig große, nette, unbeholfene Mühe, den ganzen Stress nicht an dir auszulassen. Die haben Hausregeln, Corporate

Identity, extra dazu gemacht, damit sie so richtige nette Partner sind. Denn wenn sie das nicht sind, nämlich nett, dann schadet das dem Geschäft. Also machen sie alles, damit sie nett sind zu dir, und deshalb sind wir es auch, und es kommt mehr dabei heraus. So ist das.

Und, dann gibt es die einfachen Wahrheiten. Die Ausnahme von der Regel. Freundlich gesagt, die Leute von der unbekümmerten Art. Nun, ja. Rempler, Rumpler, Rausschmeißer. Als Dienstleister, das weißt du, da streunst du auf überaus vermintem Gebiet. Trouble is your business. Bleib nur schön vorsichtig. Da gibt's Jäger von grobem Schrot.

Einer, im Schutz seines großen Ladens – besser, er bleibt dir ganz ungenannt –, er hat mir ganz ungelogen und unverfroren ins Gesicht gesagt: »Agenturleute«, die seien für ihn wie Jagdhunde. »Du pfeifst, und sie kuschen. Legen sich vor dir nieder.« Damals hat es mich aufgeregt. Aber, meine Freunde in New York, die haben sich amüsiert. Über mich.

Fair enough, so einer war eine Seltenheit. Verdorben eben, von der ihm übergebenen Macht. Einmal hat dieser Typ in meinem Beisein einen Mann von uns fertiggemacht, völlig zu Unrecht dazu. Ich, die lammhafte Sanftmut selbst, ich habe ihn angeschrien, er schrie zurück, beide hochrot, bis kurz vorm Infarkt.

Nur ein Ausschnitt vom Sittenbild. Und doch auch erstaunlich, was du als Gaukler so aushalten kannst. Denn immerzu wirst du geprüft. Wenn's pfeift, mein Freund, halt deinen Rücken steif. Leg dich nicht hin.

Das gilt auch für »Neugeschäfte«, wie das in unserem Gewerbe so heißt. Die Grundregel ist, es wird prinzipiell respektiert. Die bleibt, selbst wenn du differenzierst. Weil du gelernt hast, dass eben auch der weißeste Laden seine schwarzen Lämmer hat. Brauchst nur mal in die Kirche hineinzusehen.

Nun, in unserem Zirkusgewerbe, auf Zeit gebucht, über Zeit verworfen, da hilft erfahrene Einschätzung sehr. Ein jeder potentielle Klient, er hat seinen eigenen Ruf. Branchengerede, viel

Fluktuation. Du verstehst. So manche Markenfabrik, die ist bei uns rum. Wechselt die Agentur, so oft wie ihr Hemd. Auch wenn ein jedes Geschäft im Grundsatz begehrlich ist, manches kann dir gestohlen bleiben. Denn, du änderst es nicht, dieses Geschäft von »umstrittenem« Ruf.

Also, um einen so ähnlich umstrittenen Laden geht es in der Geschichte, die folgt. Namen und so weiter tun nichts zur Sache, du weißt schon, alles, was du dir da gleich so zusammenreimen willst, »wäre rein zufällig«. Abgemacht. Was soll's auch. In meinem Geschäft rechnest du nicht auf. Das ist ein kleiner Markt, und irgendwann läuft man sich doch mal über den Weg. Denkst du, ich will mir 'nen Strick drehen? Ich will bloß 'ne Geschichte erzählen. Eine Geschichte über die säuerlichen Katakomben der Abhängigkeit und das Bedürfnis nach frischer Luft, wenigstens ab und zu. »Where The Suckers Moon«. Randall Rothenberg. Übersetz es dir selbst.

Das als umtriebig bekannte Unternehmen, um das es hier geht, das wollen wir mal »Flachland« nennen, ist ja egal, ich denk, das ist anonym genug. Den Unternehmer in der Hauptrolle, den nennen wir nach dem Unternehmen, das seinen Namen trägt, »Flachland« also, FL. Seine Markensportgruppe, die nennen wir M, D und A, das steht für Marketing, Distribution und Ausland, auch egal.

Wenn du ein paar Fälle diskret aufgeklärt hast, so wie ich, dann spricht sich das mit der Zeit herum. Aber die Leute, sie trauen dir nur, wenn du verschwiegen bist wie ein Beichtvater. So langsam wissen die nun, dass Ad nicht viel rumquatscht. Ad weiß, wie man die Brände ausmacht und die Fassaden wieder schönkriegt. Unter den Marktschreiern bin ich der Red Adair. Ich sitz vorn und fahr selbst. Und ich krieg die schwierigen Fälle. So einer ist das hier.

Es fängt ganz harmlos an. Immer dasselbe.

»Herr Pen?« Pat. Meine rechte Hand, Hübsches Händchen. Und tüchtig.

»Ja?«

»Ein Anruf. Die Firma Flachland. Sie möchten Sie sprechen.«

»Flachland?«

»Ja.«

»Und, wer ist dran?«

»Ein Herr M.«

»Flachland.«

»Ja. Eben.«

»Warte mal einen Moment.«

Ich lehn mich ein bisschen zurück und schließ die Augen.

Eins weiß ich jedenfalls gleich. Den Kontakt brauch ich ums Leben nicht. Und, schon gar nicht um jeden Preis. Ich hab's schon gesagt. Die sollen sich ihre Füße woanders abtreten, nicht an uns. Und, ich weiß noch was anderes. Dieses Spiel, wenn es überhaupt eins wird, dieses Spiel wird zu unseren Bedingungen gespielt. Vor den Leuten hab ich so gut wie keinen Respekt. Und das kommt nicht oft vor. Tut mir leid. Ad ist berühmt für seine Zuvorkommenheit, hart in der Sache, verbindlich in der Form. So steht's auf unserem Firmenschild.

Für die reißt Ad sich kein Bein aus. Aber egal, den Anruf nehm ich jedenfalls. Ich weiß, dass sie Probleme haben. Und, blöd genug, an der Stelle bist du immer anfällig. Wirklich blöd. Ich kämpf dagegen an. Aber, da hilft nichts. Da bin ich wie der Marlowe von Chandler. »Trouble is my business.« Probleme sind mein Geschäft.

»Pat?«

»Ja?«

»Also gut, dann geben Sie mir den Typ. Wie hieß der gleich noch?«

»M.«

»M. Also, okay.«

»Flachland.« Forsch. Kommando marschiert.

»Ich weiß. Wie kommen wir zu der Ehre?«

»Wie? Wir wollen mit Ihnen reden.«

»Worüber? Über Zusammenarbeit?«

»Na ja, wir wollen natürlich erst mal sehen, ob wir miteinander können.«

»Ein neuer Name auf Ihrer Abschussliste?«

»Also …«, M schnappt nach Luft,

»Also, hören Sie mal, ist das nicht ein bisschen hart?«

»Herr M, wollen Sie, dass ich Ihnen die Liste aufsage? Passen Sie auf, in den letzten fünf Jahren haben Sie …«

M geht dazwischen.

»Okay, okay, ich versteh schon, das ist eben Ihr Bild.«

Lenkt ein.

»Aber lassen Sie uns erst einmal vernünftig miteinander reden.«

Pause.

»Wenn Sie einverstanden sind.«

Kleine Brötchen. Und, Ad, ganz großes Herz:

»Aber natürlich, ich bitte Sie, reden können wir doch.«

Und dann diktier ich's ihm langsam und freundlich zum Mitschreiben, Ad, der Verbindliche:

»Ihr dürft gern kommen.«

M, er würgt an einem Knödel aus Wut und Maso-Suppe, schluckt aber. Offenbar muss er.

»Also, gut.«

Knallt auf. Windei. Wird unser Spiel.

Anderntags kommen sie zu uns in die Agentur. M bringt D mit. Grau. Ein erschöpftes Paar.

Ich habe die Parole ausgegeben, also gehen wir sie direkt an.

Sie zeigen uns, was sie an Reklame haben, und du kannst dran fühlen, durch wie viele Hände sie gegangen ist. Eine verstümmelte Marke. Jede Menge Durchschnitt. Grobes Marketing an der Verpackung. Facelifts bis zur Entstellung. Wir sagen es ihnen, aber sie zucken die Schultern. Das ist Marketing. Es gibt für alles gute Gründe. Welche, sagen sie nicht.

Wir sagen ihnen, was sie selber wissen, dass die Karre im Dreck sitzt und wir nicht helfen können, wenn wir nicht offen miteinander reden.

M nickt verdrossen. D. nickt verdrossen. Corporate Identity. Dass sie uns verstehen, glaube ich keinen Moment. Mit denen hat noch keiner so unverblümt geredet. Sie sehen nicht so aus, als würde es ihnen besonders schmecken, aber, sie würgen's runter. Die Probleme im Markt können selbst sie nicht schönreden. Also gut. Das Briefing liegt auf dem Tisch, die Probleme sind deponiert. Flachland macht sich erleichtert auf den Weg. Ich frage:

»Ist das alles so mit dem Unternehmer besprochen?«

»Absolut. Gehen Sie davon aus«.

Brustton, wie man ihn kennt.

»Wir sprechen dieselbe Sprache.«

»Wie schön. Also, dann.«

Am nächsten Tag will ich FL sprechen. Ich muss den Mann erst sehen. In dem Geschäft musst du mit den Typen ganz oben reden, sonst verstehst du nur die Hälfte. Und seine Vorhut, nun ja.

Pat: »Ich habe Flachland an der Leitung. Die Dame von FL sagt, Sie können IHN nicht sprechen. Sie sagt, wenn Sie etwas von IHM wollen, dann müssen Sie IHM schreiben.«

Wortwörtlich so. Man glaubt es nicht. Du erinnerst dich: Erwarte niemals zu viel.

»Sagen Sie ihr, dann hätte ICH kein Interesse.«

Es dauert nicht lange und M ist am Telefon. Er schnappt nach Luft. Schon wieder. Wahrscheinlich Gewohnheit.

»Herr Pen! Was glauben Sie denn? Ich kann's nicht fassen. Das ist unmöglich. Sie können doch nicht mit Herrn FL sprechen wollen. Wo wir gestern noch bei Ihnen gewesen sind. Das muss doch genügen.«

Grober Klotz auf grobem Keil:

»Tut's nicht. Tut mir leid. Und, Herr M, Mensch, Sie erzählen mir doch nicht, wen ich sprechen darf oder nicht? Ich werde nichts für euch tun, nichts, verstehen Sie, bevor ich nicht mit eurem Unternehmer gesprochen habe. Entweder das, oder Sie vergessen die ganze Sache.«

Sendepause. Flachland denkt. Ich leg inzwischen eine Platte auf. Anita Baker. Eins ist klar. M ist mächtig unter Druck, und jetzt auch noch von zwei Seiten. Fast tut er mir leid. Er zieht die Nase tief durch, aber, den Schwanz zieht er ein. Pampig:

»Wenn Sie darauf bestehen. Aber, ich kann nichts versprechen.«

Ich seh ihn durchs Telefon, wie er fassungslos den Kopf schüttelt. FL sprechen. Auf was für Ideen die Leute kommen.

Ein paar Tage später geht die Welt unter. FL gewährt Ad eine Audienz. Der Berg kommt zum Prediger. Die Truppen stehen Kopf. Grand Hotel, das ist klar. Séparée, neutraler Boden. Ein Weltbild in Trümmern. Ad macht's möglich.

Ich bin kaum da, fängt mich M in linkischer Le-Carré-Manier ab. Und als ich in unseren Raum will, hält er mich in der offenen Tür verschwörerisch fest, Commedia dell'arte. Er flüstert mit gepressten Lippen:

»Warten Sie, bleiben Sie stehen, nur einen Moment. Sie müssen wissen, unser Unternehmer ist schon da, nicht hinsehen, nicht hinsehen, da hinten in der Lobby. Er wollte vorher einen Blick auf Sie werfen.«

Aus dem Augenwinkel, mal kurz gelinst, da sitzt er. Junge, ich denk, das ist reinster François Villon: »Er hat nicht alle Tassen mehr im Schrank und deshalb ist er leer.« Toller Rhythmus. Hab lange nicht gewusst, dass das von dem ist. Aber, ich muss doch grinsen. Das Theater hat was.

»M, das ist doch nicht euer Ernst?«

Einen Moment später spaziert FL aufgeräumt herein, ganz Waisenknabe:

»Hallo, wie geht's?«

Händedrückerchen, ein wenig zu lau, ein wenig zu feucht. Ich denk, ich bin im Film. Ustinov in der Rolle Neros, in den kleinen, unruhigen Augen tanzt ihm der Schwelbrand. Mann, der hat's nicht leicht. Aber, die Sache wird gut. »Ein Mann kann sich eine Menge Vergnügen verschaffen«, das ist von Mailer. Der ist auch viel rumgekommen. Wir setzen uns.

»Kaffee, Herr Pen?« Unsere große Welt.

»Ja, danke gern.«

»Ein Stückchen Zucker, vielleicht?«

»Nein, danke, für mich kein Zucker, sehr freundlich.« Artigkeiten. Ich sehe FL treuherzig an. Und, dabei belass ich's auch. Den ersten Schritt muss er machen. So ist der Plan. Das sitz ich aus. Und, was soll ich sagen, es klappt wie am Schnürchen. FL, das seh ich, der ist gleich irritiert. Sieht M an, dann wieder mich. Blinzelt. Hält den Blick nicht. Kann er nicht. Ich denke, wieso ist er so rot? Dann platzt er heraus:

»Ich habe gestern Ihren Klienten K gesehen. Er hat Sie sehr gelobt.«

»Wie freundlich von ihm.«

Zwei zu null. Aufschlag, Return und Lob. FL, dicklich in dicklichem Tweed, Kragen zu eng. Finger zu fahrig, der schwitzende Pennäler, den sie ein Leben lang gehänselt haben. Kein Wunder, dass er alle Welt hasst.

»Herr Pen«,

kommt gleich zur Sache, Bariton, immer noch Stimmbruch, redet am Band.

»Herr Pen, meine Herren erzählen mir, dass Sie interessante Vorstellungen, hm, interessante Vorstellungen über unsere Marke haben. Ja schön, jeder hat interessante Vorstellungen, Herr Pen, wir selbst haben genug interessante Vorstellungen, massenweise interessante Vorstellungen, und nun sagen Leute von außen, von außen, Leute, die gar keine AHNUNG von unserer Marke haben können«,

lauter, bricht hoch,

»KÖNNEN«, sie hätten INTERESSANTE …«,

fiebernder Ekel schüttelt ihn durch,

»interessante VORSTELLUNGEN. Aber, nun schön, wenn meine Herren es sagen, bitte. Ich bin gekommen. Sie sehen es. Ich bin gekommen, um zu hören, was SIE DA INTERESSANTES zu sagen haben, also bitte, ich höre Ihnen zu, ich höre Ihnen zu. Bitte, HERR PEN.«

Er zerrt mit dicklichen Fingern an seinem Kragen nach Luft.

»Bitte, Sie haben das Wort.«

»Danke.« Ad, der Ungerührte.

Ich stelle eine kleine Flasche zwischen uns, eine Fingerübung am Etikett, ich hab meine ersten Jobs als Visagist gemacht, nur ein bisschen Make-up, damit das arme Ding wieder zu dem wird, was es mal war. Also, da steht es. Und, was soll ich sagen, das Ding wirkt wie ein Pendel. FL ist wie hypnotisiert und hin. Ich fang an, aber, er lässt die Katze nicht aus den Augen. Ich leg gleich los. Hochdeutsch. Sachsprache, ein bisschen Form. So viel soll sein.

> »Es tut mir leid, Herr FL, aber nach allem, was wir wissen, erscheint uns eine mögliche Zusammenarbeit mit Ihrem Haus, nun, doch eher schwierig. Wir haben uns zwar ein paar Gedanken gemacht, aber eigentlich sind die auch nur ein Versuch, um herauszubekommen, ob es denn vielleicht doch so etwas wie eine Basis für gemeinsame Auffassungen geben kann. Ohne die würde es ja wohl kaum viel Sinn machen, überhaupt ins Gespräch zu kommen. Nicht?«

Ich linse FL an, ob er überhaupt etwas mitkriegt, aber er nickt unbeeindruckt und starrt dabei weiter sein Kätzchen an. Wahrscheinlich hört er mir sogar zu. Ich rede also 'ne ganze Weile, mach ihm unsere Gedanken klar, denk ich wenigstens, und FL, der unterbricht mich doch tatsächlich kein einziges Mal. Aber, so viel ist klar, er atmet schwer, dreht die Zündhölzer hin und her, also leicht fällt's ihm nicht. Und, so ist es. Kaum dass ich zu Ende bin, fegt er den Kaffee zur Seite und legt los: Gleich volle Kanne:

> »Also, ich will Ihnen mal was sagen, Pen, Herr Pen, oder so, Sie, Sie sagen also, das ist interessant, ja? Ja? Ich habe Ihnen zugehört. Und, jetzt hören Sie mir mal zu. So wie ich Ihnen zugehört habe. Hören Sie, Pen.«

Ich sitze ganz still. Was will er? Ich mache keinen Mucks.

> »Und, unterbrechen Sie mich nicht. Ich hab Sie auch nicht unterbrochen. Während Sie zu mir gesprochen haben, da habe ich mir überlegt ...«

Auf den Unternehmerwangen blühen hektische Flecken auf, Junge, den hat's aber erwischt …

»Ich habe mir überlegt, ja, damit Sie es überhaupt … Ich hab's mir wirklich überlegt, Pen, ich hätte zu Ihnen hier, heute, in einem Anzug kommen sollen.«

Er tastet fiebrig auf dem Tweed herum, zum Wasserglas, ein hastiger Schluck …

»Pen, ich hätte kommen sollen …«

Und nun holt er tief Luft, SOTTO VOCE, lauthals, Nero, glühend im Anblick der brennenden Stadt, FL, er singt:

»… in einem Anzug, der eng durchwebt ist mit meinem Namen, mit meiner Marke, eingewebt in die Markenfarbe. Niemand, Pen, NIEMAND kann verstehen, wie eng …«,

vergeistigtes, abwesendes Speichelsprühen,

»… wie eng man verbunden sein muss, VERBUNDEN, verstehen Sie, verbunden mit seiner Marke, um sie zu verstehen«, ach, Augen, Hochwasser, weit heraus,

»… verstehen Sie, was das heißt, verstehen …«,

er reißt die kurzen Arme in die Höhe, das römische Forum, Widerschein der Glut auf dem Lorbeer des Dichters, FL deklamiert:

»… um sie zu LEBEN, um mit ihr zu schlafen, was sage ich …«, mit ersterbender Stimme, du denkst, mein unschuldiger Träumer, ich erfinde das? Oh, nein, alles life, »… zu sterben. STERBEN.« Seufzer, Luft, Luft.

FL – wie war ich? – hat mit letzter Kraft M entdeckt, der ihm am Tisch gegenüber in Trance an seinen Lippen hängt, und läuft abermals ersterbend ein letztes Mal zu großer Pose auf:

»Erst dann, meine Herren, erst dann, kann man es wagen, sich zu äußern, zu dieser Marke, dieser Lebensaufgabe. Und Sie, Pen, ha, Sie stellen da einfach so diese Flasche zwischen uns auf den Tisch, meine Packung, meine Marke, mein LEBEN, als Ihr, pah, Konzept, oder, wie immer Sie das nennen«, er fingert am schweißnassen Kragen, weiter, verächtlich:

»Wissen Sie eigentlich, dass wir uns Jahre, Jahre …«,

schlägt auf den Tisch, Sahne explodiert, brüllt, der Raum brennt lichterloh,

»JAHRE«,

»JAHRE«,

das Hotel läuft zusammen, Feueralarm,

»Jahre mit gewaltigen Summen für Forschung und Entwicklung mit diesem Produkt, mit dieser Packung auseinandergesetzt haben, nach all dieser Zeit, den Kämpfen, den Ideen, den Investitionen, den Auseinandersetzungen und«,

fast weinend,

»da stellen Sie dieses Ding so einfach vor mich hin und …«

Er lässt sich dampfend zurückfallen, flüstert, ».… und, ich will Ihnen was sagen«, holt Luft, hauchend nur noch:

»ES IST GUT.«

Stille. Tiefer Seufzer. Er wischt sich mit dem großen Brusttuch den Markenschweiß von der glühenden Stirn. Ein fassungsloser Kiekser:

»Es ist gut.«

Er zeigt mit dem Finger auf M, der kommt langsam aus der Trance.

»M, was sagen Sie? Es ist gut, nicht?«

M nickt. Was soll er machen. Ich sage nichts. Ad, ganz Bewunderung. Ringling Brothers, Loge, erster Platz. Zeuge eines begnadeten Moments. Für ein Genie ist Applaus zu wenig.

Ruhe nach dem Sturm. Die Leute hinter der Tür verdrücken sich. FL ist wieder da, ganz der alte Charmeur. Nichts war. Er nimmt nochmals einen kühlen Schluck Wasser. Liebenswürdig, formvollendet und zuvorkommend. Ein gänzlich anderer, ein lächelnd gelassener Mann, leutselig:

»Kommen Sie mich doch besuchen, Pen. Kommen Sie? Sie wollten doch Übereinstimmung? Nun, die haben Sie. Die haben Sie.«

Ein Schatz. FL, mein potentieller Klient. Steht auf. Breites Lächeln. Steckt die Zündhölzer ein. »Auf Wiedersehen, auf Wiedersehen«. Und beiläufig im Hinausgehen:

»Aber, kommen Sie allein. Ich will mit Agenturleuten nichts zu tun haben.«

FL hat die Hand an der Tür, FL hat überhaupt alles im Griff. Ich, der blöde Spielverderber, ich sage nur noch schnell, ebenso beiläufig und doch so verbindlich, wie Ad nun einmal ist:

»Dann kann ich leider nicht kommen.«

FL sieht irgendwie ratlos um sich. Sieht seine Handflächen an. Irgendjemand hat ihm gerade ein Spielzeug weggenommen.

»Wie? Ich verstehe nicht recht?«

Macht die Türe wieder zu. »Herr Pen?« Ad, der letzte Highlander:

»Herr FL, Sie verstehen schon. Sehen Sie, diese Übereinstimmung, von der Sie gerade noch geredet haben, die beginnt jetzt oder eben nie. Sie wissen doch, ich führe eine Agentur. Also, wissen Sie doch auch, dass ich dazugehöre. Und, sollten wir tatsächlich einmal zusammenkommen, dann werden es meine Leute sein, Agenturleute, wie Sie das nennen, die die Arbeit tun. Und, ich will nun einmal, dass die respektiert werden. Sonst haben wir keine Basis. Es tut mir leid.«

Aufruhr. Feldwebel M stürzt aus der Flanke.

»Aber, Herr Pen, der Unternehmer hat es sicher so nicht gemeint.«

FL schnauft verächtlich, die Fackel schon zündend in der Hand. Es wird ihm verdammt hart. Das ihm. Dem Kaiser ins Gesicht. Vor dem Gefolge. Hass und Eitelkeit. Eine giftige Mixtur. Atmet tief durch, dann, dann tatsächlich, selbst Ad staunt, lenkt er ein. Gnade vor Stolz.

»Also, gut. Wie Sie wollen. Pen, ich bin doch kein Unmensch.« Zuvorkommend: »Kommen Sie mich erst einmal besuchen. Dann kommen wir schon zusammen.« Ganz Lamm. »M, wir gehen.«

Der Besuch steht bevor, also überlegen wir, was wir machen. Immerhin – »Pen, wo denken Sie hin?« –, am Ende bewilligen sie uns tatsächlich einen kleinen Vorschuss, also ist es nur fair, dass sie auch etwas dafür bekommen. Also gut. Wir werden ihnen ein Gastgeschenk machen.

Das Produkt, die Erfindung, mit der der Urgroßvater von FL das Geschäft einst aufgebaut hat, das Erbe, das sich FL erbittert gegen die Familie erkämpft hat und das er nun allein regiert, allein gegen alle, um es ihnen heimzuzahlen, sein Produkt hat mit seiner cleveren Mixtur den Leuten tatsächlich irgendwie über die Zeit geholfen.

Wenn du erst einmal darüber nachdenkst, nüchtern, professionell, wie du's gelernt hast, dann ist das Schmierentheater auf einmal ganz weit weg. Und am Ende finden wir einen Weg, der uns gut gefällt, eine behutsame, feine, aber auch beachtenswerte Idee: Zeugen der Treue. Die heißen auch Testimonials. Fachausdruck. Bekennungen. In dem Geschäft weiß natürlich jeder, dass es Testimonials in jeder Form schon gegeben hat, aber, es gibt eben auch immer wieder neue. Unsere ist neu. Wir machen nämlich eine Kampagne mit Hundertjährigen. Die sollen als Zeitzeugen auftreten für einen über hundert Jahre alten Erfolg. Was brauchst du schließlich mehr an Argument?

Meine Leute finden heraus, dass es tatsächlich eine ganze Menge ziemlich uralter Leute gibt, weit über tausend sogar, einige von ihnen entzückt genug, ihr Bild für uns herzugeben. Casting, ein Bild schöner als das andere. Wir schießen zwei, mehr gibt das Honorar nicht her. Die Damen sind rührend, bin selbst ganz weg, frisch frisiert, zartes Rouge auf wieder erregten Wangen, und sie lassen, in der einen Hand, doch aufs Natürlichste, unser Fläschchen, den ganzen Zauber durchsichtiger Frische wieder aufblühen. Irgendwie haut's dich selber hin.

Die Anzeige ist einfach. Es gibt keine Überschrift, wie sonst immer, bloß einen Namen und eine große 100. Den Text schreiben wir hübsch redaktionell, der sagt: Vielleicht hat sie, die alte

Dame, ihre Zeit eben auch mit der Hilfe unseres stets hilfsbereiten Produkts so schön überstanden? Wer weiß? So was in der Art. Das ist alles. Keine Peinlichkeit, kein Klamauk von Meier oder Ähnlichem, kein überstrapazierter »Benefit«, den sowieso ja keiner glaubt. Einfach nur eine hübsche, gar nicht so unmögliche Geschichte. Es sieht schön aus am Ende. Also, ich werd's ihnen bringen. Es ist widersinnig, aber so war's immer: Eine starke Idee, und schon legt sie dich aufs Kreuz.

Um dahin zu kommen, muss ich übers flache Land. Dahin, wo das Gründerhaus und die Fabrik stehen. Ich bin allein, nur ein wenig Mozart fährt mit. Marlowe, der Schnüffler, auf dem Weg zu einem Klienten. Wer weiß, vielleicht verweisen sie mich auf den Hintereingang. Oder lassen die Hunde los.

Ich bin bequem in der Zeit. Und, Ad, weit hast du's gebracht, statt des Hintereingangs geben sie mir tatsächlich den roten Teppich. Für einen Schnüffler nicht schlecht. Es gibt einen Butler, aber er ist nicht respektlos.

»Möchten Sie Ihre, äh, Mappe ablegen?«

»Danke. Sehr nett, aber ich brauche sie noch.«

Ich bin der Handlungsreisende. In der großen Mappe stecken meine Warenproben, Junge. Das Gastgeschenk. Meine große Überraschung.

Drinnen, du glaubst es nicht, Götterdämmerung. Die ganze Ausstattung an ihrem Platz. Täfelung, Ahnen und Trophäen, Dunkelroter Flor auf Holzstiegen, ländlicher Industrieadel überall, und in deine Kleider setzt sich satt und süffig die Essenz der Marke des Hauses. Ich bin jetzt schon high.

Sie geben mir die VIP-Behandlung. In dem Raum, der früher eine Bibliothek war und nun verrammelt ist von den unaussprechlichen Displays des Profits. Ich bekomme die Genese, den Aufstieg und den Fall in vierstündiger Klausur und am Ende die Führung exklusiv vom Charme in Person, FL. Die Kellergewölbe sind sein Sanctum, in den Kammern, wo die riesigen polierten Fässer stehen, kannst du auf den Fliesen sauber Picknick machen. Tiptop das Ganze. Aber, wohin damit, wenn die Leute nicht mehr wollen. Tolle Sache. Ich fließe über von Komplimenten.

FL: »Nun, jetzt haben Sie alles gesehen. Jetzt wollen wir uns noch einmal zusammensetzen.«

Das Speisezimmer hat eine kleine Sitzgruppe für den Cognac danach, und da sehe ich sie alle wieder. Die alten und die neuen Herren, D, den Feldwebel von der Distribution, M, den Kurier für Marketing und Werbung, wie auch A, einen Direktor aus Austria, der den Rest der Welt vertritt. Und, Madame. Donnerwetter. Patente Person. Wie hat der Imperator das gemacht? Na, wie schon.

»Gnädige Frau.«

Handkuss, Gläschen Champagner. Wieso nicht?

»Kommen Sie, setzen wir uns.«

Alle sind aufgeräumt. Bescherung:

»Herr Pen hat uns was mitgebracht.«

Der Hundesohn. Meine Überraschung fällt wie ein Kartenhaus in sich zusammen. Die sind zu schlau für dich, Ad. Die haben gar nichts anderes erwartet. Du lernst nie aus. Du lernst es nicht.

Aber, es ist wie Weihnachten. Nichts als glänzende Augen um dich herum. Wir sind alle eine große Familie. Madame sitzt mir gegenüber, ich brauch sie nur anzusehen, um zu wissen, wer hier die Lebensart bestimmt.

Den Champagner brauch ich überhaupt nicht, um jetzt schon glänzend amüsiert zu sein. Ich kann mich nicht erinnern, dass ich je eine so amateurhafte, auf zwei Bilder beschränkte »Präsentation«, ohne jeden Folienkram, ganz ohne Krücken, noch dazu allein, aus einem tiefen Sessel heraus, prickelnde Lebensart im Gläschen, so leichthin gegeben habe. Aber, so haben sie's gern. Ungewöhnlich. FL, mit Besitzerstolz:

»Herr Pen hat das Wort.«

Ich sehe FL an. Zwinkert er mir zu?

»Ad?«

Ich bin sein Mann. Ich nicke ihm zu:

»Sie haben mir, als wir uns kennenlernten, als Erstes gesagt, dass Ihr Haus vor allem anderen ein ungewöhnliches Unternehmen ist. Ein Haus, das ungewöhnlichen Lösungen gegenüber offen ist.«

Geht ihm runter wie Öl.

»Das habe ich gesagt.«

Kokett die Toga zurechtgezupft.

Ich werde verbindlich formell:

»Werden Sie es mir also nachsehen, wenn ich jetzt ohne allen notwendigen professionellen Hintergrund den Versuch mache, Ihnen eine Konzeption anhand von allein zwei Anzeigen zu erläutern, die ich bei mir habe?«

Daumen nach oben.

»Keine Sorge. Schießen Sie los.«

Sie lassen mich reden. Ich erklär ihnen die Idee, die Umsetzung, die Chance der Alleinstellung und die Tragfähigkeit einer solchen Idee über lange Zeit und so Sachen. Ich zeige ihnen die Anzeigen. Doppelseiten, großzügig, redaktionell, so etwas haben die noch nie gemacht, Markenfarbe im Fond. Ich erzähle ihnen die kurze, schon rührende Geschichte von Gertrud Schmalohr, einfühlsam einfach, gänzlich persönlich notiert von Ads kreativer Partnerin, Evelyne Wenzel, die sich unter den vielen Kopfschreibern im Lande noch ein intuitives Herz bewahrt hat für die wirkliche Nähe zum Markt. Die Geschichte von Gertrud Schmalohr, geboren 1879, einer alten Dame von einhundertundsieben Jahren, die doch wohl vielleicht auch mit der schönen Hilfe ihres Produktes über die Zeit gekommen ist. Ich denke, die Art mögen sie wohl auch.

Ich nehme ein Schlückchen und frage mich, was geht hier vor?

Wahrscheinlich macht es auch der Vortrag, und wenn ich will, bin ich so gut ein Charmeur wie FL. Aber sie sind auch richtig hin, ein wenig überrumpelt vielleicht, aber, mögen tun sie's. Ich sehe Madame an, sie lächelt. Das ist ein gutes Zeichen. FL heizt die Sache an. Irgendwie merkst du sofort, wenn es läuft.

FL, er geht nach Routine:

»M, sagen Sie doch mal als Erster was dazu. Also, was sagen Sie?«

Jeder Erste hält sich bedeckt. Alte Regel. M auch.

»Ungewöhnlich, ja, ungewöhnlich ist es. Ich weiß natürlich nicht …«

FL: »Danke, das genügt mir schon. Das sieht doch jeder, dass das ungewöhnlich ist. D, was sagen Sie?«

D, als Zweiter kann er ein wenig weiter heraus.

»Seh ich auch so. Aber, mutig, das ist eine Kampagne mit einer großen Idee. So etwas haben wir doch seit Jahren vergeblich gesucht.«

»Sehr gut, D. Sehr gut. Und Sie, A«, das ist der Österreicher, »haben Sie Bedenken?«

»Bitt schön …«

FL: »Danke, meine Herren, das genügt …« Honigsüß: »Und du, was sagst du, meine Liebe?«

Madame als Einzige spricht einfachen Klartext.

»Es gefällt mir gut. Es ist so natürlich und interessant. Es passt auch so gut zu uns. Ich frage mich nur«, neben ihr zündelt's. Ich seh's in den Augenwinkeln, »ich frage mich nur«, Vorsicht, Madame, sie lächelt mich unschuldig an, »wie lange so eine Kampagne wohl laufen kann, Herr Pen?«

Eine Frage ohne Brisanz, aber so schnell kannst du nicht mit, so schnell bricht Feuer aus, FL mit dem Schleudersitz hoch, steht breit, rot, Augen aus dem Kopf, schreit, röhrt lauthals wie ein angeschossener Hirsch, es schüttelt ihn:

»Mit diesen Fragen«, er ringt nach Luft, »mit diesen Fragen sind schon immer die besten Ideen niedergemacht worden.« Arglose Madame, es schallt über Rom: »ICH bin hier der MARKENNAMENSTRÄGER und UNTERNEHMENSEIGNER und …«, er sieht mich an, Ad, seinen Kumpel, weiter, laut und weit tragend, »Pen, Sie sind hergekommen, um Ihren Erfolg zu haben, und ich sage Ihnen, Pen«, in der Lichtung um ihn wird es ganz ruhig, er holt tief Luft, »hier haben Sie ihn. Sie haben gewonnen. Sie haben gewonnen. Zu Tisch. Sophie, du gehst.«

Alle stehen, die Feuer im Raum fallen enttäuscht in sich zusammen. Madame, Chapeau, ungerührt bis aufs Blut, verabschiedet sich, lächelnd, wortlos, Handkuss, ein offener Blick, der sich jede Anspielung verbittet. Madame gleitet unverwundbar durch den Kugelhagel, da zieh ich den Hut, als sie an FL vorbeikommt, legt sie doch wirklich ihre Hand auf seinen Arm. Großer Abgang. Dynastisches Beben im Flachland. Wir gehen zu Tisch. FL in Hochform.

»Pen, hab ich's Ihnen nicht gesagt, wir sind ein ungewöhnliches Haus? Da haben Sie's. Ich sehe doch eine große Idee, wenn ich sie vor mir habe.«

Der Butler.

»Salat mit Pfifferlingen?«

»Ja, danke, gern.«

Großes Serviettenschütteln, nochmals zur Sache, FL so nebenbei:

»Es muss ja nicht gerade eine DOPPELSEITE sein, machen Sie das mit den Herren hier aus.« Es geht schon los.

Na, also. Großes, joviales Palaver. Meine Klientel, eine große Familie.

Herzlich, prall im Sitz.

»So ist das hier immer, nicht wahr, meine Herren?«

Vorsichtiges, erschöpftes Nicken.

»Etwas Reh, Böhnchen?«

»Danke, gern.« Alles läuft.

FL: »Ich muss Sie leider vorzeitig verlassen, ein Jagdtermin, also lassen Sie uns gleich zur Sache kommen.«

Zu M, dem Adjutanten, er führt gerade ein Böhnchen zum Mund:

»Sie haben gehört, was ich gesagt habe, ich will diese Kampagne und ...«, alle Hasen legen die Ohren flach, »und wenn ich gesagt habe, ich will diese Kampagne, M«, lauter, »dann will ich diese Kampagne.«

Er steht auf, wie macht er das, und brüllt: »Gleich, verstehen Sie, GLEICH. »

Toga zurechtgezupft, schwer dampfend, wieder im Sitz. M's Böhnchen sieht mich glasig an.

»Was haben wir heute? Dienstag? Also, was sitzen Sie da noch? Arbeiten Sie mit der Agentur oder so, wie Sie das nennen, ist mir egal, arbeiten Sie mit den Herren alles aus, Mediaplan, alles, bis Freitag, ja. Am Freitag, M, liegt alles bei mir auf dem Tisch, wenn ich sage gleich, dann meine ich gleich.«

Sein Falsett kippt und schmilzt unvermittelt wieder zu seidigem Charme:

»Bis dann also, meine Herren. Pen, ich hoffe, es war Ihnen ein Vergnügen.«

Danke, FL, das war's.

»Guten Abend allerseits. Guten Abend.«

Weg ist er. Die Ahnen an den Wänden grinsen mich an. Schadenfrohe Bande. Geschieht mir recht.

Wir sind unter uns. Entwarnung. Endlich heile Welt. So recht wissen die Herren nicht, wie sie zum Kinde gekommen sind, aber die Sache scheint ja nun perfekt. Handschlag mit FL. Das hat's noch nicht gegeben. Sie staunen und nicht schlecht. Ad, das Wunderkind. Das Gespräch, es plätschert sich erleichtert aus, alles erledigt.

»Noch ein Espresso, bevor Sie fahren, also wirklich, wir gratulieren, haben wir`s?«

»Nun, nur noch …«

»Ja?«

»Nur noch eine Frage.«

»Ja, aber sicher, Herr Pen, fragen Sie nur alles, was Sie wollen.«

Flachland Großmut. Ad, leise und freundlich:

»Was ist denn bitte mit den anderen Präsentationen, die Sie in Auftrag gegeben haben. Die stehen doch noch aus?«

Ad. Harter Knochen. Betretene Pause. Dieser völlig bescheuerte Idiot. Jetzt kommt er uns damit.

»Aber, Pen, Mensch, das ist doch ganz unwichtig. Lassen Sie das doch unsere Sorge sein.«

Erledigt. Oder?

»Ja, schon, phantastisch, aber nur bloß so für den Fall der Fälle, könnte es doch vielleicht sein, dass Sie sich noch anders entscheiden?«

»Nein, was denken Sie, das ist doch nun vollkommen aus der Welt.«

»Aber, unmöglich ist es nicht?«

»Pen, wir verstehen Sie nicht. Wirklich. Sie haben doch nun alles. Nun verderben Sie es nicht wieder. Machen Sie es uns doch nicht so schwer. Zerbrechen Sie sich nicht unseren Kopf.«

»Unmöglich ist es nicht?«

Jetzt ist es ihnen genug.

»Also, bei uns ist nichts unmöglich, das wissen Sie, haben Sie selbst gesagt.«

»Ja, schauen Sie. Ich möchte es Ihnen ja nicht schwer machen. Aber, nehmen wir doch nur einmal an, FL gefällt eine andere Idee ebenso gut wie die heute. Sie kennen ihn ja, Was dann?«

Ohne FL sind die Truppen kopflos und versprengt, auch weil es ihnen langsam zu dämmern beginnt. Dann sagt M tastend und ein wenig ungläubig, wie zu sich selbst, und wird schon wieder patzig:

»Dann haben wir eben zwei Kampagnen.«

»Zwei Kampagnen? Im Markt?«

Achselzucken.

»Kann sein.«

Was geht's dich an.

»Oder wir haben eine Kündigung?«

Schweigen. Blöde Frage.

»Sie sind ein ungewöhnliches Unternehmen.«

»Ja. Das sehen Sie ja.«

Hoffnung. Lass uns nach Hause, Junge.

»Dann werd ich unsere Kampagne wohl wieder mitnehmen müssen. So leid's mir auch tut.«

Armageddon. Die Feuerchen springen wieder auf. Endlich. Die Ahnen starren mich übelgelaunt an. Nicht für einen Moment kann man sein Vergnügen haben.

»Pen, nein. Das können Sie nicht machen. FL hat es selbst genehmigt. Er wird uns den Kopf abreißen, Menschenskind, was haben Sie schon zu verlieren?«

»Nichts, was Sie kümmern muss. So was wie meinen Ruf, wahrscheinlich. Blöd, aber, irgendwie liegt mir daran.«

Verdammter Umsturz. Truppen und Ahnen tuscheln. Kriegsrat. Viel kommt nicht dabei heraus.

»Und, wir können Sie nicht umstimmen?«

»Ich fürchte nein. Unter den Umständen …«

»Aber, Sie müssen es ihm selber sagen, das können wir unmöglich machen, Sie müssen selbst mit ihm reden, Pen, machen Sie das? Machen Sie das?«

»Sicher. Er kann mich ja anrufen.«

Oh, Mann. Das Wechselbad ist jetzt lauwarm. Die Ahnen haben die Lider halb geschlossen. Spielverderber. Es ist vorbei. Knapp, verbittert:

»Nun, gut. Sie hören von uns.«

Marlowe auf dem Heimweg. Den Beruf hast du dir selbst ausgesucht. Beklag dich nicht. Ein Whisky beim alten Sam wird dir guttun. »Schau mir in die Augen, Kleines. Help me make it through the night.«

FL ruft schon am nächsten Tag an. Aus irgendwelchen bulgarischen Wäldern, wo sie noch Bären für ihn halten.

»Pen, Pen, was höre ich da. Ich bin sicher, es ist alles nur ein großes Missverständnis. Wir müssen uns noch einmal sehen.«

Und, so kommt's. Dasselbe Hotel, dieselbe Lobby, derselbe Drink, danke nein, auch gut. FL, beschwörend:

»Pen, Mensch, sagen Sie mir, was Sie wollen. Ich höre Ihnen zu. Warum sollten wir uns nicht einigen können. Man kann mit mir auskommen. Der Herr M hier, der hält es schon acht Jahre mit mir aus, nicht wahr, M?« M sagt lieber nichts. »Also, was ist?«

Ich sag's ihm ernsthaft:

»Sehen Sie, es geht mir nur um die Regeln von wenigstens einer Art von Zusammenarbeit. Ich will doch nichts, was nicht auch in Ihrem Interesse wäre. Es ist ganz einfach. Wenn ich helfen soll, müssen Sie meine Hilfe auch wollen. Verstehen Sie, ich will eben nicht, dass jedermann an unserer Kampagne ungefragt herummachen kann.

Sie wollen doch schon jetzt Ihre Promotion-Idee in die Anzeigen hineinzwingen. Das haben Sie ja gesagt. Herr FL, diese zauberhaften, unschuldigen zarten alten Damen, die sollen Ihr Fläschchen zwischen Daumen und Zeigefinger halten, vorzeigen, wie ein plumpes Demo? Wenn Sie das wollen, dann entstellen Sie die Kampagne, noch bevor sie überhaupt begonnen hat.

Ich möchte das Konzept schützen können, verstehen Sie, zumindest einen gewissen Einfluss auf die Planung haben. Sonst läuft doch nichts zusammen. Sehen Sie denn nicht, wie Ihr Haus schon jetzt Druck auf die Kampagne macht, noch bevor es sie gibt?

Nein, das ist nicht gut. Alles, was ich will, ist ein Mitspracherecht. Und das ist nicht zu viel verlangt. Können Sie dem nicht zustimmen?«

FL, er schüttelt den Kopf. Nimmt einen großen Schluck. Immerhin wirkt er bekümmert.

»Ich muss alles bestimmen, verstehen Sie, Pen? Alles. Ich muss vollkommen frei sein. Niemand soll mir sagen, was ich tun soll.«

»Schön und gut, aber wenn Sie Beratung nicht ertragen, dann wird es nicht gehen. Sie wissen, ich hab's befürchtet. Gleich von Anfang an. Tut mir leid.«

FL, letzter Auftritt. Hände beschwörend in der Luft, Stimme schallend über das Forum, er skandiert den klassischen Satz:

»Pen, lassen Sie mir meine unternehmerische Freiheit.«

Er tut mir fast leid. Ich rede zu ihm wie zu einem Kind.

»Hören Sie, das ist doch lächerlich. Ihre Freiheit zu entscheiden bleibt Ihnen ohnehin. Darum geht es nicht. Ich rede von Zusammenarbeit, verstehen Sie, von einem Minimum an Vertrauen. Wenn Sie dazu nicht fähig sind, dann werden Sie einmal sehr allein sein.«

Er sieht mich böse an. Er versteht nur, dass er wieder einmal abgewiesen worden ist. Also, dann eben nicht.

»Kommen Sie, A. Wir gehen.«

Sie haben sich nie wieder gemeldet. Ich habe nur gehört, dass er die Geschichte manchmal bei Partys erzählt. Wer weiß. Und, Madame legt die Hand auf seinen Arm. Zwischen ihnen ein kleines Päckchen. Zündhölzer.

Die 60er

Lehrjahre (1)

Eine Schule vergleichender Anschauung.

Erinnerung, sie verklärt. So im Nachhinein, irgendwie hat es alle mitgerissen, New York. Irgendwie war alles so befeuert. Vielleicht weniger zynisch, vielleicht weniger gleichgültig, scheint mir. Ein Haufen versprengten potentiellen Talents. Szene, meine Güte, so was gab's doch nicht, doch nicht hier. In der kleindeutschen Nachkriegs-Provinz.

In Kapitalen wie Paris bildete sich später so etwas heraus, Szene, eher eine Clique élitaire, mit Philippe Michel, Jacques Séguéla, auch Philippe Starck oder Megastar Jean Nouvel. Wir haben Szene inszenieren müssen. Clubs sind ja dafür gemacht.

Das Interessanteste, Lehrreichste, das Profitable an dem Ganzen, das war der andere Stallgeruch.

Die DDB-Kultur. Geprägt von Bill Bernbach. Claus Harden, Startexter, David Herzbrun, Uschi Roos, »Willkommen im 20. Jahrhundert«, aufgebrochen das Tampon-Tabu.

Die Frankfurter Schule. Die Künstler, Heinz Edelmann, Reinhart Wolf, der Weltmann und Photograph, die Graphiklegende Michael Engelmann, preisgekrönt zurück aus den USA, und

Willy Fleckhaus natürlich, der Meister des Raums, jede Kleinlichkeit verpönend.

Du siehst, ich versuche zu schildern, wie's war. Der Aufbau von deutscher Gemeinsamkeit. Im Kreativen. Wetteifernde Konkurrenten, im Anspruch einander nah. Das war schon was. Immer noch viel zu grün hinter den Ohren, natürlich, aber Passion und Naivität, sie bewegen viel. Machen gar einen Club.

Ad hat das ADC-Logo gemacht, bis heute unverändert immerhin, eine Hommage an Herb Lubalin, den legendären Schriftgestalter. Das erste Buch, den Umschlag in Leuchtfarbe, ah, Reklame!, auf dem Hardcover die Blaupause vom Weltlayout Nr. 1, Volkswagen, innen matte Silberfolie, es musste halt sein, eine zweckentfremdete Set-Unterlage von Lufthansa-Imbisstabletts. Also, eine pralle »One Show« war's noch nicht, aber doch ein Anfang.

Sechziger Jahre. Art Directors Club von Deutschland. Jurierung.
Links: Willy Fleckhaus.

Ich hab auch die Goldmedaille für den Club entworfen und die erste davon auch gleich selbst abgestaubt, für diesen Krawatten-Muffel, der – ich stelle ihn dir gleich noch genauer vor – mir eben früh beigebracht hat, wie weiträumig man Strategien umsetzen kann, ohne sie auch nur im Geringsten zu verraten.

Willy Fleckhaus, einfühlsam, hat das gleich gesehen und im ersten Jahrbuch des ADC kommentiert: »Nehmen wir den Herrn Muffel, der spielt die gebrauchsgraphischen Pappkameraden an die Wand. Es ist besser, aus den Nähten zu platzen und Erfolg zu haben, als werktreu einherzuschreiten und in Schönheit zu sterben.«

Ich hab bei der Gelegenheit auch nachgesehen, was ich selber verzapft habe. Ein paar Worte nur, kleiner Auszug: »Vor dem formalen Aspekt haben wir gesucht nach der Funktion einer Arbeit und der Verdichtung ihrer verkäuferischen Aussage zu der einfachsten möglichen Form.« Ich war einigermaßen perplex. Vor vierzig Jahren geschrieben, das steht da gar nicht anders, als ich es heute auch sagen würde.

Heute sprechen so einige davon: »Weniger, das ist ja mehr.« Nur, es zu machen und eben auch durchzubringen, das bleibt immer noch schwierig genug.

Keep it simple stupid, »KISS«, so reden sie im Computer-Slang. Nach »Occams Razor«, dem seit dem Mittelalter bekannten »Prinzip der Einfachheit«.

Da sind Bücher, wie das von Jack Trout und seinem Mitautor Steve Rivkin, »Die Macht der Einfachheit«. Die sagen es heute entwaffnend direkt, und Ad tut das herzlich gut: »Bezweifele deinen ersten Eindruck nicht, er ist meistens der richtige.«

Und: »Ihr kämpft doch nur ständig dagegen an, nicht dumm zu erscheinen.« Will heißen, du denkst: Als »einfach« verkaufst du dich als zu blöd. Und wichtiger noch, als zu billig dazu.

Aber, mein lieber Freund, so denkt Ad, da irrst du dich sehr. Und, ich setz sogar noch ein 11. Gebot obendrauf:

»Die Einfachsten werden die Klügsten sein.«

Glaube mir, keiner vertraut einem, den er nicht versteht.

Schau von mir aus mit Luther den Leuten aufs Maul. Besser, in ihr Gemüt. Mach ihnen keine Mühe. Sei fesch. Einfach, das versteht ein jeder. Verstehst du? Das ist doch einfach genug.

Das ganze Gewerbe ist wohl viel zu gewandt. Seine wirkliche Aufgabe und auch seine Fähigkeit verstellt es sich selbst. Durch ausgefeilteste Trickserei: Dabei ist die Sache so simpel. Just do it. Swoosh.

Du siehst, da war wohl schon etwas Grundverständnis, für Unmittelbarkeit, Marktnähe, nicht bloß für Formenspielerei oder Modeschmuck.

Wir haben Henry Wolf in den Club geholt, der mir später ein enger Freund war, Ehrenpräsident von New Yorks Parson's School of Design. Er, der Wiener Emigrant, hatte das Editorial in den USA ganz allein aufgemischt, »Harper's« und »Look«, die Jungs dort heute, selbst in New York, mit ihren Filmkassetten unterm Arm, die kennen ihn kaum noch.

Wir haben von ihm gelernt und von Howard Gossage, dem weißhaarigen Journalisten-Genie. Er hat seine Art Directors am Fließband verschlissen, weil sie ihm praktisch immer die originale Botschaft weggestaltet haben, also hat er's lieber selber gemacht. Etwa die Überflutung des Grand Canyon mit einer einzigen Headline verhindert: »Would you also flood the Sistine Chapel in order to get nearer to the ceiling?«

Ad hat ihn noch erlebt. Silberhaarig, doch immer noch hochinspiriert. Ein solcher Charakter, der lehrt dich, wie man verständig wird.

Wir haben alles, was kam, nur so in uns hineingestopft. Ad hat die winzigen, fast unleserlichen Texte der Anzeigen in den US-Annuals mit der Lupe nachgelesen und abgeschrieben, diese unglaubliche Direktheit studiert: Ein Volkswagen-Kombi bis zur Unkenntlichkeit vollgestopft, Headline: »What is it?«, Copy: »Glad you asked …«

Das war die Zeit, wo die Amis schon kamen, die Big Wheels, mal nachzusehen, was hier lief.

Ausstellungseröffnung Henry Wolf in Düsseldorf, 2002.
Rechts unten, sitzend, Henry Wolf.

Sie kamen, relaxed die Hände in den Taschen: »How do you plan to get rich?«

Einladung von Marion Harper in sein berühmtes Corner Office, ganz oben im alten Time Life Building, wo man einen Blick fast bis zur Westküste hatte.

Wir alle liefen, wie albern besessen, mit der McCalls unterm Arm herum, wegen der Editorials von Otto Storch, Print, das war's.

Ich hatte Lunch mit Hiro und mit dem jungen McCabe, der für mich jedenfalls der beste Texter Amerikas war: »It takes a tough man to make a tender chicken«, die Perdue-Kampagne.

George Lois, der furiose Grieche, der sich mit Kunden prügelte, lief da auch rum, immer zu einem Streit aufgelegt. Er hat das Logo für »Mamma Leone's« gemacht, das Restaurant an der 7th, es läuft heute noch. Toskanische Mamma-Küche, Milton Glaser ging da oft hin.

Ich rede von dieser Zeit des ADC, in der die ganzen Einflüsse in uns hineingeronnen sind, ich rede von den Sechzigern und frage, wo ihre Unschuld geblieben ist, ihre lebhafte Imagination. Vielleicht weil Erinnerung eben verklärt.

Nachdem Kennedy gewählt war, das war, als wäre Amerika in einem Holiday Inn eingeschlafen und aufgewacht in einem Feld voller Blüten. Frühe Obama-Zeit.

Verglichen mit heute, entwickelte sich damals nahezu eine optische Orgie, eine kaleidoskopartige Ikonographie: J.F.K. und Jackie, Chairman Mao, Che. Die Suppendosen von Warhol und seine Brillo-Boxen. Marilyn Monroe, treibend auf dem Set der »Misfits«, das Cover von Sgt. Pepper, das Woodstock-Logo, Edelmanns »Yellow Submarine«. Globale Bildkraft. Oh, yes we see.

Die Ready-to-take-Elemente des Computers haben solche Eigenart zu jedermanns Patchwork eingeebnet. Unsere Generation, ich sage das ohne Affekt, hat noch geschnitten, geklebt, gestaltet also, und ein taktiles Verhältnis zum kreativen Prozess.

Ich denke da wie der George Lois. Designerlegende der 60er, durch zupackende Handschrift bekannt. Er hat die berühmten »Esquire«-Titel gemacht. George sagt es, wie ich es auch sehe: »The hands connect to the eyes connect to the head (…) and, there is some kind of bodily power that produces thinking.«

Als Ad das erste Mal ADC-Präsident war, ich war es wohl

dreimal, da haben wir eine Zeitung herausgegeben, gewissermaßen ein frühes »Lürzer's Archiv«. Wir trafen uns, jeder mit einem Stapel Zeug, packten alles auf einen großen Haufen, die Guten ins Töpfchen, die Schlechten ins Kröpfchen. Das war passionierte Diskussion, hitzig, aber erschöpfend gut für den Kopf.

Als »der Club« immer größer und größer wurde, kam dann unausweichlich auch Politik. Frontenbildung. Zuhauf. Einmal hatte ich Friedrich Nowottny gebeten, bei einer Preisverleihung die Festrede zu halten. Aus den tuschelnden Ecken hat es derart gegiftet, dass er am liebsten geflüchtet wäre: »Ein Haifischbecken, wie kann man das nur durchstehen?« Am liebsten wollte er gehen. Ich hatte größte Mühe, ihn aufzuhalten. Catch as catch can. Keiner für keinen. Damals, versteht sich.

Das erinnert mich an eine der immer fabelhaften Pointen meines alten Freundes Bruce Crawford, bis vor kurzem noch President der Met und Chef des New Yorker Lincoln Center. Bruce hatte sich seinerzeit ganz aus dem Gewerbe verabschiedet, Opera, Opera. Aber lange hat es ihn da ohne den früheren Stallgeruch so recht nicht gehalten. Ein Addict. So kam er zurück und übernahm neben der klassischen Opera gleich noch die Führung der Opera unseres rasch wachsenden Netzes der Agenturen dazu. In einem seiner seltenen sentimentalen Momente hat er tief aufgeseufzt: »I used to deal with Primadonnas, but when I came back to advertising …«, Nachsatz in kehligem Deutsch, »immer dasselbe«.

Die Klienten waren zu der Zeit wohl auch irgendwie anders, als sie es heute – erfahrungsüberfüttert, in aller Regel – sind. Es gab da so eine Art von neugierigem Freiraum, eine andere Bereitschaft zuzuhören, ja, selbst Risiken einzugehen. Da war eine Wirtschaftswunderwelle, auf der ritten auch wir.

Charles Wilp, als ein Beispiel, wäre heute undenkbar. Ein unangepasstes Original. In seinem Nasa-Outfit, leuchtend orange. Der kannte im frühen Instinkt die Gier der Medien und machte sich früh zu ihrem Objekt.

Kleines »Who is Who« für den verehrten Leser, dem das Gewerbe-Personal der Kommerzkünste eher fremd ist. Hinter dem nachfolgend so benannten »mächtigen« Scholz verbirgt sich Ads früherer Designpartner Jürgen Scholz, Mitbegründer der TEAM-Werbeagentur, 1956 in Mülheim, Gesellschafter der TEAM BBDO in Düsseldorf, danach der BBDO Hamburg, sowie 1981 Gründer seiner eigenen Agentur in Hamburg, Scholz & Friends. »Mächtig«, von Statur und Auftritt und gleichermaßen gemessen an den Spuren seiner prägenden Markenarbeit in Deutschland.

Der mächtige Scholz und der sensible Ad, wir haben Charles Wilp seinerzeit als den Zeitgeist-Photographen entdeckt. Ohne Show, bei Tageslicht, in Schwarzweiß, da war Charles unerreicht. Aber, er hat auch Puschkin Wodka, die Bärenkampagne des harten Mannes, geschossen, wie bei Karl May, selbst bis zur Lebensgefahr.

Charles hat als »Prince of Space« – Ad war dabei in London, wo in Kensington sein Zweitstudio für das unbedingt notwendige kalte »Nordlicht« stand – entzückten Ladies auf offener Straße einen Trillionen entfernten Kubikmeter »Space« auf ihren Namen getauft, beurkundet und sogleich signiert.

»Charles Wilp, Prince of Space, Adjutant des Kardinal Mathieu und Member des Center of Sensibility« (somewhere in the US). Prince Charming, bathing in the cheering crowd.

In dem Pub, wo wir auf ein Stout einfielen, gab Charles sich radebrechend als russischer Astronaut und floh, Ad eiligst mit, als ein des Russischen mächtiger Brite ihn stellte. Gaukeln, Gambeln und andere Narretei: Werden wir dem Thema womöglich gerecht?

Zu Hause, im Penthouse an der Corneliusstraße im heimisch biederen Düsseldorf, empfing Charles die Künstler des Trends:

Die Gruppe Zero, Ad trifft bei ihm sogar Helmut Krone, Star-Art-Director des großen Werbelehrers Bill Bernbach aus

New York, und selbst den damals noch nahezu unbekannten Yves Klein. Der schenkt Ad ein kleines Objekt. Im originalen Ultramarin.

Auf einem Schrottplatz weit draußen sprengt Charles, für die Gunst der ihm so begehrlichen Avantgarde, seinen weißen glanzneuen Lotus zur Ehre der Kunst explosiv in die Luft und hängt das zerstörungsneu ästhetische Restobjekt als »weiße Orchidee« in sein Foyer. Dort, ihr Gauklerfreunde, prangt an der Wand euer ganzes Wesen als Kunst, die sich immer selbst sucht.

Auch Christo, ebenfalls ganz in Selbstfindung, erscheint dort und umhüllt für Charles ein blödes Stativ zur höheren Ehre. Ich denke »wrapping«, das wird wohl sein neues artistisches Ding.

Auch Ad soll beschenkt sein. Ich sage, na wunderbar, wenn du willst, wieso verpackst du mir nicht gleich meinen ganzen Beruf? Christo, nicht faul, nimmt sogleich einen Stapel Hefte, obendrauf die exemplarische »LIFE«, nimmt transparente Plastikfolie von irgendwoher und schnürt mit einfachem Band ein Päckchen daraus. Für mich. Ich hab's lang in meiner kleinen Kollektion der Moderne gehabt. Falls du es jetzt hast, wer weiß, das war so ein Ursprungsding, so eins, um sich auszuprobieren. Wir beide wissen nun jedenfalls, dass dieses Stück ein Anfang war. Wann und von wem weiß man das schon?

Einmal in Offenburg, während einer Redaktionskonferenz der »Bunten«, die gerade eine Strecke über ihn bringen wollte, über den gerade fertigen »Running Fence«, da hat Ad alles um sich vergessen und mächtig ausgeholt, um den Herrschaften nach allen Regeln der Kunst mal so richtig zu sagen, was der Kern der Christo-Art ist. Mittendrin, was ist denn, da spür ich von rechts eine Hand auf meinem Arm. Hubert Burda, der mich sanft unterbricht und sagt: »Mein lieber Ad, damit wir es nicht völlig vergessen, sehen Sie, der Chefredakteur, der bin ja ich. Und …«, Hubert, er ist wohl ein wenig eifersüchtig, doch auch amüsiert, »… und außerdem, Ad, Sie haben's wohl nicht bemerkt, Sie sitzen auch noch auf meinem Stuhl.«

Ja. Da hast du's. Der Eifer des Narren, er kennt kein Pardon.

Ad räumt, kein bisschen verlegen, den Stuhl an der Stirnseite von dem großen Tisch. Den Stuhl des Eigners, Verlegers und Chefredakteurs immerhin. Was soll's. Wir verstehen uns ja doch bis heute noch.

Damals ging eben viel. Wir haben gelacht.

Heute, wo die Zeiten unbekümmerten Wachstums, vor allem aber die Zeiten der Verschwendung wohl endgültig vorbei sind, heute, wo Käuferschichten beginnen, ihr Wirtschaften dramatisch neu, existentiell neu zu arrangieren, da werden uns gänzlich neue Marktschlüssel, und zwar allein für Durchsetzung, abverlangt. Für Soforthilfe. Gleich.

Ob der »alte« ADC, um Mr. Rumsfelds »Old Europe« zu bemühen, sich weiterhin in alter kreativer Manier selbst genügt, ob er sich bereits anderen Mitteln unternehmerischer Relevanz zugewandt hat, ob er auf dem Wege ist, sich der globalen Bühne zu stellen, sich neu zu positionieren, das weiß ich nicht.

Vielleicht ist es so. Aber es in Stärke wahrzunehmen, das fällt wohl schwer. Die Spannung bleibt immer. So auch der alte Streit, neu gefasst. Wie noch im letzten Jahr. Gezänk über Freiraum und die verfluchte dienende Disziplin.

Aus 78 findet Ad dazu ein Grundsatz-Pamphlet, das vielleicht hilft, denn dahinter steht – wie ich finde – einfach alle Autorität. Daher zitiere ich es. Ad hat's von der Quelle und exklusiv. Ich denke, die Haltung ist absolut. Sieh's selbst:

> »Today everbody in our business is talking ›creativity‹ and, frankly, that has me worried.«

In unserem Gewerbe spricht heute ein jeder über »Kreativität«, und, offen gestanden, bin ich darüber besorgt.

> »I'm jealous of the position you and I have reached in our profession, and I fear lest we lose it.«

Ich beneide uns für die Position, die wir erreicht haben, aber ich fürchte zugleich, dass wir sie verlieren.

> »I fear lest we keep the good taste and lose the sell.«

Ich fürchte, wir halten am guten Geschmack fest, aber verlieren gleichzeitig unseren Biss.

»I fear all the sins we may commit in the name of creativity. I fear that we may be entering an age of phonies.«

Ich fürchte alle die Sünden, die wir im Namen der Kreativität begehen könnten. Ich fürchte, wir könnten ein Zeitalter der Narren betreten.

»It can take little time to lose all ground we have gained. All we have to do is forget that good writing and advanced graphic techniques are not ends in themselves …«

Es kann ziemlich schnell gehen, all die Substanz zu verlieren, die wir uns geschaffen haben. Wir brauchen nur zu vergessen, dass gutes Schreiben und moderne Gestaltungstechnik kein Selbstzweck sind …

»The purpose of an ad is to sell. This is our responsibility to our client. This is our responsibility to ourselves.«

Die Aufgabe einer Werbung ist zu verkaufen. Dies ist unsere Verantwortung gegenüber unserem Klienten. Dies ist unsere Verantwortung gegenüber uns selbst.

»The primary responsibility of good creative people is not just to exercise creative freedom, but to know what is good creative work and what is merely pretentious acrobatics.«

Die erste Verantwortlichkeit guter kreativer Leute liegt nicht darin, ihren schöpferischen Freiraum zu demonstrieren, sondern vielmehr darin, zu wissen, was gute kreative Arbeit und was bloß aufgesetzte Akrobatik ist.

»With the tremendous increase in political and social pressures, with violence confronting us at every turn, with the fierce competition among advertisers, more and more it will take tremendous artistry with words and pictures to reach, touch and move the reader. So exposed is he to banalities, to self-conscious artificial attempts to arrest this attention that he looks, but he does not see; he listens, but he does not hear; and what is worse, he does not feel. There has never been a greater challenge to your talents.«

Mit der enormen Zunahme politischen und sozialen Drucks, mit dieser ganzen Gewalt überall um uns herum, mit dem heftigen Wettbewerb unserer Klienten, werden wir mehr und immer mehr große Kunstfertigkeit in Wort und Bild aufzubringen haben, um unseren »Leser« zu erreichen, ihn zu berühren und ihn zu bewegen. Ihn, der so dem Banalen ausgesetzt ist, abwesend und zugleich belagert von jedwedem Versuch, seine Aufmerksamkeit zu erreichen. Und doch sieht er nicht. Er hört, doch er nimmt es nicht auf. Und, schlimmer noch, er erfühlt es nicht. Nie hat es eine größere Herausforderung für dein Talent gegeben.

> »For only you can prove to the world that good art, good writing and good taste can be good advertising.«

Denn nur du kannst es der Welt beweisen, dass gute Gestaltung, gutes Schreiben und guter Stil gute Werbung sein können.

Nun, ich dachte, das hilft vielleicht. Für die nächste Generation im Streit. Ist weder von Peters, von Galbraith oder Jack Welch. Ist von Bill Bernbach, dem großen Lehrer der Kreativen. So geschrieben, gesprochen. Im Original.

Ad hat ihn noch persönlich erlebt. William (Bill) Bernbach. Sein Eindruck lebt immer noch in mir fort. In der Geschichte Amerikas, nicht nur der Werbung, war Bill eine legendäre Figur. Er war einer von drei Gründern von Doyle Dane Bernbach (bekannt in der Welt als DDB), und er war der inspirierende Kopf hinter Kampagnen wie »Think Small« und »The Beetle« für Volkswagen, die von dem führenden Werbemagazin Advertising Age zur bedeutendsten Werbekampagne des 20. Jahrhunderts ausgelobt wurde. Bill Bernbach, er gilt heute als die treibende Kraft einer »Kreativen Revolution« der 60er und 70er Jahre, die vielen des Gewerbes bis heute ein Vorbild ist. Konfuzius ähnlich, stand er als ein strenger Lehrer für den Anstand des Gewerbes. Generationen von Kreativen verdanken William Bernbach ihre Identifikation mit dem Gewerbe.

DOYLE DANE BERNBACH INC.
ADVERTISING

September 22, 1978

Mr. Vilim Vasata
TEAM/BBDO
HeinrichstraBe 24
D 4000 Dusseldorf, Germany

Dear Mr. Vasata:

You have confirmed my belief that no people are more thorough than the Germans. When you set out to make a mistake you do it right. Not just an occasional wrong slide, but a wrong slide all the way. You have set a new record in a field that up to now was dominated by America.

I must say I liked you for it. This will teach creative people to stay in their cubbyholes and make ads. (This includes me.)

Of course you may have a copy of my speech. You will find it enclosed. And thank you for your kind words about it and for your plan to reprint it. That is very kind of you.

Meeting you was a pleasure. You more than lived up to the rave notices given me by Bruce Crawford. Perhaps we can meet again. I hope so. But let's not make that a perfect occasion either. That would be so dull.

Sincerely,

Bill

William Bernbach

WB:nc
Encl.

Wie auch immer. 40 Jahre und mehr ist der Club nun, und immer noch bleiben Jahre der Intensität und der Suche. So muss es wohl sein. Und die »höhere Ehre der Phantasie«, wie André Heller es formuliert hat, sie hochzuhalten, das bleibt wohl auch immer Verdienst.

Vorausgesetzt, dass du die strengen Gesetze unseres Gewerbes von meinem Geistfreunde Bill respektierst. Der seine Gaukler verstand. Doch schon früh ein umfassend globaler Gestalter war.

»Think small«, das war von ihm. Der dachte groß.

Der gordische Knoten

Lehrjahre (2)

Die alte, ewig junge Geschichte.

Du kennst ein paar Zutaten, aber du kannst nicht kochen.

Scio nescio.

Ich weiß, dass ich nichts weiß. Ein Leergefühl. Nun ja, so ein paar Sachen gedruckt, im Graphis Magazin, Form-Sachen, sonst aber nichts.

Anfang der Sechziger. Kommunikation? Kaum ein Gedanke dazu. Weniger als ein leeres Blatt.

Nur ein Gefühl. Da ist etwas, doch ausdrücken kannst du es nicht. Lernen, nur aus dem Beispiel. Das geht. Weil es muss. Langsam erkennen, was vergleichende Anschauung ist. Eine Richterskala von Qualität. Die dicken, einschüchternden Annuals aus New York, durchackern, Textart und Ansprachen lesen, wenn nötig mit Lupe, keine sechs Punkt. Acker dich in den Schweiß. Übernächtigt und aufgedreht. Überhole die Zeit.

Alles, das gute Zeug, längst von allen schon vorgemacht. Du steigst zu spät ein. So bewusst, so wie es jetzt hier steht, so war es damals nicht. Nur, vage Ahnung, irgendwann kommt irgendwas. Kaum, dass du es merkst.

Die »Team« in den frühen Sechzigern. Schon im »Wandershof«. Düsseldorf. An der Rennbahn. Am Wald. Erster Stock, Dachgeschoss, alles schön ausgeschlagen, mit Holz. Nostalgie. Verglichen mit Mülheim, mit ein paar Partnern klein angefangen, die ganz große Welt. Oh, Mann, was erwartet dich?

Auf meinem weißen Bofinger-Tisch, dem man die Kant-Beine reinschrauben muss, ein schmales Dossier. Das Deutsche Krawatten-Institut. À la bonheur. Ausschreibung zum Agenturwettbewerb. Mein erstes größeres Ding. Die Partner sagen, mach du's, wenn du willst. Was sagt Bruder Leichtsinn, so leichthin, dahin? »Ja, klar.«

Tumb und Eifrig hat sich was eingebrockt. Ein Strategiepapier in der Hand. Das versteht jedes Kind. Zahlengespickte Forschung dazu und das – das lernst du später –, was »Briefing« heißt, das meint: Hier ist unsere Vorgabe, Freunde, das Tun und das Lassen, haltet euch besser daran.

So wachse, der sich ewig bildet. Du machst dich ans Studium. Was bleibt dir sonst. Und, schließlich, was soll die alberne Scheu? Alles nur Übung. Dann wird das Kleingedruckte sehr klar. Immer dasselbe.

Ist es kein Imageverlust, dann ist es ein Absatzproblem. Und manchmal beides, weil das zusammenhängt. Ich fürchte, das tut es in diesem Fall.

Warum sonst hätten die sich zusammengetan? Sich zur Gemeinschaft erklärt? Weil die Einzelunternehmen zu schwach sind, es alleine zu tun. So bilden sie also Genossenschaft. Denn nur gemeinsam fügen sie sich in die Realität, nur gemeinsam sind wir stark genug. Heute ist alles so klar. Aber damals, da musste ich so etwas erst mal verstehen.

Heute, ja heute, würdest du sagen, dieses Ding am Hals, mehr und mehr wurde es Konvention. Offiziell brauchst du's noch immer, ansonsten lässt du das lästige Ding einfach weg.

Klar gibt's noch Leute, die sich damit schick finden. »Liebling, nimm doch die Foulard, ich finde, die steht dir so gut. Und, sie passt besser zu deinem getönten Hemd.«

Aber, unsere Krawattenleute, die hatten, so stand es geschrieben, ein richtig substanzielles Problem. Du magst ja mit deinem Halsschmuck nicht im Trend liegen, aber das eigentliche Problem mit der Krawatte, das war der Mann. Von der Forschung entlarvt, als Gewohnheitstier.

Der Reklame, der hat man ja schon viel unterstellt. Aber eins wusste ich immerhin schon: Das Verhalten zu ändern ist praktisch unmöglich, jedenfalls unendlich schwer.

Und auf einmal wurde es doppelt reizvoll. Das Ding, das hatte Allüre.

Was das »Gewohnheitstier« betrifft, so hatte der Typ – was fast zu vermuten war – etwa ein Dutzend bis zirka fünfzehn von diesen Bindern im Schrank. Wo sie gut aufgehoben waren, wie er durch entsprechende Missachtung zum Ausdruck gab. Die meisten, die üblichen Verlegenheitsgeschenke, zum Geburtstag oder zur Weihnachtszeit. »Oh, wie aufmerksam«, und schnell weggehängt.

Von den fünfzehn trug der maximal drei. Zwei zur Abwechslung, eine als Favorit. Immer dieselben. Desinteresse. Gewohnheitstier. Silbergrau zum Begräbnis, das vielleicht noch. Ein Absatz-Silberstreif am Horizonte war das für die Industrie nicht. Die fand, die Jungs, die achteten nicht genug auf sich. Es musste jemand her, der's ihnen sagt. Das war nun wohl ich. Aber, wie bringe ich's an den Mann?

Zu der Zeit gab's neben dieser Notgemeinschaft der Kragenbinder noch ein ähnliches Institut. Das für den Hut. Notleidend wie die Krawatte. Weit weg vom Trend. Die hatten auch zusammengelegt und ließen eine Kampagne laufen, so etwa vom Typ »Adrett«.

»Man trägt wieder Hut.« Und zum Beweis bildeten sie bedeutend ins Weite blickende, markante Männer ab, einen jeden mit Hut. Das war ein ziemlich trostloses Ding, den schmerzhaften Gegentrend jedenfalls, den drehte es nicht. Aber immerhin zeigten sie Hut. Prozentual, nach Mitgliedsbeitrag, so im Proporz.

So weit ging die Liebe bei uns dann aber nicht. Das Briefing, ausdrücklich, es verwahrte sich gegen jedes Krawattenbild. Damit, falls die Marke erkannt, keine bevorzugt wäre. Das bitte nicht. Also, Imagerettung, Aufmerksamkeit, für die Krawatte, doch ohne sie. Und jetzt erkläre du mir bitte, was ein Handicap ist.

Nun weißt du alles, so gut und so unvollkommen wie ich. Und ich saß da, habe mir die Frage aller Fragen gestellt und gebe sie weiter an dich:

Was denkst du, kannst du denn so richtig Aufregendes über eine Krawatte sagen? Na los, sag es mir. Ohne Karo, Streifen, Schnitt, Stoff und womöglich noch Eleganz? Ich bau dir ein Denkmal, wenn du aus solchem Nichts Gold herausschlagen kannst. Wenn du das Verschmähte in Begehrlichkeit verwandeln kannst. Die Unlust in Spaß. Das Belanglose in Beachtlichkeit. Die Krawatte in das Bewusstsein. Kannst du das Gleichgültige bewerben? Bewerben?

Ich denke, die Sache, das Ansinnen, der Anspruch, das alles ganz halsfest, es gibt dir einen Einblick in Marktrealität. In Produktion und Marktreaktion. In Umsatz, Investition und Ertrag. In den »Value for Money« der Trends. In die Hoffnung der Kaufmannschaft. In die Relevanz ihres Dialogs. In die Abhängigkeit ihrer Dienste. In die Sorge und allen sozialen Druck. In die gemusterte Schlinge um ihren Hals.

Um Gaukelei geht es nicht, um Pokern vielleicht, um Gestaltung gewiss. Als das Einzige, was dir hoffentlich noch hilft.

Die Aufgabe, sie grenzt, wohlverstanden, an die Wiedererweckung eines bereits schmerzlich leblosen Geschäfts. An den gordischen Knoten. Bleib unerschrocken. Spiel Alexander, spiel überzeugt. Ein Handgriff vielleicht und du hast ihn, den Knoten, gelöst. »Profiliere das Allgemeine.« Na. Das ist doch ein Klacks.

Da wir vom Markt sprechen, geht es ums Drehmoment. Aber, für Hochtouriges fehlt uns das angereicherte Geld. Das wiederum Zeit bedeutet. Nur starke Wahrnehmung ersetzt Geld.

Eines, das ist mir nun klar. Was Nettes, es wär nur okay. Um das Gewohnheitstier, den krawattengelangweilten Mann, um dem an den Kragen zu gehen, muss ich ihm, wie's manchmal im Foul die Fußballer machen, schlicht schmerzhaft an das Gemächt. Das war wohl schon damals die radikale Ader in mir, bewusst war mir das – damals – nicht.

Also, ich wollte ihn treffen, meinen gelangweilten, statusentwöhnten Mann. Je präziser du deine Zielgruppe kennst, desto näher kommst du an sie heran. Fast anfassen musst du sie. Gerade in so einem Fall. Und deshalb hab ich mir, wohl im Instinkt, meine Aufgabe selbst formuliert: Attackiere den Langweiler, bis es ihn schmerzt. Bis er nicht anders kann. Aufgescheucht, durch deine Idee, die ihn bloßstellt, wenn er nicht reagiert.

Natürlich kannst du nun fragen, ja, aber wie? Freund, na!, das eben habe ich mich auch gefragt. Nach der Idee. Das ist ja der Sinn.

Wieso du in diese Richtung marschierst, das ist dir, so heute im Nachvollzug, wenigstens einigermaßen klar. Unklar bleibt, wie konntest du dir so sicher sein? Die einzige Erklärung, die ich heute dafür habe, ist, dass es so etwas wie eine frühe Sicherheit deiner Natur ist, die sich dir schon zu erkennen gibt, bevor sie sich später in der dir eigenen Art zu Bewusstsein formt.

Na, auch egal. Jedenfalls stecke ich im Ideen-Prozess. Wo du auch bist, was immer du auch scheinbar nebenbei tust, der kreative Marathon läuft. Zwei bis drei Wochen etwa habe ich Zeit. Ich suche nicht irgendeinen Slogan, der kann noch so schlau sein, mit irgendwas von der üblichen Reklame komme ich an meinen Mann nicht heran.

Der denkt an sonst was. An sein Auto, seine Mieze, an seine Stellung, seine Kohle oder die Spielzeugeisenbahn. Nicht an die Staubfänger in seinem Schrank. Die sind total aus dem Sinn.

Das kreative Problem, die Lösungsnot, niemals lässt sie dich los. Tief drinnen, im Speicher deiner Wahrnehmungskollektion, da arbeitet dein Unterbewusstsein daran, selbst wenn du schläfst. Du kritzelst dir Dinge auf, die du am nächsten Tag verächtlich verwirfst. Du kennst die Strenge der Strategie, musst sie gleichzeitig aber auch wieder vergessen, für den Freiraum, den Atem deiner Idee. Sonst wirst du über das Wissen zu richtig, und für

Außergewöhnliches reicht Richtigkeit nicht. Um das zu erkennen, brauchst du nicht bis nach Hollywood gehen. Behältst du den Fokus, kannst du fliegen, so weit wie du nur willst.

Also. Wie pack ich den Kerl?

Ich brüte an dem verdammten Hebel gut zwei Wochen, für mich ganz alleine, herum. Irgendwie dann, glaube ich, bin ich nah dran. Es liegt auf der Zunge, irgendwie, aber will so recht nicht heraus. Das eine Wochenende verbring ich in Holland am Strand, wie die Schlangen Medusas winden sich wilde Krawatten um meinen Kopf, ich werd noch verrückt, bloß nach Haus. Im roten VW meiner Frau, das weiß ich noch.

Ich weiß auch noch, einen Kilometer vor unserem Haus, Ungläubige aller Gambler und Digger, ja, so um vier, an der staubigen Stooter Straße, vor Mintard an seiner schönen Ruhr, Kilometerstein 0,4, da quillt dieser Mistkerl, der langgesuchte, ich muss ihn buchstäblich herauswürgen, mächtig und bildhaft aus mir heraus, und ich sage hochamüsiert, am Lenkrad erleuchtet, laut und wohl selbst komplett überrascht, elektrisiert, das quälend gesuchte Zauberwort:

»Krawattenmuffel«.

Du Nebelwerfer. Ich weiß, du bist es. Jetzt habe ich dich. Direkt am Schlips. Und, ich lache und lache und bin endlich befreit von diesem Kerl, der sich, solange er konnte, vor mir in meinem Innern verbarg.

»Krawattenmuffel.«

So war's. Und, ich wusste ganz sicher, das war der Punch. Der ungehobelte, der unwillige Stilverweigerer, er war gefasst. Gefasst, um ihn vor aller Gesellschaft namentlich an den Pranger zu stellen, der Typ, der im Bild, das sogleich gezeichnet war, seine immer gleiche, die abgewetzte Krawatte vor Scham verbirgt, der Typ, der immer dieselbe von gestern trägt. Der Krawattenmuffel. Am Kragen gepackt, bloßgestellt in seiner modischen Abstinenz. An seinem Schlipse erwischt. Dem Briefing getreu.

So war's. Ich zeig's meinen Partnern, total aufgewühlt, werden sie es denn so sehen wie ich, aufskizziert in vielfältiger Form?

Und, Wunder, ich muss nicht viel sagen. Das Ding, es wirbt ohne Hilfe, alleine aus sich. Mitten ins Schwarze, die Zwölf.

Ohne viel Diskussion, gleich einstimmig, so und nicht anders machen wir das. Begeistert, glaube ich auch. Mensch, war ich hin.

Illustration, Anton Seiler, Headlines und einfühlender Text, Werner Würz.

Einfach. Im Grunde die Erkenntnis der Forschung, des Krawattenmuffels nun bloßliegende Existenz.

Der Text, der sagte es geradeheraus. Der »Krawattenmuffel«, der ist ein Mann, der eben immer die gleichen Krawatten trägt. So etwa drei. Dabei hat er ganz ordentliche Anzüge im Schrank, da könnte er doch schon mal seine Krawatten entsprechend wechseln … nicht an der falschen Stelle sparen … und nicht dauernd die von gestern tragen usw., usw., man müsste es ihm halt nur mal sagen. Und zwar deutlich. Damit es ihn schmerzt.

»Wer ist ein Krawattenmuffel?« So heißt unsere erste Headline und damit auch der Titel für unsere Präsentation.

Die Herrschaften unserer Bindergemeinschaft, alle in feinstem Schlips und Zwirn, sie sind so überrumpelt wie hin. Die unvorbereitete Konvention, sie war wohl überrumpelt vom Überraschungsmoment. Zustimmung, Zuschlag, wir haben das Ding. Und, der Werbe- und Kragenmarkt hat seinen Spaß.

Die erste Anzeige, endlich erscheint sie, und bei so großer Erwartung, sie enttäuscht mich schwer. Ein winziges Ding, kaum postkartengroß. Ausgerechnet im Reader's Digest. Ungelogen, seitdem hab ich ein Problem mit Media. Und, manches, später, es gab mir recht. Wenn die Planer-Experten eine große Idee in das kleine Karo rechneten, für Reichweite und ähnlichen Kram. Da lernst du, dass du nicht gleich alles haben kannst.

Egal. Wir starten ohnehin mit kargem Budget. Ein Drittel Hochformat, in der »Bunten« und im »Stern«. Die ganze Seite kam recht bald dazu. Oh, Mann, damit war die Krönung dann doch komplett, erfreulich sichtbar im Markt.

Aber, nun kommt's. Das Examen. Tatsächlich kommt sie trotz schmalen Budgets, die erhoffte, doch kaum zu erwartende Resonanz.

Gambler und Gestalterlohn, Jubel in der Schlips-Industrie. In drei Monaten nur sind wir um ganze fünfundzwanzig Prozent im Plus. Der Krawattenmuffel, er saß im Schwarzen, mitten im Punkt.

Im Institut der Schlipse Zuschriften, körbeweise. Eine Ehefrau: »Sie haben so recht. Ich hab's ihm schon immer gesagt.« Beifall und Aufmerksamkeit. Der vereinsamte Schlips im

Mittelpunkt. Gleichgültigkeit aufgeschreckt. Wann gelingt das schon mal?

Ein Herr Muffel aus Bremen droht Klage an: Die Kampagne solle eingestellt werden. Denn sie ziele genau auf ihn selbst. Auf seinen guten Ruf. Er würde wegen seiner Krawatten von den Kollegen schon genug gehänselt. Und jetzt, eine Kampagne ganz gegen ihn. Rufmord, gezielt. Einfach perfide.

Der Club der Art Directors, gerade gegründet, zeichnet Arbeiten aus für sein künftig jährlich erscheinendes Buch. Der Muffel gewinnt Gold. Und Ad, das bin ich, ich bin ein gemachter Mann.

Der große Fleckhaus, der Art-Stilist, Blasebalg alles Kleinlichen, er votiert für die Nr. 1, sieht das Unmittelbare, das alles Gekünstelte einfach verdrängt. Sein Urteil, es galt mir mehr als die Medaille selbst.

Unwissenheit, Ahnung, Beharrung. Da war nun, im Universum der tausend Möglichkeiten, ganz einfach, ein bleibendes Stück. Gaukler-, Gestalter- und Spielerglück. Doch auch Hartnäckigkeit, das dann doch schon.

Mein »Krawattenmuffel« hat es auch noch bis in den Duden geschafft, in den Sprach-Olymp. Wenn du nachschlägst, steht da: »Werbesprache«. Herrschaften. Wie profan.

Übrigens. Wer Ad kennt, der weiß es eh. Der Krawattenmuffel, par excellence, der bin ich selbst. Trag nur die Eine. Schon ewig. In Schwarz. Bis sie verschlissen ist. Auf Werbung fällt Ad ja nicht mehr herein. Macht er ja schließlich selbst.

Der Schwelbrand

Phoenix aus der Asche

Wenn du dich ein bisschen auskennst, dann kennst du dich aus. Ich spreche von Agenturen. Aber, das gilt praktisch für alle Unternehmen. Die großen, vor allem. Da sind ja einige, die Namen allzu bekannt, einige, die in den letzten Jahren schwer aufgekippt sind. Die »Balance Brothers«, so to speak. Große Läden darunter, man glaubt es nicht. Die sind so groß, dass sie eben viele, und zwar ganz viele ziemlich dunkle Ecken haben. Licht gibt's da kaum. Und, wieso?

Weil sie total dicht zugestellt sind mit Wänden von Wichtigtuerei und Angst. Eigenmächtigkeit eben, Eitelkeit und Unsicherheit, das geht ja Hand in Hand. Eifersucht, Grabenkriege und die berühmte Leiche im Keller dazu. Das Dementi und die Nebelbombe nicht zu vergessen.

Manchmal riechst du das alles, weil du's über Jahre gelernt hast. Wenn du das beherrschst, dann gratuliere ich dir. Riechen ist gut.

Wenn's stinkt, ist es zu spät. Alle tragen sie heute ihre speziellen Deos. Damit du's nicht merkst. Besonders beliebt ist »Innocence«. Manchmal im Wechsel mit »Insolence«. Dann wird's dreist. Mit »Allure«, zu dick aufgetragen, wird's schließlich dumm. Also musst du eine Nase haben wie ein Luchs. Als CEO, sowieso. Sonst geht dir alles am … äh, am … äh, … Ansehen vorbei.

Aber, ich bin wie Red Adair, das weißt du ja. Ich rieche den Schwelband schon von ganz weit. Schnüffle also in so einer von diesen auffällig ruhigen Ecken herum, quetsch ein paar Leute aus, alte Marlowe-Schule, mach selbst so ein paar Hauben auf, um dran zu riechen, und siehe da, da schwelt's nicht nur. Es qualmt. Ausgerechnet im Motorraum. Und jetzt packen sie die Deos aus. Dein schöner Autoklient, der hat schon den Rückwärtsgang eingelegt. Der ist praktisch schon weg.

Ich denke, du weißt, wovon hier die Rede ist. Von der Führungskraft einer Agentur. Von der Sicherheit deines Konzepts. Verliert sich über Zeit deine Form? Durch deine Größe? Durch personelle Fluktuation? Materialermüdung, ganz allgemein? Durch erschlaffende, zunehmend reizbare Partnerschaft? In diesem Gewerbe des ständigen Drucks kann dir die »Freude am Fahren« über Zeit leicht vergehen. Frühe neunziger Jahre, ein Autoklient in München, von überaus eigener Sicht, und plötzlich will nichts mehr gehen. Der Antrieb blockiert. Phœnix in Asche. Kannst du da noch was tun? In einer solchen verschrotteten Situation?

Und, ausgerechnet in dieser über alles begehrten Idealkategorie des Gewerbes, wo du alles zeigen kannst von deiner Gestaltungsfähigkeit, verdammt, von deiner ständig herausgehängten sogenannten Professionalität, ausgerechnet da zerrt einer hin und einer her, Wort gegen Wort, Streit gegen Streit, Verlust an Zeit, schlimmer, an Nerven und weit schlimmer noch, an Vertrauen dazu.

Erosion von Ruf.

Wenn der erste Schuss fällt in dem Geschäft, Menschenskind, dann bist du erledigt. Deine Truppe, die ist längst in Deckung, läuft dennoch erhobenen Kopfes herum, doch jetzt geben sie's kleinlaut zu. Ja, der Klient, der hat schon den Rückwärtsgang eingelegt.

Verraten und enttäuscht. Es zählt nicht, dass er selbst schwierig ist. Zäh und kleinlich wohl manchmal auch. Diese Sache, die geht auf uns, auf unser Management, das verantwortlich ist für den Etat.

Dunkle, verlotterte Ecke, nun kläglich real im Licht. Ich kriege raus, dass das schon eine ganze Zeit so geht. Aber, kleines Karo-Ego, Schiss, gesagt wird nichts. Nichts, bevor nicht der Rutengänger kommt. Nur, wenn's zu spät ist, helfen auch keine Ruten. Längst mausetot, geleugnet bis zuletzt.

Ich weiß, ich kann im betreuenden Team einen jeden dafür blamieren, aber, ich weiß auch, der Fehler geht ebenso auch auf mich. Scham und Wut, ja, geschenkt, aber was soll's. Zu spät. Was tun, wenn nichts mehr geht?

Ja, klar, bei aller Kundenschikanei, die ja kein Kleinkram ist, ich weiß, nicht jeder steckt das weg. Ich kenn zu viele, Gute, die werden nicht damit fertig. Die werden davon ganz krank. Manche ganz endgültig.

Du meinst, das wäre übertrieben? Was weißt du schon? Das ist es nicht. Tut mir leid. Also, wenn du über viele Jahre, so wie Ad, hoffentlich endlich verständig geworden bist, dann trägst du die Lasten von deinen Leuten mit. Period. So ist der Job.

Nur, gleichzeitig: Versagen aus Ego, Schlamperei und dümmlicher Eitelkeit ist einfach unentschuldbar. Und du weißt, du musst etwas tun. Selbst wenn die Chance noch so winzig ist. Das berühmte eine Prozent? Prozent ist Prozent. Da ist ein Rest.

Ad und sein Credo: Die Sache muss getan werden.

Um es vorwegzunehmen. Falls du dich fragst, was aus den Leuten geworden ist, später, in der Nacharbeit, dann will ich's dir sagen. Die Sache muss getan werden. Die Fachlichen sind geblieben. Die Politischen nicht.

Letztes, überaus wahrscheinlich letztes Meeting bei dem Klienten ist am 16. Juni 1996, seventeen hundred hours, sharp.

Heute haben wir den Zehnten und ich bin in New York, morgen geh ich zurück. Ad, setz dich auf deinen roten Bock. Jetzt wird gelöscht.

Es geht um den Etat, das Ganze, fachlich, um das internationale Katalog-Konzept. Das hat eine Menge Gewicht, mehr wahrscheinlich als die gleichzeitig laufende auf Image polierte Reklame, weil der Katalog ganz nah und direkt die letzte Überzeugungsarbeit zu leisten hat.

Und vor allem geht es um unseren letzten, den wirklich allerletzten Schuss.

Mit diesem Klienten bin ich nicht ganz so eng, was Zeit und Meetings betrifft. Die Tagesarbeit ist »delegiert«, aber so oder so, ich bin doch nun einmal die Agentur. Also, nehm ich's auf mich. Auf wen sonst?

15:00 p.m. in New York, neun Uhr Ortzeit. Ich rufe Hans in Deutschland an, der bei uns den Etat verantwortet.

»Hans?«

»Herr Pen? Sie sind schon zurück?«

»Nein, ich fliege erst morgen. Hans, hören Sie zu. Ich denke, wir starten einen letzten Versuch.«

»Aber …«

»Ich komme mit einem neuen Konzept.«

»Mmh«, aber weiter sagt er nichts.

»Und zum Termin gehen wir beide allein.«

Ich kann fast hören, wie er tief nach innen seufzt.

»Nur wir beide.«

Stille.

»Ich will sonst niemand sehen.«

Stille.

»Okay?«

»Okay.«
»Bis dann.«
»Bis dann.«

Murren kommt nicht mehr auf. Die haben den Helm ab jetzt, zum Gebet.

Ich hab dafür kein Gefühl. Schon seit den frühen Jahren der »TEAM«. »Die Hoffnung ist der größte Feind des Kaufmanns«, haben wir Greenhorns uns vorgesagt, damit wir Phantasie nicht verwechseln mit Realität.

Da waren, das verdankten wir offenbar unserem Instinkt, Partner von jeweils eigener Art. Talent wohl, das sich ergänzt, Lücken erkennt und schließt. Naiv und gleichzeitig raffiniert. Mit dieser Mischung haben wir eine Menge Lehrgeld bezahlt. »Kann man das überhaupt machen?«, das haben wir nie gefragt. Vielmehr für Schwarzkopf Glatzköpfe inszeniert, für Wodka den harten Mann und für Pils den ersten Bankier, den großen Abs, für uns gewonnen. Wir haben immer auf plein gesetzt, ganz einfach, weil wir nichts hatten. Das war unsere »Pflaumenkuchenzeit«. Mülheim, die Metropole. Von New York, um Himmels willen, nicht der Hauch von einer Idee.

Die 51ste an der Siebten. Das Michelangelo. Den Nachmittag hab ich noch frei. Morgen, etwas später, geht der Flug. Heute ist ein klarer Tag. Ich denke, ich gehe in den Central Park und lüfte durch. Ich bin da gern. Da ist so viel Energie.

Ein Stück Papier hab ich dabei. Den schwarzen Pentel Marker, den sowieso. Der ist ein Stück von Ad. Steckt schließlich alles drin. Ohne den wär ich weniger als ein Nichts.

Große Kastanie und eine grüne, tatsächlich freie Bank. Ich fühl mich gut. Hartes Denken, das ist für Ad wie pure Euphorie. 'Ne Mischung wie Daiquiri geschüttelt mit Adrenalin. My name is Pen. Adver D. Pen. Und ich brauche ein großes Ding. Auf der Fifth fährt große Reklame auf einem Bus vorbei. »The real thing.«

The real thing. Beim Singen in der Badewanne kommt's dir nie. Dir klingt's wie Potts, ist aber Kikeriki: Du musst schon Technik haben. Den ganzen Kram total verstehen und dann auf Zeit verstauen. Tief weg. Für den Moment. Womöglich kommt dir gar noch die Taktik dazwischen, und dann bist du eh verloren.

Auf meiner Central Bank noch konzentriert allein. Kinder lärmen, Leute schlendern, Radler surren elegant. Ich fühl mich angeregt, kein Stück gestört. Es geht ein leichter Wind. Schickt ein paar Fetzen Rap herüber, Gelächter und Big-Mac-Geruch. Ich fühl mich gut. Am Abend hab ich noch ein Essen, im Carlyle mit Henry, dem Photographen aus Wien und alten Designerfreund. Henry Wolfe. »Visual Thinking.« Wir fühlen uns auf eigenartige Weise äußerst vertraut.

Okay, then. Krikelkrakel. Denk nicht zu viel. Denk mehr an Lubitsch: »How can we say it more different?« Ich frag mich, »how can we say it just our way?« »How can we be entirely us?«

Es ist so: Du denkst, du zeichnest, du schreibst. Und, wenn du dich, wie in einer klarsichtigen Trance, so heranarbeitest – du spürst es fast körperlich –, dann rückt irgendwann plötzlich alles auf eine natürliche und gleichzeitig seltsame Weise an seinen Platz. Und du siehst die Idee.

Wenn du die richtige Frage stellst, nicht nach irgendwelchen superschlauen Headlines suchst oder nach irgendeiner überstylten Photographie oder so Zeug. Nein. Nur die richtige Frage öffnet die Tür.

Was uns gehört? Na, die Straße natürlich, was sonst? Hat unser Autoladen das all die Jahre denn nicht wie verrückt gepredigt? Den großen Fahrspaß, oder so? Das ist ja nicht einfach dahergeholt. Jahrzehnte gepredigt haben sie es: Die Freude am Fahren. Die Straße gehört uns. So denkt der Klient. Und Ad denkt mit ihm.

Ihm, so denkt er, gehört das Design, das die Straße beherrscht. Ihm ist die drängende Dynamik eigen, welche die Straße beherrscht. Und, steht er denn nicht für die ständige Energie, für ständige Innovation, die doch auch alle auf der Straße spürbar und ständig beherrscht? Also beherrschst du sie doch, die Straße. Also, also, also.

Central Park Focus. Atme tief durch. Der Glaube ist ein Akt des Willens. Und die Luft ist immer noch frisch. Schwarze Muskel-Eleganz im ärmellosen schneeweißen Shirt sirrend langsam auf dem Rad für die Show, Ghetto-Blaster und Whitney am Ohr … »… will always love you, u, u«.

Big Apple Inspiration. Ad, alles Muskelspiel im Kopf, Ad denkt's durch, zieht die eine, unsere, die konsequente Straße im Gedankenbild gleich über fünfzig Seiten Katalog, für die Kraft, für die Einfachheit, für das eigenkenntliche Konzept, für das schamlose Momentum der Energie, für den verdammten Anspruch. Absolut.

Und eben auch für diesen verdammt beschissen überfälligen Nachweis von noch verdammt lebendiger Führungskraft der Agentur, die sich so blind und blöde verfranst hat, die sich hat aufreiben lassen, durch diese wachsend verbitterten Argumente, die Flanke der erbärmlichen Konzeptionslosigkeit schon nackt und wie ergeben bloßgelegt.

Beende dieses Scheißspiel, Ad. Geh aufs Ganze, wie es sich gehört. Und zwar aus deren Natur heraus. Nicht mit diesem sprachlos coolen Sterildesign und gleich daneben mit der stilfremden Schlossauffahrt, um doch bitte die Premium-Klasse zu differenzieren, anstatt die Klasse selber zu sein.

Ad hat's gern einfach. Radikal.

Zwei Striche. Straße.

Arbeite es aus.

Vielleicht im Flieger noch. Wenn du es hast, dann hast du das Gefühl. Die Profession, mein Gott, die spielt Roulette, die Idee, alles auf plein, und plein kommt, wenn dein Gefühl funktioniert, so sicher wie's Amen im Gebet, wie von allein.

Das Stück zum Carlyle, Madison an der 77sten, das geh ich zu Fuß.

Du hast es. Mach's fertig und dann bete, Ad.

Bloß, zu wem?

Kennedy. Endlich, an Bord.

»Sir, would you care for a drink?« Die Stewardess lächelt. Ist nett. Ich zeige nur auf mein Zeug. Die Sache muss getan werden. Sie nickt. Ist selbst professionell.

Flug, Skizze, alles durch. Aus dem Kopf, über die Hand in den durchgezogenen Druck. Tempo-Selling, street smart. Titel und Schwerpunktargumente, visuell, stringente Anlage, bis hin zum präzisen Typostand, zur Ableitung, oben wie unten, Plazierung und Variation, über Klima, die Sitze und das gedämpfte Geräusch, integrale Hinterachse und Traktion, Umweltleistung und passive Sicherheit, die Technologie im gezeichneten Schnitt. Sieh's dir an, alles am Platz, nur der gefällige Zufall nicht, alles dringliches Argument, der Stil der Bilder, präzise definiert, die Art der Ansprache im Kopf, die Synopse motorisch narrativ. Vielleicht kannst du's lesen, wenn du's hier siehst das Konzept, für den Gestalter ein offenes Buch, aber, alles hineinzukriegen, was denkst du, das ist nicht die Kunst.

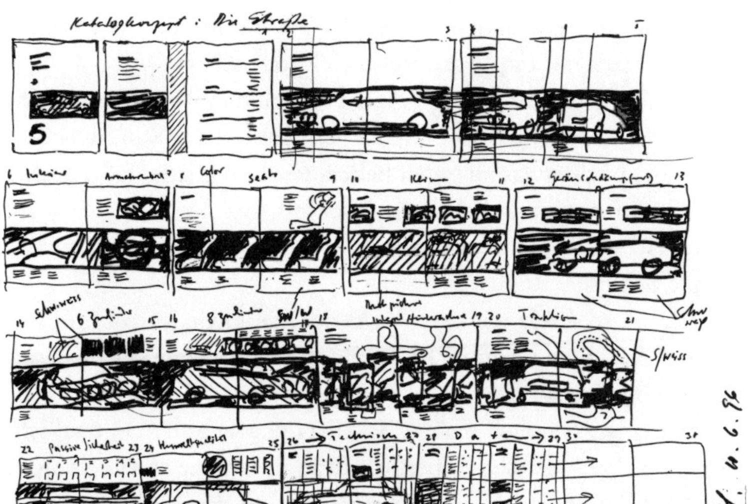

Die ganze Kunst ist, die Chose zusammenzuhalten, aber entscheidend, mein Profifreund, für eine interessante und rasant durchgezogene, durchgeschriebene, durchbebilderte Geschichte, die absolute Fachliteratur. Das ist es, was du bringen musst.

So wie ich es sehe.

Die Unausweichlichkeit.

Die Straße besetzt und durch. So wie es der Typ hinter dir macht. Von weitem, im Rückspiegel, siehst du ihn kommen. Und schon sitzt er, auf Montoya-Art, mit seiner Schnauze in deinem Heck. Mach Platz. Er will die Straße für sich.

Zu Hause. Beim Art-Director, ein guter Mann. Deshalb kann Ad mit dem gut. Der hat das Auge und versteht. Er bläst die Roadmap, den Hieroglyphen-Zettel gleich hoch auf A-Null und hängt ihn sich an die Wand. Grinst. Ist beeindruckt. »Super. Ich verstehe. Alles klar.«

D-Day. Kundenmeeting. Alles, na, sagen wir verhalten. Reserviert. Was hast du erwartet? Sie erwarten nichts mehr. Müde. Ich hab zwar mein feuerfestes Zeug mit, aber da brennt auch nichts mehr.

> »Ach, ja, Herr Pen. Sie hier.«

Der Chef sitzt gleich neben mir. Also los, immerhin sind wir nun da. Er erteilt mir das Wort. Ist schlicht nur direkt:

> »Wir sind sehr besorgt, Herr Pen. Ich nehme an, Sie wissen das. Sonst wären Sie nicht hier. Immerhin. Nun, falls Sie uns noch etwas zu sagen haben, wir hören jedenfalls. Mehr können wir wirklich nicht tun.«

Und, Ad weiß, das ist schon viel. Wenn überhaupt, so ist es der letzte Schuss.

Ich bin so direkt wie der. Weißt du, irgendwie ist das ein Hypergefühl. Denn wenn nichts mehr geht, sehr komisch, ja, dann geht scheinbar alles.

Sagen wir's einfach mal so. So kitschig, wie es nun einmal ist: Das Einzige, was dieser ebenso enttäuschten wie sowieso abgezockten Truppe noch imponieren kann, ist die radikale altmodische Ehrlichkeit. Schluss mit blabla. Lehrstunde Agentur.

Ich seh den Vorsitzenden neben mir an, so ein Bär von einem Kerl. Ich denke, wir brauchen's an dieser Stelle gar nicht so anonym. Das ist der Herr Kalbfell, im Gewerbe stark anerkannt. Auf jeden Fall ein gerader, ein handfester Typ, überhaupt kein Konzern-Intrigant. Na, ja. Wie bei Shakespeare findet sich aber auch der. Nur, weiter hinten, ganz links.

Also. Ads Stunde schlägt.

»Herr Kalbfell, ich rede nicht drum herum. Die Wahrheit ist, die Agentur hat über Wochen Mist gebaut. Egal weshalb, das spielt nicht die geringste Rolle. Wir haben dem Anspruch nicht entsprochen, wir haben's zerredet, die Leistung nicht erbracht. Jede mögliche Konsequenz, die geht auf uns. Egal, ob es für Sie und Ihr Haus noch Sinn macht, ich entschuldige mich. Es war nicht das, was Sie erwartet haben, nicht das, was Sie wollten, nicht das, was Sie verdienen, und, wenn Sie erlauben, nicht das, was ich von uns verlange.«

Ich seh Kalbfell an, er mich. Er nickt. Das Direkte mag er. Das seh ich ihm an. Stille. Kein Mucks. Wir könnten aufstehen und gehen.

Ad, Stehaufmännchen, Zinnsoldat, immer im Dienst:

»Aber, das ist nicht alles. Wenn Sie erlauben.«

Er nickt. Irgendwie bilde ich mir ein, ein ganz klein wenig, gerade so einen Hauch von Neugierde in seinen Augen zu sehen. Vielleicht auch nur Illusion. Dieser Kalbfell, der hat breite, feste Hände. Ein Anpacker. Der ist ein guter Typ.

Ad, weiter im Text, so erlaubt:

»Wenn Sie mir die Chance geben wollen. Herr Kalbfell, meine Herren, wenn Sie erlauben, würde ich Ihnen gerne ein paar Gedanken über ein Konzept vortragen, das ich im Kopf habe. Ich habe nichts dabei, nur die Idee im Kopf.«

Ich seh ihn wieder an. Jetzt grinst er beinahe. Ein ganz wenig. Courage, die mag er wohl. Er sieht seine verbiesterten Jungs an. Von dem Dr. Sowieso, hinten sehe ich nur die randlosen Gläser. Kaltes Funkeln. Was hast du erwartet? Na, ja. Kalbfells Jungs, die sagen nichts, also sagt er, mit so einer ganz minimalen Handbewegung, tiefe Stimme:

»Pen, Sie sind ja nun hier. Also, meinetwegen, wieso nicht. Legen Sie los.«

Ich geb ihm also die ganze, die schon vertraute Geschichte. In einem Zug durch.

Und na ja, Ad, empathisch Sarkozy, wir können, wenn's drauf ankommt, auch total charmant sein, pathologisch professionell und, na eben gewinnend, da musst du mehr bringen als bloß so ein geschniegeltes Konzept. Wenn du nicht glänzt, hast du das beste Thema verfehlt. In dem Business ohnehin. Da ist das besonders so.

Ich erzähle ihm die Geschichte vom »Straßenstrich«. Irgendwie ist der ganz Ohr. Da glimmt so etwas wie Elektrizität, der lebt ja mit seinem Produkt. Und natürlich spürst du das auch. Das lädt doppelt auf.

Und ich sehe, keine Ahnung ob der Vorsitzende es selber merkt, ich sehe, dass er hier ganz unmerklich nickt und dann wieder da, das hält mich in Fahrt. Er, links von mir, die Hände flach auf dem Tisch.

Ich habe nichts mit. Nehme mir nur ein Blatt Papier, meinen schwarzen Stift und sage: »Sehen Sie.«

Er schaut mir zu, die Corona um mich, sie staunt, weiß nicht so recht, was da wohl läuft.

Ich schreibe, während ich spreche: »Hier, sehen Sie, hier ist die konzeptionelle Basis«, ich schreibe auf, kaum leserlich, alles runter, a tempo, drauf:

1. Design, 2. Dynamik, 3. Innovation, und links darunter zeichne ich ihm, roh aber verständlich, den einen idealen Photostand von seinem Autotyp, von ganz, ganz unten geschossen, bullig, rasant, Schokoladenseite, so wie er auf der Straße kommen muss, und reiß ihm seinen Katalog auf, Seite um Seite, so wie ein Leporello. Ich erklär und erklär, und zieh mit zwei Strichen, zügig, eins, zwei, die verdammte Straße durch, darüber, nur im Strich so angetippt, den gedachten Stand von dem ganzen durchlaufenden Argument, erklär's ihm a tempo. Das ist das Blatt 2, das Original, sieh's dir an, so war's auf dem Tisch, und kaum, dass ich wieder etwas Luft bekomme, schieb ich's ihm so ein wenig näher hin. Kalbfell, er wendet den Blick nicht davon und Klimax, Junge, darauf läuft's doch immer hinaus, denk ich, verdammt.

Er sieht's.

Herrschaften, Leute, Männer, Kollegen, Kerle, Freunde. Ja. Was nun? Ihr könnt es doch hoffentlich sehen? Denkt an Brando, den Paten, an die eine schwergewichtige Szene im drohenden Gegenlicht. »Ich mach dir ein Angebot, das du nicht ablehnen kannst.«

Ganz wie der Pate legt dieser gewichtige Mann doch seine schwere Pranke auf meinen Wisch. Und sagt ganz langsam, während er mich ansieht und den Kopf schüttelt: »Unglaublich. Das ist es.«

Alle Vöglein sitzen stumm. Mir ist es heiß.

Kalbfell, ganz führende Übersicht, nun brummend, original:

»Das ist dann doch wohl das, worauf wir lange gewartet haben. Ich denke, ich kann das sehen.« Und, er vollzieht es nach: »Das internationale, das stringente, das technische, das uns eigene, das dynamische, das durchgängige Konzept.«

Kalbfell, der Profi, so aus dem Stand. Gesehen, begriffen und ganz verdaut.

Pause.

Er sieht mich an, röstet Ad noch ein wenig durch. Entschlossen und grimmig. Strafe muss sein. Dann sagt er, und ich kann mich nicht erinnern, ob er dabei auch nur im Ansatz gelächelt hat, der Vorsitzende sagt, Auge in Auge mit Chairman Pen:

»Jetzt brauchen wir nur noch eine gute Agentur, die uns das macht. Pen?«

Uuh.

Ich sage nichts. Eine Eierschale ist weniger empfindlich als dieser Moment. Eis, hauchdünn. Ein falscher Schritt, und du brichst endlich und endgültig ein. Und, er meint es endgültig ernst.

»Pen. Sagen Sie's mir. Glauben Sie, dass Ihre Agentur das kann?«

Ich weiß gleich, von der Antwort hängt alles ab. Jeder Anflug von eifriger Beteuerung, er wäre nicht nur blöd, er wäre das reine Gift. Wenn überhaupt, dann hilft jetzt nur noch Instinkt und, nun ja, was schon? Die alte wirkliche Ehrlichkeit. Sonst nichts. Bei ihm ohnehin.

»Wenn Sie uns wieder vertrauen wollen. Nur dann.«

Ein langer, ein sorgsam abwägender Blick. Bären sind überaus vorsichtig und taktisch mehr als erfahren dazu. Dann beginnt er zu lächeln. Und, endlich nickt er. Nur einer, der wirklich führt, der tut so etwas.

»Wir fragen einmal herum.«

Allgemeiner Tenor: »Das hört sich gut an.« Sei glücklich, wenn nicht der Erste, der so oft notorische Besserwisser das aufblühende Klima bedenkenträchtig und eifrig im Keime erstickt.

»Ja, da ist was dran.«

Sogar, du glaubst es nicht, sogar der randlose Dr. Augengläsertyp fängt, wie sonst bei regulären Meetings auch, total methodisch an. Fragt höflich: »Habe ich Sie richtig verstanden, Herr Pen, wenn ich Sie so und so interpretiere?«

Also, Herrschaften. Merkt ihr's? So wie ich, vor Ort?

Da läuft doch wie unbemerkt ganz plötzlich ein sachliches Arbeitsgespräch, keiner hat ein Problem, und, glaub es mir oder glaub's mir nicht, der Herr Dr. Funkelglas, der fragt doch wirklich:

> »Herr Pen, sagen Sie, was glauben Sie, wie schnell können wir das haben, um's mal zu sehen, umgesetzt? Sie wissen ja, wir haben eine Menge an Zeit verloren, aber vergessen wir das jetzt, nun liegt ja hier etwas auf dem Tisch. Sagen Sie, wie schnell können wir das haben, Herr Pen?«

Funkelglas, mein neuer Freund. Ich muss mir neue Gläser machen lassen.

Bärenkerl, der Herr Kalbfell, da neben mir, gesetzt und überlegt, er legt seine Pranke schwer und freundlich auf meinen Arm. Die Augen ganz offenbar warm.

> »Pen. Menschenskind. Ich muss schon sagen. Nicht schlecht. Offen gestanden, ich hätt's nicht gedacht. Aber so.«

Ich stehe nur auf, und wir geben einander die Hand. Ziemlich fest. Zu sagen ist da nichts mehr.

> »Also fasse ich mal zusammen«, so wie ein Chief das macht, »ich denke, wir alle hier«, blickt einmal um den Tisch des Hauses herum, »wir alle hier sind uns wohl einig.« Kein Widerwort.
>
> »Wir setzen, auf neuer Grundlage, unser Verhältnis fort. Herr Dr. Augenglas, Sie erneuern den Vertrag. Laufzeit auf drei. Weil, ich geh davon aus, dass die Umsetzung genau das trifft, was wir lange gesucht haben und dringend brauchen. Und ich will endlich Kontinuität.«

Er legt mir die Hand auf die Schulter, aber das steht Ad tapfer durch.

> »Gutes Meeting, Pen. Gut, dass Sie gekommen sind. Irgendwann setzen wir uns zusammen und trinken was drauf. Heute nicht. Ich muss weg. Danke noch mal. Grüß Gott.«

Er hinterlässt Verlegenheit, fassungsloses Beinvertreten, auch zögerliches Schulterklopfen kommt, ungläubiges Grinsen auf jeden Fall. »Mann, wie habt ihr denn das gemacht?«

Ad, noch halb im Central Park, er nimmt mit Samtpfoten das weiße Krakel-Blatt A4, das, was du dir hier ansehen kannst, das Original, das Ad beeiden kann, das Artefakt-Scribble unserer Agenturlegende, und deponiert es sorgfältig und ungeknickt in seinen Pilot Case. Drei Jahre. Ein einziges Jahres-Income für uns, ein einziges, hoch einstellige Millionen Mark. Mal drei, na ja, schnaps es dir selber aus.

Von null auf beachtlich in einer Stunde. Das ist mal 'ne Line.

Dir zu langsam? Nun ja, werter Freund. Wie man's sieht.

Und, fragst du dich, was denn die Botschaft ist?

Na, ja, die hat der junge Ad mal von dem alten Bill Bernbach gelernt. Wir haben uns mal getroffen, und er nahm gleich kein Blatt vor den Mund:

> »Ad, ich höre, du bist gut zu deinen Leuten. Aber, Ad, lass dir eines sagen. In der Sache, in der Sache musst du immer hart bleiben. Ihnen immer die Wahrheit sagen. Die Sache verträgt keine Nettigkeit.«

Also, du verstehst, was die Botschaft ist. Und Ad, Ad hat es schon lange gesagt: »Nett ist nur okay.«

Merk dir eines noch dazu: Von allen Bränden ist es der Schwelbrand, der am schwersten zu löschen ist. Hör, wenn nicht auf mich, dann auf Adair.

Gut riechen können musst du. Ja. Das ist gut.

Ende gut, alles gut? Nun, was die Sache betrifft, die ist dann tatsächlich wirklich gut gelaufen. Drei Jahre und sogar noch ein paar mehr.

Aber. Aber? Ja, aber, hör mir gut zu. Haben wir uns nicht längst darauf verständigt, niemandem niemals blind und gänzlich zu vertrauen? Mein altes Gewerbe, es hält stets etwas in der Hinterhand.

Wenn du gut bist mit einem Klienten, dann bekommst du bei guter Führung auch Bewährung und die eine oder andere

Chance für ein weiteres Geschäft dazu. So war das trotz allem auch in diesem Fall.

Mein Laden – bei dieser Kampagne war ich ständig dabei –, mein Laden, er gewinnt, im Wettbewerb, doch tatsächlich das internationale Geschäft.

Gratulation zuhauf. Auch unser Mann, Kalbfell, stolz nun auf »seine« Agentur, er lädt zum großen Abendessen ein. Herr Dr. Funkelglas, für eine Überraschung stets gut, greift sogar zum Bier. Jetzt, ja spätestens jetzt gehörst du dazu.

Freunde, auf euer Wohl.

Am nächsten Morgen, gutgelaunt, ausgeschlafen, im Taxi zum Flughafen, klingelt mein Sony. Wir haben so etwa zehn. Am anderen Ende wer? Mein Herr Dr. Funkelglas. »Hallo.«

»Herr Pen, sind Sie noch in der Stadt? Ja? Könnten Sie denn dann noch einmal ganz kurz zu uns kommen?«

»Wenn nötig, gern. Worum geht es denn?« Heile Welt.

»Unser Vorstand hat soeben den internationalen Etat an die Agentur ›von Sowieso‹ vergeben.«

Pause. Stoß von Adrenalin. Nie bist du näher an deinem Geschäft. Ad, höflich, man muss wissen, woran man ist:

»Sie meinen den Etat, dessen Gewinn wir gestern gemeinsam gefeiert haben?« Prismenfunkeln über das Telefon:

»Ja, den.«

»Und ich soll zu Ihnen kommen? Können Sie mir sagen, wozu?«

Ich breche brüsk ab. Und denke. Mit der Arbeit allein hat's nichts zu tun. Die »neue« Agentur ist eine piekfeine Adresse. Nur fair zu sagen, eine Klasse für sich. Aber, das ist es wohl nicht allein.

Du musst dich in allem ein wenig auskennen.

»Unser Vorstand«, hat mein Funkeldoktor nicht »unser Vorstand« gesagt? Mein Taxi ist gleich da, Ad aber auch.

Unser Vorstand, ach. Wie schön. Mister Niven, mit einiger Wahrscheinlichkeit, wer weiß? Und er wiederum, nun ja, wohl auch über bestimmte Kanäle eben, deren Unterbett zu empfindlich wäre, es mit Highheels zu belasten. Ad ist sich sicher: Der

Wechsel hier, über Nacht, der liegt mal wieder am Vitamin B. Mit S. verbunden, ein Wunderzeug.

Nun ja, wer weiß es schon. Trau niemals nie und freue dich nur auf Zeit. Etatgewinn, er macht dich einfach immer wieder zu high. Mein Freund Bruce, längst fern jedweder Illusion, der kannte, warnend, unser Zirkusgeschäft, wenn es überschäumt vor Begeisterung über einen Etatgewinn:

»Celebrate fast.«

Wie recht er hatte, das siehst du hier. Ad, er hat kein Wort seitdem gewechselt mit denen. Auch mit unserem ehrlichen Chef-Freunde nicht. Denn der hat sich irgendwie, wie zu hören war, eigenartig verzogen, offenbar in ein anderes Revier. Nun ja. Da schwelt es wohl. Riechst du es auch?

Am besten, du suchst dir ein neues Business. Aber, die Feuer, die kannst du noch so verfluchen. Wie mein Kollege, der Red Adair. Der aber hat, ganz so wie ich, ja auch nichts anderes gelernt.

Willi, the Deal

Die Charme-Offensive

Gott war sicher auch Autodidakt.

Du lernst am Problem. Wie deine Freunde, deine Partner aus unterschiedlichen Leben, auch. Im Labor. Was die Realität ist.

So ein bisschen mixen und rühren, Zutaten erfinden, das ist nicht schwer. Aber den Geschmack treffen, das schon.

Das Produkt musst du schön machen, schönreden auch und eben entscheidend zwingend, schon in der Präsentation. Sonst erreicht deine Komposition nie ihren Markt, wenn sie nicht zuvor von ihrem besorgten Manager gehört, womöglich genossen und dir schließlich sogar abgekauft wurde.

Du musst eine Menge üben, eine Masse lernen, bevor du selbst was verkaufst. Als naiv Kreativer bist du hinter den Ohren nur grün. Ein Feingeist, rührend, so voll von Illusion. Es dauert Ewigkeiten, bis du's so wirklich, so unausweichlich verstehst. Dass du den Glauben verkaufst. Für den Erfolg. Und sonst nichts.

Wenn du einen Partner hast, an dem du lernen kannst, dann ist es gut. Du bemalst den Ball, er schießt ihn rein. So schulst du dich an den »Assists«. Mit Feinmotorik alleine, da sitzt du irgendwann auf der Bank. Wenn alles gelaufen ist, dann wechseln sie dich für die letzten Minuten noch ein. So wie damals die Bayern den Scholl. Wenn nichts mehr passieren kann. Für einen kleinen, feinen kreativen Tanz. Für die Fans.

Das musst du halt lernen. Bodybuilding gehört zum Spiel. Erst dann schießt du die Bälle selber hinein. Das Gewerbe verlangt Kondition.

Von Willi Schalk habe ich viel gelernt. Der kam aus dem Business, war konvertiert. Sein Talent hatte mein erster Partner, der mächtige Scholz, auf der »Kundenseite« entdeckt, ihn bequatscht und in unser Team geholt.

Und, Willi, der war weiter als alle. Gewandt. Rhetorisch reflexschnell, im Bruchteil der Situation, dazu noch, wie glücklich, von jugendlich gegebenem und eben auch schamlos genutztem Charme. Willi, Wissensgaukler, Taktikgambler, und Ad, der Feingestalter. Ein Team. Wie spielten uns ein.

Willi und Ad. »Hm?«

Unser erster gemeinsamer Versuch, ein »Pitch«, eine Wettbewerbspräsentation in Hamburg bei Philips, den Klingenherrschern, die Kampagne für einen neuen Rasierer-Typ.

So einfach, wie sich das anhört, war's aber nicht. Der neue Rasierer-Typ war nämlich »Philishave«, der brandneue Trockenrasierer, schlichtweg die Revolution. Zusammen mit der Übernahme des Klassikers »BRAUN« der große Schritt in ein risikogroßes und neues Terrain.

Von nass zu trocken. Wenn das nichts ist.

In Hamburg, im Hause von Philips, die Präsentation. Voller Raum. Spannung, Neugier, Aufbruchsgefühl und Verantwortung, die Atmosphäre zum Schneiden dicht.

Wir präsentieren zu dritt. Willi, Ad und das Paradepferd aus unserer Marktforschung, »Professor Lambda«, vom Nickname her, unser mathematisches Hirn, Heinrich Grefe, in New York schon durch die fachliche Mangel gezogen und von Natur aus zugleich ein Verkaufsgenie.

Heinrich, er zeichnet das Marketing-Bett. Und legt eine Basis, die Philips, den Weltmarketer, durch ihre Schlüssigkeit nahezu sprachlos legt.

Heinrich, in full scientific rage, er nimmt dem großen Klienten die Angst. Hat bis auf die Kommastellen den Heavy User, das Basisgeschäft ihres Stammgeschäftes der »Blades«, das »Chance«-Potential der Klingenmarke im Trockenrasurbereich, die Sicherung und das Riskio-Aggressivpotential hochgerechnet und legt, hochrot, in dampfendem Engagement, für Willi und mich die Basis der Umsetzung auf. Für den Markenauftritt und den Produktverkauf.

Strategisch begründet treten wir mit zwei Kampagnen an. Als einzige Agentur. Für die Philips-Blades und für den neuen Rasierkünstler »Philishave«.

Bestätigung und Attacke als Markenauftritt in einem Stil, doch jeweils technisch und leistungstüchtig getrennt.

Keine Life-Welten, dazu fehlt uns die Zeit. Vielmehr klassisch und damit direkt als »Product-as-Hero«-Konzept.

Noch heute geht's fast mit mir durch. Willis und Ads erste gemeinsame Arbeit, gestützt auf Heinrichs »Deep Brain« – es saß irgendwie alles genau auf dem Punkt. Strategisch sauber und technisch schön. Und, Gewerbegott weiß warum, der Klient – immerhin Philips, kein einfacher Fall –, der war einfach hin. So wie dann wir. Die kauften uns das Zeug unter dem Arsch weg. Forgive my French.

»Wir gratulieren. Sie sind von der ›TEAM‹? Aber aus Düsseldorf, nicht?«

»Ja. Aus Düsseldorf. Ist das ein Problem?«

»Nun ja, leider, eigentlich schon. Wissen Sie, unsere Agentur, sie muss nun mal hier in Hamburg sein. Sie haben hier kein Geschäft? Keine Dependance, irgend so etwas? Nein?«

»Leider. Zurzeit noch nicht.«

»Aber, Herrschaften, das wäre ein Jammer. Denn dann würde aus uns ja nichts. Da müsste doch was zu machen sein? Könnten wir die Kampagne vielleicht kaufen? Überlegen Sie sich's.«

Willi: »Können Sie uns ein paar Tage geben? Das wäre sehr freundlich und hilfreich wohl auch. Vielleicht kommen wir dann mit einer Lösung zurück.«

»Also, gut. Sonst wär's doch zu schade. Aber, nur ein paar Tage. Nicht mehr. Meine Herren, wirklich, das war nicht schlecht.«

Und, tatsächlich, zum Abschied gibt's noch Applaus.

Gewonnen auf einen Streich. Und, verloren vielleicht wohl auch. Aber wir freuen uns über den schnellen, diesen unglaublich spontanen Erfolg. Und wissen doch nicht so recht wohin. Die anderen Agenturen, unser abgeschlagener Wettbewerb, der sitzt bequem an der Alster herum. Wie schön. Gewerbe-Verwicklung. Da siehst du, wie's geht.

Wir sind draußen und quatschen. Als wäre es heute, sehe ich uns da noch sitzen, auf der Gehsteigkante. Vor'm Haus. Und überlegen. Fast kann ich hören, wie es in Willi improvisiert. Dann, nach so einem seiner kunstvollen Zigarillo-Wölkchen, sagt er: »Pass auf«, und legt mir die Hand auf das Knie, »ich hab da so eine Idee.«

Im Flieger sprechen wir's durch. Hamburg, das ist die eine Frage. Doch »Boston« ist das Problem. Gewusst haben wir's und trotzdem, im Mutwillen, wohl einfach riskiert.

Boston! Verwicklung. Ad versucht, es dir zu erklären: Es geht um die Gesetze des Networking. Und just in diesem Jahr, wir schreiben 1975, ist die Team zur Team-BBDO geworden, durch den Anteilsverkauf unserer Mehrheit an die BBDO International, Headquarters New York, auf einmal Mitglied der weltweiten Gruppe und fest vernetzt, also so richtig verheiratet.

Und, wie eben bei vielen Ehen, gibt's auch bei uns einen Ehevertrag, in dem ein Passus steht, der uns jetzt Kopfschmerzen macht. Er trägt den schönen Titel »Wettbewerbsausschluss«, und gilt für alle, alle die großen Firmen, mit denen unsere Zentrale ihre Verträge hat, und die sagen nun einmal unmissverständlich und streng: »Lasst die Finger von unserer Konkurrenz.«

Nun, du siehst es kommen, in unserer Familie ist es die Campbell's Soup Company und Gillette, Razorblades und deren Headquarter, da hast du's, welches in Boston sitzt.

Natürlich kannst du nun anfangen, spitzfindig zu werden, ein Klugscheißer, der sagt, Jungs, es sind doch nur Klingen und nicht diese Trockendinger, also, lasst uns doch was riskieren. Aber was du in Wahrheit riskierst, wenn du blöd bist und Networking nicht schnellstens begreifst, ist bloß dein eigener Kopf.

»Soups and Razors only«, das hört sich so leichthin an. Aber, Ad ist es wichtig, dass du's verstehst, es gibt eine verdammt ernste Verpflichtung im Business, nenn es leichthin »Gewerbe«, nämlich zur Loyalität. Verletzt du die Regel, verlierst du sofort das gesamte Geschäft. Und zwar gleich weltweit. Gehörst du zum Network, dann gibt es kein Wenn oder Aber mehr, dann musst du lernen, dass es von nun an um das gemeinsame Größere geht. Also, lern besser schnell.

Boston!? Selbst Willis Geschmeidigkeit bei derartiger Restriktion, sie hilft uns am Ende nichts. Dennoch, klärt er, nachdenklich wie ein Rabbi, und sagt dann: »Warum fragen wir denn nicht einfach den Boeltz?«

Friedrich Boeltz, ein feiner und hochanerkannter Markenmann, der in Hamburg sitzt, gestützt durch Klienten von Rang. Und Willi hat ein Konzept, feinmaschig überlegt. Philips, den neuen Klienten zu holen, unser Headquarter in New York beruhigt zu halten und womöglich – »life is a negotiation« – ein weiterer Deal. Ohne Gefährdung des »Ehevertrags«.

Das Treffen ist abgemacht, und Friedrich Boeltz ist da. Aufgeräumt und neugierig sowieso. Man kennt sich.

»Welche Ehre, hoher Besuch, was kann ich tun?«

Willi, er serviert dem aufmerksamen Herrn Boeltz die wohl einigermaßen ungewöhnliche Geschichte von der »Team«, die bei ihm hereinschneit, so wie der Weihnachtsmann, ihn zu bescheren, aus heiterem Himmel mit einem Etat. Von immerhin geschlagenen fünfzehn Millionen, das war für damals schon ordentlich viel. Der Friedrich, der schüttelt den Kopf und, was bleibt ihm, er staunt.

»Und, was denkt ihr, muss ich dafür tun?«

»Buchstäblich nichts, Friedrich, buchstäblich nichts. Da ist nur eine einzige Kondition. Nämlich, dass Sie die Kampagne so übernehmen, nichts verändern, sie einfach so belassen, eins zu eins, wie sie ist.«

Willi nämlich hatte sich bei Philips persönlich und schriftlich verpflichten müssen, dass alles garantiert auch so bleibt.

Boeltz staunt, weiß noch nicht wie, aber er nickt zunächst. Verständig, ohnehin ein Mann von nobler Manier.

Willi: »Wenn Sie uns das garantieren, Friedrich, dann verkaufen wir den Philips-Leuten die Idee. Mit Kusshand. Die haben ihre Kampagne und ihre Agentur in Hamburg gleich mit dazu.«

»Und, das ist dann alles?« Der Hamburger Kaufmann, alert.

Der kreative Deal, das wird schon früh klar, das ist Willis Geschäft:

»Nun, Friedrich, da bringen Sie mich auf eine Idee. Vielleicht überlegen Sie es sich mal. Das Modell, es hätte doch Phantasie? Eine Beteiligung, die wäre, für beide Teile, doch vielleicht interessant?«

»Na«, sagt der bedächtige Friedrich Boeltz, ein schon lange ausgeschlafener Mann, »Sie sind ja gut. Schenken mir so einfach einen Etat und kaufen sich gleich bei mir ein? Also, nur so eine Frage, dürfte ich mir das überhaupt noch überlegen, vielleicht?« Und, streicht ihn sich glatt, den gesträubten Bart.

Willi, so gnädig wie großzügig: »Aber, Boeltz, Menschenskind, wo denken Sie hin? Klar, Sie überlegen es sich. Ich ruf Sie gleich morgen an.«

Irgendwie, glaube ich, war der Rückflug nach Düsseldorf gar nicht so schlecht. Und, später, auch nicht der fällige Deal. Am Ende wurde BBDO Hamburg daraus. Die Story, sehr stark verkürzt.

Und, die späteren Dramen, du lieber Gott, die lassen wir besser weg. Familiensachen. Die bleiben unter Verschluss. Ja, ja, ich weiß. Tut mir leid.

Willi, der hatte sich schon jetzt als der spätere Chief Operating Officer geoutet. Willi, worldwide. COO.

Bruce Crawford, der Präsident bei BBDO International, strategisch weitsichtig, hatte es gleich gesehen und wollte ihn deshalb auch gleich in New York. Doch Willi, er plante sich selber als Sonderbotschafter erst, von Madrid bis nach Brasilien. Flog sich erst ein, 78 wurde es dann offiziell. Und er ging nach New York.

Während Ad, der empfindliche Visagist, hart lernte. Schmerzlich. Schritt für Schritt, was es heißt, Unternehmer zu sein. Der Strich des Designers, er bekam einen anderen Druck. Von »mager« zu »bold«.

Später, als Ad bereits Chairman war, da gab es noch völlig

andere und ebenso coole Deals. Mit Willi, so smart. Bevor er auf seine große Weltreise ging.

Davon, eine nächste Geschichte. Über Kaffee. Ein Coup?

Nicht die Bohne.

Nun, ja.

Nicht die Bohne

Alles auf »plein«

Irgendwann in den Achtzigern verlässt uns der Altpartner Scholz, geht von der BBDO in Düsseldorf nach Hamburg zu Boeltz. Doch dort wird es für Boeltz schnell zu eng. Eine andere Geschichte. Uns interessiert hier allein der Kaffee. Denn, der mächtige Scholz, Herzens-Freund und Herz-Berater über Jahre, er hatte unser Tchibo mit im Gepäck. Nun, das ist lange her.

Das BBDO-Stammhaus in Düsseldorf jedenfalls, Drama genug bis New York, es hatte auf einmal keinen Kaffee-Etat mehr. Über Nacht noch suchten wir gleich nach Ersatz. Auf der Liste, natürlich Eduscho. An Nummer eins. Die Nummer aber, das wussten wir, die würde verdammt schwer. Die waren schon langzeitlich bestens bedient.

Dennoch, was blieb uns denn schon? Wir machten es zu einer Willi-&-Ad-Operation. Sonderkommando, Chef-Angelegenheit. Illusionen, die waren nicht mit im Gepäck. Nur Grimm. Und Entschlossenheit, zu verlieren gab's nichts. Willi, unser Chefunterhändler, wie Clinton's Holbrook in Jugoslawien, er sucht, als den ersten Schritt, das notwendig erste Gespräch.

Glaub nur nicht, dass so etwas einfach ist. So auf Anhieb nämlich kommst du nicht durch. Ohnehin, die Herrschaften sind, pardon, eher doch als etwas »schwierig« bekannt. »Mensch«, mit Brecht, »mach dir nur einen Plan.«

An diesem Punkt allerdings, bleibt die Geschichte ganz unter uns. Geheimakte E. Der eine, du weißt, der kennt diesen einen, du weißt, der diesen Sowieso kennt, von dem keiner weiß, der wirklich nah dran ist, den echten persönlichen Zugang hat, gewissermaßen ein Konfident. Also, wenn wir den, diesen, den Einzigen vielleicht dazu kriegen, dann, ja, dann kann, dann könnte, dann könnte es womöglich, vielleicht, doch gehen. Wenn du unbedingt willst, dann geht viel. Es findet sich eine Person.

Bitten, Besuche, kleine, zu nichts verpflichtende Gesten, Erläuterungen, Vorbereitung und Gespräch, hin und her. Als alles bestmöglich arrangiert scheint, kommt dann tatsächlich, vorsichtig auch, die erste Ermutigung:

> »Ich denke, vielleicht ist gerade eine ganz gute Zeit. Ja, doch. Ich denke, Sie riskieren mal einen ersten Versuch. Also, viel Glück.«

Tatsächlich. Wir sitzen zusammen, und Willi ruft an. Es läuft alles mehr als verblüffend glatt. Ein richtiges Wunderstück. Wir machen große Augen und ziehen die Brauen hoch.

> »Natürlich, Herr Schalk, ich stelle Sie durch.«

Der Unternehmer, höchstderoselbst. Ich nehm einen Schluck Kaffee.

> »Oh, welche Überraschung, Herr Schalk!« Klingt unüberhörbar recht amüsiert. »Fast haben wir Ihren Anruf erwartet. Ja, ja, natürlich kennen wir Sie. Fabelhafte Arbeit, die Ihre Agentur da für Tchibo geleistet hat. Aber, ich weiß ja, warum Sie sich melden, es tut uns wirklich sehr leid. Weil, einen Gesprächsbedarf, lieber Herr Schalk, den haben wir leider nicht.«

Komme immer entgegen. Bleibe immer verbindlich. Vor allem bleib dran. Willi:

> »Nun, natürlich, ich bitte Sie. Natürlich verstehe ich das. Es ist ja auch nur eine Frage. Aber, das gebe ich zu, wir sind

natürlich auch neugierig. Wir kennen uns ja nur über den Wettbewerb. Also, nur indirekt.«

»Ich weiß. Herr Schalk, das ist sehr freundlich. Und, verzeihen Sie, eben durchschaubar auch. Aber, Sie kämen leider wirklich umsonst. Um es direkt zu sagen, wir sind im Moment sehr zufrieden mit unserer Agentur. Für uns besteht also kein Grund, mit einer anderen Agentur zu sprechen, so gut sie auch ist. Das verstehen Sie sicher.«

Willi, weiter, total ungerührt:

»Ja, natürlich. Lieber Herr Schopf, ich verstehe Sie allzu gut. ich wünschte, einer unserer Klienten würde so gut über uns sprechen ...«

Beide lachen ... Willi:

»Mein Kollege Pen und ich, wir dachten lediglich, wir könnten bei einem Kaffee so ein paar fachliche Gesichtspunkte mit Ihnen austauschen. Schließlich lernt man nie aus.«

»Da haben Sie recht. Aber, nochmals, Sie haben nicht den Hauch einer Chance. Nicht die Bohne. Das verstehen Sie doch? Herr Schalk?«

Willi, cool und beruhigend:

»Ich bitte Sie. Wir respektieren das. Heißt das, dass wir zumindest auf einen kleinen ›fachlichen Kaffee‹ kommen dürfen?«

»Da die Voraussetzungen ja geklärt sind, einen kurzen Kaffee können wir Ihnen wohl nicht abschlagen.«

»Danke, das ist wirklich mehr als freundlich, Herr Schopf. Herr Pen, der mithört, lässt Sie herzlich grüßen. Wir dürfen einen Termin machen?«

»Na ja, also gut. Machen Sie das. Aber nochmals, Herr Schalk, Herr Pen!, erwarten Sie von uns nichts. Außer einen Kaffee. Den können wir uns gerade noch erlauben«, er lacht ganz wenig, »mehr aber nicht.«

»Wir danken Ihnen, Herr Schopf. Danke sehr. Bis dann also.«

»Also, gut«, man hört, wie er seufzt, »bis dann.«

Willi und ich, wir sehen uns, ganz in Gedanken, lange an. Dann sage ich: »Immerhin.«

Willi, er nickt. Grimmig und doch amüsiert: »Immerhin.«

Da siehst du's, verehrter Freund. Was hast du erwartet? Harte Brocken. Die haben die Schotten dicht. Und, so oft erlebst du das nicht, sie bleiben erklärtermaßen total loyal. Auf dein Glück kannst du dich dabei so gar nicht verlassen. Besser also, du erinnerst dich und bleibst cool: »It's better to be smart than lucky.«

E-Day. Die zwei Bremer Stadtaspiranten machen sich auf den Weg. Aussichtslosigkeit avisiert. Eine Strategie hast du nicht, wozu auch, so wenig erwünscht. Trotzdem: Mit einem Fuß bist du drin.

Zur Zeit gelandet. Ein Haus von sparsamster Bremer Manier.

> »Meine Herren, Sie werden bereits erwartet. Die Dame des Unternehmers bringt Sie hinauf.« Schnell hoch, desto schneller sind sie uns los.

Drei Herren am Fenster, der Unternehmer, sein Vorsitzender und der Marketingmann, für uns ganz im Gegenlicht. So machen sie's bei einem Verhör. Du denkst, das erscheint hier alles so bürgerlich, so zurückhaltend still. Lächelnde, ein wenig versteifte Höflichkeit. Doch auch, immerhin, ein wenig Sarkasmus dazu. Oho.

> Der Unternehmer: »Da sind Sie nun. Schön, Sie zu sehen. Und da steht bereits Ihr Kaffee. Und, ich glaube, ich habe es Ihnen schon gesagt, Herr Schalk, Herr Pen, was wir sonst für Sie tun können, das wissen wir leider nicht.« Bremer Humor.
>
> »Herr Pen«, sieht mich an, »ich fürchte, da fehlt es uns an der Phantasie.« Spöttisch. Sein gutes Recht. Ich breite die Arme entwaffnend aus: »Wer weiß. Vielleicht unterschätzen Sie sich.«

Ein erstes Gelächter, na ja, ein erster Kontakt. Die Aliens haben Verbindung zur Erde.

Es entwickelt sich, unverbindlich, verhalten natürlich, eine

Art von Phantom-Gespräch, eine überspielende, nichtssagende Konversation, wie wenn der Gast sich umständlich aufmacht zu gehen, kaum dass er gekommen ist.

Was der Gast in dem Falle nicht tut. Er redet stattdessen unbeeindruckt vom Kaffee-Pionier-Know-how, immerhin haben wir für Tchibo, mit dem mächtigen Scholz, das »Non-Food«-Geschäft praktisch erfunden, die Rolex für 18 Mark! Aber papperlapapp sagen die, der Scholz, der sei ja nun weg, da stünden wir schön da, mit unserem Know-how. Und was der Gast sonst noch so auftischt, ist auch egal, schön und gut. Also, Schluss mit lustig. Man schaut auf die Uhr.

> »Meine Herren«, so der Unternehmer, »es war sehr angenehm, Sie zu sehen, ich hoffe, der Kaffee hat Ihnen geschmeckt? Dann danken wir Ihnen für dieses Gespräch.« Man macht Anstalten aufzustehen.

Ich sehe im Augenwinkel meinen Unterhändler, Willi, the Deal. Der beugt sich nur ein wenig nach vorn. Alles Kino. Der Unternehmer, er lehnt sich, wohl unwillkürlich, ein wenig zurück.

Willi, extrem unbeeindruckt, harmlos beinahe, in seiner lässigen Art, er drückt diesen einen seiner berühmten Zigarillos aus und sagt, gänzlich beiläufig, nonchalant, so wie zu sich selbst, in den Raum, fasst die Armlehnen seines Stuhls, wie um aufzustehen, er sagt leise und wie bedauernd zu sich, während Ad das Blut ins Gesicht steigt: »Wissen Sie«, stockend, nach Worten suchend, »wissen Sie, eigentlich sind wir nur hier …«, Pause, Pause, er sieht bloß die Herren im Gegenlicht an, »…natürlich respektieren wir Ihre Haltung, natürlich, nur … Sie erlauben mir, das zu sagen, wir haben ja nur gedacht, wir wären, na ja, ganz einfach nur gut, für zwei Prozent Marktanteil mehr, in einem Jahr. Komm Ad, wir gehen.« Er wendet sich ab.

Aufruhr. Ein Treffer, »Ali, boma ye!«, du hast ihn kaum kommen sehen. Punktgenau auf das Kinn.

Gaukler, Gambler, Gestalter und Willi, the Deal. Der schon verabschiedete Gast. Willi macht nun selbst Anstalten, endlich zu gehen, und wird aufgehalten vom Unternehmer. Aufgebracht:

»Wie können Sie das behaupten, Schalk! Zwei Prozent. Das ist verdammt viel. Und, verdammt leicht gesagt.« Fühlt sich erwischt: »Und, einen Nachweis liefern, das können Sie nicht.«

»Nicht, wenn Sie uns keine Gelegenheit geben, es für Sie zu tun.« Scharf. Und nun verdammt direkt, Willi, the Deal, no risk no win:

»Hören Sie. Bei allem Respekt. Was wir bei Ihnen sehen, das ist bei weitem nicht genug. Wir haben uns alles angesehen. Alle Daten, alle Umsetzung. Und, verzeihen Sie, da ist noch eine ganze Menge zu tun.«

Er lässt aufkommende Unruhe erst gar nicht zu. Wir sitzen wieder, vorgebeugt, Körpersprache von Druck. Die Gegenpartei gegen das Licht.

»Hören Sie. Wir können Ihnen aus dem Stand eine Liste von strategischen und taktischen Fragen vorlegen, und wir können Ihnen – ohne dass es Sie auch nur einen Pfennig kostet – einige Punkte ausarbeiten, damit Sie vor Augen haben, was wir für Ihr Haus als wichtig ansehen. Es liegt ganz bei Ihnen, meine Herren. Es ist ein Angebot.«

Die spröde Kaffeerösterei, irgendwie aufgemischt, steckt tuschelnd ihre Köpfe zusammen. Die beiden Gambler stehen rücksichtsvoll auf und ziehen sich ein paar Schritte zurück. »Wir haben fertig.« Mehr geht eben nicht. Tasse leer.

Die Bremer Herrschaften, sie kommen nun auf uns zu. Und tatsächlich, der Unternehmer, recht scharf:

»Also schön. Nur, damit Sie es richtig verstehen, bei uns soll alles so bleiben, wie's ist. Aber, wenn Sie uns zur Probe etwas vorstellen wollen, also, dann bitte schön. Arbeiten Sie's mit Herrn Krämer aus, der kann Sie ja mitnehmen in sein Büro. Herzlichen Dank für Ihren Besuch. Und, nur nochmals zur Sicherheit. Was immer Sie noch vorschlagen zu tun, es bleibt ganz unverbindlich.«

Ein Krämer, wie er im Kontobuch steht.

»Natürlich. Vollkommen unverbindlich. Und, vielen Dank für den schönen Kaffee«, sagt mein Freund Schalk. Er verzieht keine Miene. Ein Deal verträgt keinen Spaß.

»Vielen Dank für die Freundlichkeit. Auf Wiedersehen«, sagt Ad. Und packt seinen »Krämer« am Arm.

»Wollen wir? Noch auf ein Wort?«

Zwei hartleibige Händler, der Don und sein Consigliere, dunkel im blendenden Gegenlicht, sie sehen uns nach. Unverbindlich. Und streng. Nach Waffen abgetastet haben sie uns immerhin nicht. Im Hinausgehen seh ich noch, wie sie sich ungläubig ansehen. Jung, wat is hier passiert?

Krämer ist Manager, doch bremisch nüchtern korrekt, durch und durch beamtisch neutral.

Mit ihm geht alles schnell. Wir einigen uns. auf eine Liste von dringenden Items für sein Haus, aus welchen er, der Marketingmann, sich dann etwa drei heraussuchen kann. Für einen Ausschnitt unserer Arbeit am Markenkonzept. »Einverstanden.«

Wir machen einen knappen Termin, und das war's. Höflich, unpersönlich. »Danke vielmals, adieu.«

Willi und Ad. Auf dem Wege zu unserem Wagen fällt kein einziges Wort. Als wir drinnen sind, seh ich ihn an. Ich sage: »Du Hundesohn.« Er grinst und startet. Sagt: »Immerhin.« Dann, ohne Übergang, die ganze Reise hindurch, besprechen wir schon den Plan. Von der Geheimakte »E«. Immerhin.

Die Arbeitsliste der Anforderungen ist schnell gemacht. Zwölf Items von Dringlichkeit. Ein paar Sachen über die fehlende Kernkompetenz. Als überlegener Markenkaffee. Dazu passend ein Kampf-Produkt gegen den innovativen Schonkaffee, den Tchibo als beachtliches Marktsegment praktisch alleine besetzt. Die fehlende Ausdrucksart in der wichtigen Fensterdekoration als überlegene Produktkompetenz. Und, was den Handelsanspruch betrifft, den sogenannten »Non-Food«-Bereich, eine harte Separierung von der klassischen Imagebewerbung durch

Zeitungsanzeigen über Preis. Als führendes Angebot. Packaging und ein paar so Sachen mehr, dann hast du in etwa das Bild. Ein Dutzend Items, alle auf einer Seite A4.

In einer Woche stehen wir wieder in Krämers Büro.

Krämer, er sitzt an seinem Arbeitstisch, wir stehen rechts und links hinter ihm, er nimmt einen spitzen Bleistift und unser Papier.

»Was auch immer, Sie suchen sich aus diesen Themen, wie vereinbart, die drei für Sie wichtigsten heraus. Drei, die wir dann, gewissermaßen prototypisch, als einen Ausschnitt unserer Markenanschauung für Sie ausarbeiten.«

»Gut, gut. Ich verstehe.« Krämer, er rückt seine Gläser zurecht, zückt seinen Stift und studiert, langsam und nachdenklich, Punkt für Punkt.

Kreuz für Kreuz, sollte ich sagen, denn Krämer kreuzt sorgfältig die für sein Haus kritischen Items an. Willi und ich, wir sehen uns an. Dieser sorgsame Mann, er setzt doch wirklich und wahrhaftig Kreuz hinter Kreuz.

Als er fertig ist, sind es der Kreuze zwölf. Ein jedes der Items mit Kreuz.

Er seufzt und richtet sich auf. Ein wenig bestürzt und sehr nachdenklich sagt er dann: »Es sind alle wichtig.«

»Benennen Sie einfach nur drei«, schlagen wir höflich vor, »für uns sind das genug.«

»Das geht nicht«, sagt Krämer und überfliegt noch einmal das Blatt. Spricht, wie zu sich: »Man müsste das alles mal sehen.«

Die »E«-Offensive. Willi und Ad.

Willi: »Das wäre aber keine Teil-Präsentation.«

Krämer: »Nein. Alles in einem. Eine richtige, eine umfassende Präsentation.«

»Das wäre die Konsequenz«, sagen Willi und Ad.

Hast du jemals gespürt, wie es ist, wenn sich ein Berg bewegt?

Krämer bewegt sich, schnappt sich das Blatt: »Ich spreche das mit dem Unternehmer kurz durch«, er steht in der offenen Tür, »ich lasse Sie für einen Moment allein. Nehmen Sie sich noch einen Kaffee.« Und weg ist er.

Ich weiß nicht. Manchmal vergeht Zeit einfach so. Willi und ich, wir sprechen so gut wie nicht. In einem nüchternen Bremer Kaufmannsbüro tickt lautlos die Strategie »E«.

Krämer, wieder zurück. Irgendwie, scheint es, mit einem Schwung. Tante Käthe, denk ich. Er wird doch kein Werder-Fan sein?

»Also.« Die Wangen tatsächlich gerötet. Nur leicht. »Beschluss ist, es gibt eine Wettbewerbspräsentation. Sie präsentieren alles komplett«, zeigt auf das Blatt. »so, wie's hier steht.«

Pause. Für die Betonung, die nun erfolgt. (Versprich mir, dass du keinerlei Regung zeigst, ja?)

Das E-Marketing. Im Nachdruck und allem Ernst: »Wir bestehen aber darauf, dass unsere derzeitige Agentur dieselbe Chance bekommt wie Sie. Gleiche Bedingungen für beide. Das ist Voraussetzung.«

Ich bitte dich, Freund, sage nichts.

»Das ist nur fair.«

»Wie lange werden Sie etwa brauchen?«

»So circa acht Wochen vielleicht? Wäre das für Sie gut?«

»So etwa. Wir stimmen das noch genau ab. Es hängt ja auch ab von unserer Agentur«, er stockt, »Meine Güte. Die weiß ja bis jetzt von nichts.«

Willi und Ad. Wir lassen einen verstörten Mann mit seinen Gedanken allein. Bedanken uns überaus artig und machen uns auf den Weg.

Im Wagen, ich muss es ganz einfach gestehen, ihr Gambler, Gaukler und hoffentlich gewogenen Halunken, da machen wir uns dann doch Luft. Es muss einfach aus uns heraus, der Plot, die Spannung, die übermütige Zuversicht. Willi und Ad, wie aus einem Munde, lachend und laut: »Das Ding ist im Sack.«

Dann: harte Arbeit, unbedingter Wille und all das, ja klar,

natürlich, so ist eben der Kern deiner Profession. Vergiss es, erwähne es gar nicht erst. Ohne all das geht nichts.

Wir präsentieren. Nach uns die betreuende Agentur.
Machen wir's kurz. Es sind fünf der Entscheider. Wir gewinnen das Ding. 5:0.

Der Unternehmer tatsächlich, er selbst ruft mich an: »Gratuliere, Pen, ihr habt es tatsächlich geschafft. Jetzt zeigt aber, was ihr könnt. Ihr wisst, ich nehm euch beim Wort!«

Ich suche Willi, den Bohnenröster, damit er die frohe Botschaft so brühwarm wie möglich bekommt. Aber Willi, seltsam, er ist gerade nicht da. Nicht aufzufinden.

> Unsere gemeinsame Sekretärin zuckt nur mit den Schultern: »Ehrlich, ich weiß es nicht. Er hat mir überhaupt nichts gesagt.«

Wie aufrichtig sie doch klingt. Ad fürchtet, sein Kaffee wird kalt.

Nun gut. Am nächsten Tag kommt die halbganze Wahrheit ans Licht. Du weißt nie, wie das Gamblergewerbe spielt. Mein guter Freund Willi, the Omnipresent, er war – vielleicht glaubst du es nicht –, er war, so erzählt er dir blauesten Auges am nächsten Tag, ganz by the way, Willi, the Manyfold, er war bei den Tchibos, du glaubst es nicht, persönlich bei Haupt-Röster Herz. Some like it hot.

Willi, vom mächtigen Scholz uneigennützig bequatscht (»Tu's mir zu Gefallen«), seinem Freund Herz uneigennützig ans Herz gelegt, als ein Idealkandidat für den Vorstandsvorsitz von Reemtsma. Der prächtige Laden, in Tchibo-Besitz. («Tu's mir zuliebe, nur mal so reden, das verpflichtet dich doch zu nichts.«) Nun, gut. Du weißt ja, Freundschaft verpflichtet.

Unsere Bürodame aber, hin und her gerissen und angewiesen diskret, sie ruft Willi auf einer Geheimnummer an, erreicht ihn, sagt nur übers Telefon »Wir haben Eduscho« und legt wieder auf. Herr Willi, the Deal, sitzt gerade allein in Hamburg zusammen mit Herz, wie der Zufall nun mal so spielt, beim Kaffee.

Und so zerschlägt sich Willis möglicher Handel, bevor er

noch allzu viel nachdenken muss. Geht er von der Fahne der Agentur, desavouiert er den Erfolg seiner und meiner E-Strategie. Also löst sich die Sache mit Reemtsma im Rauche auf. Das ist jedenfalls das, was ich weiß, wissen darf«, wohl eher. Man lebt nur zweimal. Hieß so nicht ein »Bond«?

Du siehst, das Bohnenrösten ist eine Kunst. Und zu heiß wird die Bohne leicht scharf. Besser, du siehst dich vorsorglich vor. Das ist das Grundgesetz.

Darum hab ich mir damals, eben nur so, eine kugelsichere Weste gekauft. Als einen Fetisch der Wachsamkeit. Weil man nie weiß. Und alles nie.

Darum ist das wohl längst nicht alles, wie bei so vielen Geschichten. Ich kann mir denken, wer sich heute noch amüsiert, und auch, wer wohl noch bis heute des Grimmes ist. Aber, begießen wir das, am besten »reizarm« mit Schonkaffee.

Den Marktanteilsgewinn, den haben wir im ersten Jahr schon und auch später mehr als gebracht.

Willi ging weltoperational als COO ins BBDO-Headquarter nach New York, und Ad wurde zur Strafe zum Straßenkämpfer, nämlich zum Schaufensterdekorateur. Alle zwei Wochen, alles komplett neu, nach Angebot thematisch getreu komponiert. Mein allerbestes Fenster, von allen begeistert komplimentiert, es scheitert am Einspruch der Unternehmertochter höchstselbst: »Das ist doch ganz und gar unmöglich, Herr Pen. Die Leute, die werden in Scharen kommen, so dass man das Schaufenster gar nicht mehr sehen kann.«

Weißt du, selbst wenn du das Ding im Sacke hast, irgendwo hat der doch immer ein Loch. Auch ein Kaffeesack.

Deswegen musst du, selbst als ein Gaukler, so viel wie nur möglich vom Handwerk verstehen. Bohne für Bohne. Für Brand Repair. Als Heiße-Bohnen-Jongleur.

Glimmstengel

Wege im Dschungel

Dieses Business, es hält dich gefangen. Steht für dein Leben. Bindet den Kopf. Besetzt absolut.

Und, was dein Gewerbe betrifft, bitte, überheb dich nicht. Deine Klientenfreunde, sie haben's nicht leicht. Totales Commitment lässt kaum einen Raum für ein weiteres Feld, für dich selbst.

Bist du auf Pampers, denkst du in Baby. Überall krabbeln die pinkelnden Babys in deiner Cubicle Box. Bist du auf Discount, wo du nichts zu verschenken hast, dann denkst du in Geiz. Als Händler verinnerlichst du den Preis, fühlst immer den »Igel« in deiner Hosentasche. So reden sie. Im Reflex. Bist du auf Fashion, dann denkst du in Glitzer, Rubel und Yen. Bist du auf deinem Schönsten, dem Automobile, dann denkst du in Tacho und Sex. Job absolut.

»Come to where the flavor is«, bist du auf Zigarette, dann reitest du im unendlichen Markenland. Marlboro. »Der Duft der großen weiten Welt«. Stuyvesant. Ernte 23. Reemtsma. Alte Domizlaff-Schule. All-erfahrenes Markengeschäft.

Reemtsma. Das Haus aller Markenkultur. Seit 1921, geformt und entwickelt vom damals knapp dreißig Jahre alten Hans Domizlaff. Erst Berater, dann Partner von Philip Reemtsma, dem Unternehmer von klugem Gefühl. Ein Glücksgriff für das Gewerbe: eine Gestalter-Intelligenz.

Hans Domizlaff, Graphiker, Architekt, Innovateur schlechthin. Und eben Begründer der Markentechnik, von der heute noch alle zehren. Nach Ende des Zweiten Weltkriegs erster Berater der deutschen Großindustrie.

Ein Basis-Begründer. Das Reemtsma-Logo und selbst das klassische Packungsdesign der Ernte 23, so selbstgetreulich, wie es nur geht, auch sie stammten von ihm.

Weit später, der Ehre sich wohl bewusst, hat Ad, der Gestalter, vieles für dieses Noble-House Reemtsma gemacht. War zugelassen im Gropius-Bau, in dem großen Park an der Elbchaussee. Bis es Veränderung gab an der Kultur. Traue der Ruhe nie.

Seinerzeit betreuten wir Stuyvesant. Auch die R6, eine Light-Version. Und alles lief gut. Nach endlosem Wettbewerb und zweitausend Tests gewinnen wir gar das Flaggschiff des Hauses, die berühmte, inzwischen ein wenig gealterte »Ernte 23«, auch noch dazu.

Alles fertig, alle glücklich, die Motive bereits auf den Druckzylindern. Seinerzeit. Anfang der Siebziger. Für die Marke wie auch für die Agentur ein mehr als gewichtiger Schritt.

Dann Neues bei Reemtsma: Es wechselt die Führung im Haus. Ein neuer Vorsitzender übernimmt.

Nun. Was soll sein?

»Keine Sorge«, so hören wir aus dem Haus. Der Vorsitzende, er lässt sagen: »Alles läuft weiter, von Marken verstehe ich nichts«, oh, mein verehrter Domizlaff, »ich seh mir die Sachen nur an.« Nimmt sie über das Wochenende zu sich nach Haus. Nur mal seh'n.

Okay. Was soll sein?

Am Montag darauf ist Drucktermin. An diesem Montag ruft Reemtsma an, am Vormittag um elf. Das Vorstands-Sekretariat. Der Herr Vorsitzende bittet die Geschäftsführung der Agentur, um 14 Uhr zusammenzukommen, er befände sich mit einer Privatmaschine auf dem Wege zu uns, um uns – persönlich – eine Mitteilung zu machen.

Tatsächlich. Ach, was.

14 Uhr, alle da. Bescherung.

Der Vorsitzende, alert, ein hochgewachsener eleganter Mann von erster Manier, der Mann der gelobten Zurückhaltung, er eröffnet uns auf das persönlich Bedauerndste, dass ihm, obschon ihm die »Expertise« des Markenwesens noch fremd sei, die Kampagne für die Marke »Ernte 23« nach sonntäglicher Anschauung – leider – so überhaupt nicht entspräche. »Ich bedauere sehr.«

Des guten Stiles des Hauses wegen sei er persönlich gekommen, uns zu unterrichten darüber, dass er, ganz gegen seine Absicht, die Ernte-23-Kampagne in letzter Minute gestoppt hätte. Die Druckzylinder mit eingeschlossen. Dass der Etat ab sofort nun im Niemandsland sei und dass er uns bäte, die Geste zu würdigen, da er doch persönlich gekommen sei, uns über seine keineswegs willkürliche Entscheidung zu unterrichten. Und, dass er uns außerordentlich dankte für unser Verständnis. Auch für unser Verständnis dafür, dass er bedauerlicherweise nun auch unverzüglich wieder gehen müsse, da das Flugzeug warte.

»Danke, meine Herren. Auf Wiedersehen.«

Kaum je ist eine Agentur so formvollendet elegant gefeuert worden, dachte ich damals. Eine Lehrstunde guten Stils. Einfach unbezahlbar.

Willi und ich, wir haben sogleich unsere Köpfe zusammengesteckt und vereinbart, uns die Art gut zu merken. »Wir merken uns das.« Man muss doch lernfähig sein.

Aber wir haben zudem auch gleich vereinbart, von nun an die fruchtbare Erde anderer Felder zu lockern, sie zu sieben und zu besäen. Und, eben auch unsere Erinnerung besonders sorgfältig zu pflegen.

Also ruft Ad nach einiger Zeit in der schönen Parkstraße an, da wo das elegante Haus logiert.

Wie zufällig ist es ein Montag. Wie zufällig ist es Schlag elf.

»Worum geht es, nein, der Vorsitzende hat Auslandsbesuch, er ist den ganzen Tag im Gespräch.«

Ich höre der Sekretärin erst gar nicht zu, sage nur: »Wir haben dem Vorsitzenden – persönlich – eine dringende Mitteilung zu machen. Eine dringende Mitteilung. Bitte seien Sie doch so freundlich, ihm einen Zettel hineinzureichen. Wir hätten nämlich bereits eine Privatmaschine gebucht, Herr Schalk und ich, und wir bäten nur um ein ganz kurzes Gespräch. Sagen Sie ihm, es sei wichtig. Um 14 Uhr werden wir bei Ihnen sein. Haben Sie vielen Dank«, und aufgelegt, bevor sie noch etwas sagen kann. Womöglich hat sie ein wenig nach Luft geschnappt, aber das ist nun einmal der Preis unumgänglicher Höflichkeit.

Willi und ich fliegen los, Punkt 14 Uhr sind wir dort. Und, siehe da, der Vorsitzende ist auch da. Was kann denn so wichtig sein?

»Sie wissen, ich habe gar nicht die Zeit. Seien Sie so freundlich und machen es kurz.«

Und genau das machen wir dann. Ich sage:

»Herr Vorsitzender, des guten Stiles wegen sind wir persönlich gekommen. Über das Wochenende sind wir zu der Ansicht gelangt, dass wir für Sie nicht mehr nützlich sein können. In aller Form, Herr Vorsitzender, kündigen wir hiermit unsere Zusammenarbeit auf. Den Stuyvesant-Etat also. Und auch die R6. Zu unserem Bedauern. Aber es war uns wichtig, es Ihnen selbst zu sagen.«

Stille, nur Ungläubigkeit. Über ein »Aber …« kommt er so recht nicht hinaus.

»Und außerdem, Herr Vorsitzender, wie Sie sind wir ebenfalls sehr knapp in der Zeit. Eine Privatmaschine wartet auf uns. Verbindlichen Dank für den Empfang.«

Na, dann. Händedruck, und das war's.

Doch nicht ganz.

Die Maschine, sie geht nach Köln. Und wir, auf dem Weg in das Haus Neuerburg, die Zentrale von Reynolds, mit der weltgroßen Marke, die »Camel« heißt.

Willi, der groß darin war, hatte nämlich, wie wir vereinbart hatten, charmant und auf das Äußerste gründlich geeggt. Der Boden war locker und der Empfang warm. Eine neue Geschichte begann, ein neues Gambling, mit »Smokin' Bob«.

So erlebt man halt Sachen.

Vielleicht erinnerst du dieses Buch »Barbarians at the Gate«, die Nabisco-Story von Burroughs und Helyar? Wo Wallstreet in großer Chuzpe mit Wirtschaft spielt, die Kravis-Nummer mit Nabisco und RJR, Reynolds, dem weltweiten Tabakgeschäft? Mit Camel & Co.? Mitte der Siebziger, einer der dreistesten »Heuschrecken«-Deals, mit dem wohl damals alles begann.

Mit dem Etatgewinn in Deutschland hält BBDO Worldwide nun das weltweite Camel-Geschäft. Mit Bob Beck, dem lockigen Rambo im Jeep, mit dem Loch im Schuh. »Walking a mile for a Camel«, durch den Dschungel, das hält keine Sohle aus. Beginn einer umfassenden Operation.

Die weltweite Markensteuerung ist in Genf zentralisiert. Die Entwicklung der weltweiten Kommunikation wiederum, sie ist deponiert bei mir, Mr. Pen, in der deutschen Zentrale von BBDO in Düsseldorf. Bei Ad, der gar nicht raucht. Außer, wenn es mal brennt.

Als alles entschieden ist, wird die weltweite Camel-Kampagne – in Germany entwickelt und nun exportiert, wann hat es das schon gegeben – im noblen Plaza Hotel in New York präsentiert. Das ganze globale Team von Reynolds ist da und qualmt vor Begeisterung. Ich sage dir, Freund, das war eine

Zeit. Vom vielen Schulterklopfen hab ich noch heute einen Defekt.

Danach gab es natürlich eine notwendig endlose Reiserei. Ich erinnere noch gut eine Episode, obschon da noch mehr wären.

Ad, nach endlosen Reynolds-Meetings in New York, gerade auf seiner Home Base gelandet, nach schlaflosen acht Stunden Flug. Kaputt, nur das Gepäckband im Blick.

Neben mir, kennst du den nicht? Ein kleingewachsener, etwas dicklicher, rotbäckiger Ami, kleinäugig ermüdet wie ich: »Oh, hi, Ed, is it you?«

The Worldwide Reynolds President, just himself. »Hi.«

Da steht er am Rollbande neben mir, und doch ist er nicht da. Der steckt bis über beide Ohren in seinem Geschäft. Tabak und Qualm, fast kannst du es riechen, sonst ist da nichts. Ich grinse ihn müde an.

Ed, mein Biz-Friend »Horrigan«, der war nie gut in Konversation. Selbst in dem simpelsten Rollband-Momente, egal, ob kaputt oder nicht, er will was sagen, so wie ein Mensch, aber kriegt es nicht raus. ER ringt mit dem Worte, wie fast erstickt, dann, endlich erleichtert, dann platzt es am Ende aus ihm heraus:

»Camel is doing well in America«, und, greift selig nach seinem Samsonite und ist weg. Mein »Have a good time«, Ad, des einfachen Wortes so gerade noch mächtig, das hört er nicht mehr, der gute Ed, der hatte allen Umgang verloren, sprach nur noch sein Tobaccotin. Na ja, und?

Ein anderes Mal, wiederum in New York, da war – groß aufgezogen – halb Europa von uns dabei, neben Camel noch eine andere Marken-Präsentation. Der vielleicht fünfzigste Anlauf der deutlich gealterten Dame »Winston«, um ihr womöglich doch noch ein befeuerndes Face-Lift zu verpassen. Ein Versuch allerdings, an den keiner so richtig glaubte. Der von vornherein zum Scheitern verurteilte Versuch, den Durchschnitt zu profilieren, so etwas in der Art. Nun gut. Dienstleistung, die ist unendlich.

Der Winston-Brandmanager ist da. Alleine für sich.

Wir haben für ihn so gut wie alles dabei, um allen möglichen Fragen zuvorzukommen und um ihm, mit Hilfe von Alternativen, hoffentlich doch ein wenig mehr Sicherheit zu verschaffen zur Einschätzung und vorläufigen Entscheidung. Alles eben, wenn man es ernsthaft macht.

Wir haben, nie werde ich es vergessen, buchstäbliche 17, ja, siebzehn unterschiedliche »Approaches« mit, Stilvorgaben für einen neuartigen Markenauftritt, jede davon möglichst solo auf den Punkt, auf der Suche nach einer womöglich sogar imponierenden, jedenfalls deutlich wahrnehmbaren, einer signifikanten Markenwelt, im »Key Visual«, dem immer wiederkehrenden Schlüsselbild, verdichtet, state of the art, jedenfalls eine Masse Zeug. Bis zur Erschöpfung präsentieren wir durch, bis schließlich keiner mehr etwas sagt. Und, weiß. Unser Tabak-Winstonpfleger, der Ärmste, der sitzt und sinnt, grübelt und sitzt. Eine Mühsal von Wahrnehmung, wer steigt da schon durch. Beim allerersten Mal zudem. A nice guy. Tut dir schon irgendwie leid. Die Spucke jedenfalls, die bleibt ihm weg. Sprachlosigkeit steht im Raum. Bis es, nun, bis es Bob zu bunt wird. Bob, dem Reynolds-Supervisor unserer Agentur in New York, Bob, der schon mehr als einmal seinen Hals riskiert hat und der sein ganz persönliches Vergnügen damit hat, schlicht schamlos unerschrocken zu sein. Offen gestanden, dafür hat Ad ihn immer gemocht.

Bob, sein Grinsen höflichst versteckt, er zückt den Bleistift und seinen Block. Große Show, nie werd ich's vergessen. Subtle revenge für alle erlittene Pein, im scharfen New Yorker Humor, sagt er zu unserem ebenso sprach- wie hilflosen Mr. Winston, freundlich, wie immer nur dienstbereit:

»I'll tell you what you think.«

Und schwatzt ihn hinein. Ad muss sofort aufs Klo. So war er, Bobs erster Streich.

Am nächsten Tag dann ist Camel Time. Unser New Yorker Büro präsentiert die USA-Version der Camel-Weltkampagne, die allerdings unter meiner Obhut steht. Die Version aber hab ich bisher noch überhaupt nicht gesehen.

Meine amerikanischen Kollegen (»Sind wir nicht selbständig?«) haben sich für unseren Typen im Dschungel, der seine Meilen abläuft für einen Stengel von dem Zeug, neben der Pflicht noch etwas ganz Eigenes ausgedacht.

Neben dem blonden Lockenmacho, ich denk, oh, my God, sitzt da doch plötzlich ein Hund.

Ein Hund!

Ein Sakrileg. Das gab's noch nie.

Hund, nein, der steht nicht als Regel im Welt-Katalog. Da ist kein verdammter Hund. Das ist vielmehr ein verdammter unabgesprochener Alleingang, schließlich ist jedes, aber auch jedes Image-Detail bis in das Kleinste, bis in die Nuance hinein definiert. Und nun dieses behaarte Schock-Motiv, von so einem eigenmächtigen Art Director, der von allen diesen Jeep- und Dynamic-Action-Motiven noch nie was gehört, geschweige denn auch nur gesehen hat. To hell with that stuff. Und, nun dieser riesige weiße, verdammte Hund und ein, wen wundert's, hochalarmierter Klient.

Langes Starren, dann ein steifer Zeigefinger auf das Ding. Der sieht um den Tisch und zeigt dann auf mich. Auf wen sonst. Ich bin schließlich verantwortlich.

Freund. Du kannst noch so lange in diesem irrwitzigen Gauklergewerbe, vielleicht sogar weltweit, gewesen sein, du kannst glauben, dass alles schon gesagt, gefragt und beantwortet ist, aber, irgendwann, irgendwann, so wie an jenem Tag, in diesem einen verdammten Momente, irgendwann erwischt sie dich, die Frage aller Fragen, den Finger steif gestreckt auf das Motiv und auf dich. Here it is:

»What about dogs in advertising?«

Uuuh. Stille.

Oh, fuck.

Weißt du's?

Sofort, geschult, dazu noch spontan und frei heraus?

Drahtseilakte des Business. Keine Stange für die Balance. Minuten gerinnen zu Ewigkeit. Doch nicht, wenn du so einen Scheißkerl an deiner Seite hast, wie wir damals in New York, unseren Bob:

»It's a wolf!«

Ha, Schluss und Punktum, Streusalz drauf. Mailer-Hochgefühl: »Ein Mann kann sich eine Menge Vergnügen verschaffen.«

Unser Camel-Guy, stunned. Er hat nicht mehr weiter gefragt. Ein wenig nachgeglüht, das wohl doch schon. Aber, mein lieber Freund: In diesem Gewerbe ist immerzu Temperatur.

Oh, my, »It's a wolf!«

Wanna know more about the business?

Die Camel war ein Riesenerfolg, verloren haben wir sie nicht in der Sache oder durch faule Lässlichkeit, sondern auf Chef-Ebene, alleine aus Eitelkeit, ein paar Jahre später. Ein überflüssiger Streit, ein Wort gibt das andere: »Das können Sie nicht entscheiden. Nicht Sie. Dazu haben Sie gar nicht die ›guts‹.«

»Na, das werden wir sehen.« Nicht faul, unser Freund Ed, der Typ Tobacco-CEO, er feuert uns über Nacht. Und damit es auch richtig schmerzt, gleich weltweit. Aus keinerlei fachlichem Grund. Nur, um sich selbst zu beweisen, dass er entscheiden kann. Ein Hitzkopf. Von Natur etwas klein. Mach dir selbst einen Reim. Da hilft dir im Dschungel kein Wolf.

Und, so urplötzlich durch höhere Gewalt notentwöhnt, kommt für uns wieder das gute alte Haus Reemtsma ins Spiel. Uns zu Hilfe, kommt ein Problem. So dreht sich Roulette. Ganz wie dein Geschäft.

Dieses Rauchlust-Casino, Reemtsma, ich hab's schon erzählt, ist ohne Frage hochehrenwert. Wenn du zu »ungewöhnlichen« Maßnahmen greifst, dann – so ist das Gewerbe – doch nur aus Not. Setz dir ein Lächeln auf und steck dir vielleicht eine an. Könnte womöglich tödlich sein? Sicher. Das steht doch drauf.

Mit der einst schönen, der weltläufigen Stuyvesant, da lief es so recht nicht mehr. Der Reiz der großen, der weiten Welt, er war buchstäblich verflogen über die Zeit. Um wieder ein wenig Luft unter die Flügel zu kriegen, hat man sich neuen Treibstoff gesucht. Auch bei uns heimlich mal angezapft, aber, so dass man's kaum wahrnehmen konnte, so schrecklich entzündlich, so vertraglich fragil wohl auch war die Lage, »embarrassing« für ein so nobles Haus.

Das war natürlich nach unserer Camel-Zeit. Wir haben wohl auch gebaggert. Was denkst denn du? Einseitig sind solche Coups nie.

Die Chose, die lief »undercover«. Bei Morgennebel, in einer kalten, feuchten Baracke am Flughafen Hamburg, abgelegen auf einem fast unzugänglichen Feld. Die Gambler, die aus der Kälte kamen. Alles in stummer Smiley-Manier, total John le Carré.

Es kamen die Unterhändler, dic Krempe des Huts tief herunter, den Kragen des Mantels hoch, wie Humphrey Bogart in »The Big Sleep«, der Chef selbst. »Hi.« Nur die Delectorskaya, sie fehlte mir. Die, von William Boyd.

Die Sache lief ziemlich wortkarg ab. Wir hatten die Koffer, »Lassen Sie sehen«. Alles cool, aber angespannt, ganz wie ein Kokser-Deal. Wenn das Zeug rein ist, dann gibt es Cash. Geigenkästen hatten sie nicht dabei. Die Gaukler, die gambeln, die schießen nicht. Nicht scharf, jedenfalls.

Das Geheimkommando fand den Stoff gut. Besonders die »Punch-Line«. Die war total clean. Und voll auf Konzept. Aus dem Ursprung der Stuyvesant: Gemacht für die Welt.

Die Line war gedacht für Weltoffenheit. Für ein Zeitideal. War verflucht gut. Wir hatten ein Brainstorming in kleinstem Kreis. Michael Hausberger, unser Cheftexter-Ass, der brachte sie auf den Punkt. Ich fand sie damals verdammt absolut, find ich heute noch. Lies selbst:

»Share the Taste«

Das ist doch ein Ding.

Der Pate galt als ein strenger Mann. Klug und untrüglich scharf. Was gut war, das hat einer wie er im ersten Augenblick gleich gesehen.

»Okay, Leute, ihr arbeitet mir das aus. Also, dann.« Nickt, schiebt den wackligen Stuhl aus Limba auf dem Beton scharrend zurück, zieht seine Krempe wieder herunter und geht. Es wird Zeit. Der Nebel steigt. Man fährt getrennt.

Der Capo, in ein paar Minuten, fröstelnd nach ein paar »Immerhin«-Komplimenten folgt ihm nach. In seinem Wagen, die Scheiben beschlagen, die Hand, ein klein wenig hoch, das Lächeln, ein wenig indifferent.

Zweiter Gang, slow motion, so leise wie's geht.

Ich denke, es ist alles ein Film. Regie, Howard Hawks. Na, fabelhaft. Ein gutes, wie auch ein krummes Ding. Mal wieder ein wenig vom Spiel gelernt.

Es ist diesig, so wie das Ding, leichte Sonne kommt auf. Ein Rabe, er pliert uns scharf kritisch an. Hat alles gesehen. Take, cut.

Dunkler Anzug, Trenchcoat, wir präsentieren zum zweiten Mal. Das fertige Shooting, in der Baracke, na ja, es ist wohl okay. Eine Absichtserklärung, gar so ein Wisch, nichts zu sehen, keine Rede davon.

Ich spüre, als ausgebildeter Schnüffleragent, da ist inzwischen was faul, wer weiß, vielleicht hat ein politischer Wind sich gedreht. Hat einer geplaudert? Und wurde kaltgestellt? Wer weiß. Nur eines ist sicher. Trau keinem. Nie.

Die Sache, sie endet kühler als bei dem letzten Mal, vielleicht haben die Photos nicht überzeugt: »Sie hören von uns, adieu.« Ein Wind kommt auf, er wird kühl, es ist wohl der Wind von der weiten Welt. »The answer my friend, is blowing in the wind, the answer is blowing in the wind.« Yeah, Bob, how right you are.

So ein paar versprengte Wochen später, nachdem der Spuk wie vergessen scheint, entdecken wir irgendwo eine nette, kleine Reklame, ach was, ist das nicht die Stuyvesant? Und ist es nicht schön, wie sie sich neu und geschickt bewirbt?

»Share the Taste.«

Trau niemand. Sagte ich das nicht schon? Es ist ja alles ein

Spiel. Mal langweilig und eben mal dreist. Mal auch von allem zu viel.

Ich mach also einen Ausflug, einen Parkbesuch, an die Alster, die Schöne, die von nichts weiß. Marlowe, der einsame Ritter, der nach Gerechtigkeit sucht. Der, mit dem naiven, dem unkorrumpierten Stolz.

Ich konfrontiere den Capo, im feinen Hamburger Kaufmannsflanell, der zunächst mal aus allen Wolken fällt und sich aus Pflicht natürlich empört. Ad, allerdings, er spricht Klartext. Von Profimoral unter Ganoven und erinnert ernst an die »Ehre der Prizzis«. A braccetto. Wie unangenehm.

Mein Freund, »Ich verstehe nicht«, er gambelt zunächst, tut ungerührt, merkt aber bald, das wird kein Spaß. Die Wangen feucht und ein wenig rot. Ad, den verdammten Spielverderber, kriegt er nicht klein. Kommt alles raus, ist er dran. Was er weiß. Und, das »Noble House«, in embarrassing blame.

> Ad macht auf Al: »You can get farther with a kind word and a gun, than you can with a kind world alone.« Ich wiederhole es allzu gern.
>
> Die Kanone straight auf der Brust, fragt er am Ende: »Wie viel?«

Ich mach ihm einen brutalen Preis. Weil ich weiß, dass er aus diesem Plot nicht herauskommt. Er zahlt. Und mein Rabe, da draußen, er pliert.

So haben wir aus der Nacht-und-Nebel-Operation am Ende noch große Kohle gemacht. Sei schlau, wie mein Rabe. Und mach endlich Frieden mit deinem Gewerbe:

> »Share the Fun.«

Wir schütteln uns herzlich verständig die Hand. Haben wohl beide noch Verdis Falstaff im Ohr:

> »Die Ehre ist ein Aushängeschild, hinter dem Sarg herzutragen.«

Ja. Spiele sind äußerst wahr. Du weißt es so gut wie ein jeder Gambler-Artist.

On alert

Anflug New York

Ich habe immer eine Menge dabei. Aus Panik. Was machst du? Achteinhalb Stunden Flug. Zur Sicherheit: Fachzeug, Unterlagen für meine Reports und wichtige »Managerliteratur«.

Am Anfang waren es nur ein paar im Jahr. Flüge. Dann später und doch ziemlich bald, als unsere Company im weltweiten Network so schnell wächst wie das Network selbst, als sie an kreativer Bedeutung und deutlich an Größe gewinnt, als Ad ein »Director« des Boards, ein »Executive« Vice President wird, Europa-Chairman dann schließlich auch, dann werden es gern schon zwei im Monat, wenn nicht mehr. Manchmal, wenn etwas extrem eilig wird, auch das eine ums andere Mal mit der Concorde.

Diesmal fliege ich zu dem ersten Board-Meeting Worldwide, im Januar 84, zur Abschlussbesprechung des letzten Jahres und wegen der Forecasts fürs neue Jahr. Für Germany gibt Ad den Bericht.

Die harten Facts und die Figures bringt mein CFO mit, Klaus Wendler, der unbestritten beste Finanzenstratege, der sonderlich unbestechliche Typ, der früh um sieben schon in seinem Büro, in fließendem Amerikanisch die komplexintensivsten Dossiers zu diktieren beginnt, den Tag hindurch praktisch ohne Atem zu holen, nie hab ich ihn wirklich pausieren sehen. Ein unersetzliches Unikum-Ass.

Das Headquarter in New York hatte mächtig Respekt. Selbst Jim Cannon, Chief Financial Bullpit Worldwide, mahlte sich manches Mal die Zähne stumpf am zähleibigen Germany.

Klaus, grundlegend sachprofessionell, hat unendlich viel abgehalten von uns. Keiner weiß wirklich wie viel. Aber nun ist es mir ein Bedürfnis, Klaus, nun soll es hier stehen. Da war nichts vom oft so kleingeredeten Number-Crunching. Da war Unternehmerhaltung, selbstbehauptender Widerstand und aller persönlicher Mut. Bei der jährlichen Vorauskalkulation mit Jim Cannon flogen die Fetzen, da gab's immer den größten Streit. Immerhin war selbst mir, der ich nun immer sicherer Konzepte zu lesen verstand, einsichtig klar, warum. Erinnere nur das Prinzip von dem »Enron«-Fall. Die Erfolgsprojektion der Holding, der Shareholder Value, immer im Hintergrund. Beweislast und eben Nachweisnot. Wir waren »public«, als Dienstleister hängt in all deiner Abhängigkeit stetig das Schwert des Damokles über dir.

Schöne die Zahl, aber lüge nicht.

Zum Träumen kommst du selbst nicht auf dem bequemsten Flug.

Wie auch bei diesem Flug, riechst du unterwegs schon fast die Stadt. New York. Erst mit der Zeit eroberst du sie. Wirst vielleicht sogar langsam ein Teil von ihr. Bis zur Landung, ich habe noch Stunden vor mir, erzähle ich dir davon.

Ganz zu Beginn der Bekanntschaft mit New York, da bin auch ich, wie der dümmste Tourist, in die dümmsten Fallen getappt. Als geborener Gambler bist du ja eh unschlagbar, da auf der Straße, im Gemenge der Leute. Das machst du doch leichthin mal so eben mit links, du zeigst es ihnen, wie clever du bist, am Karten-verwechsle-dich-Becher-Tricktisch.

Klar, später bist du schwer schlau: Einmal lassen sie dich, und klar gehst du dann höher mit und bist im Nu ein paar verdammte Zwanziger los. So schnell kriegst du es gar nicht mit, wie sie tricksen, so schnell verschwinden sie auch, an jeder Straßenecke wird schließlich Schmiere gestanden, die riechen schon von Ferne den Cop. Naivling, es ist doch alles nur Spiel. Aber, akrobatisch bewundernswert. Professionell. Lehrgeld ist immer was wert.

Das hab ich bei den Amis immer bewundert. Die professionell durchdrungene Art. Alleine im Flughafen schon, in der Immigration und beim Durchlass-Check. Natürlich, als alles noch einfach war.

Getrimmt, vom Haarschnitt über die Bewegung bis in den ganz verinnerlichten Stil. Ruhig, doch ohne auch nur eine Sekunde von Zeitverzug, der untrüglich durch alle Erfahrung trainierte, unaufgeregte, umfassende Blick auf dich. Manchmal fragt dich so einer, »Was machen Sie von Beruf?«, und während du sagst »Advertising«, da kommst du dir seltsam verdächtig vor. Aber das musst du nicht, nein, doch nicht dort. Da merkst du, dass du in Amerika bist, weil der nur achtungsvoll sagt, »OK, very good, Sir, da machen Sie aber 'ne Menge Geld, nicht?« Alles anders. Und, vieles unvergesslich.

Unvergesslich bis heute die Luft. Wenn sie nicht schwül in der Gluthitze des Sommers steht, wenn der Asphalt sich weicht. Ansonsten, nahezu immer, der frisch ins Gesicht sich prägende Wind. Der macht jedes Mal, dass du dich fühlst, als kämst du gehärtet zurück. Ich denke, das ist auch so.

Unvergesslich der Cop an der Ecke Fifth Avenue und 57th, beim Bergdorf Goodman Department Store. Er steht jedes Mal dort, ein unbewegliches Statement von Wachsamkeit, mit allen Emblemen der ausgewiesenen Autorität, im dunklen Amtsblau der NYPD-Uniform, die schwere Knarre im Holster, Cowboy der Stadt. Der Cop als Cop, wie eine Macht-Kunstfigur von Jeff Koons, die Augen allüberall, der Mund streng unbewegt und doch unaufhörlich sprechend über die quälende Litanei des Walkie-Talkie voll niemals endender Information. Er steht wie einer der Krieger des alten China, des Kaisers Chin, starr und zugleich unendlich lebendig, on alert für seine Stadt. Jeden provinziellen Möchtegern-Tatort lass ich liebend gern dafür stehen.

Unvergesslich die Episoden, die dich den Umgang lehren, das Sichzurechtfinden mit der Art einer solchen exemplarischen Stadt. Der scharfe Schlag auf dein Handgelenk, im Vorbeigehen, unversehens und hyperschnell, ich greife nach links im Reflex und gerade noch fange ich meine Patek Philippe mit meiner rechten Hand, das Armband unendlich versiert aufgesprengt, doch unversehrt. Der Typ, im Nu weg vom Straßenrand, in der Menge nicht mehr zu sehen. Das reine Glück. Natürlich ist weit und breit keine New Yorkerin, die ihren wertvollen Schmuck in der Stadt spazieren trägt. Du lernst.

Ausgerechnet im noblen Bloomingdale's kaufst du dir irgendwas im herrlichen Food-Department, bezahlst mit deiner Credit Card. Trag nie zu viel Cash bei dir. Sie packen's dir wundervoll ein und du: »What about my Credit Card?«

»Sir, I'm sure we gave it to you.«

»You didn't. Get me your manager, right away.«

Der gewandte Typ, er merkt, es wird ernst, sieht nochmals nach, auch auf dem Boden, so tut er jedenfalls, und »ah« und »oh«, »Sir, so sorry, I just found it down there on the floor.«

»Thank you so much«, ich tausche einen harten Blick mit ihm, der weiß, der wäre geflogen wie nichts. Na, nichts für ungut. So ist die Stadt, so kann sie jederzeit sein. Launisch, überwältigend herzlich und unaufhörlich auf ihren Vorteil, auf ihr Überleben bedacht. Du lernst, es liegt genauso an dir.

»It's better to be smart than lucky.« Lehren sind offenbar eingeplant. Einmal, in den späten Siebzigern, als der Ansturm langsam begann, da hatte New York, überbelegt, einfach nicht genug Betten.

Ich fühle mich sorglos, bin ich nicht schließlich von der BBDO selbst sicher im »Plaza« gebucht?

Nun ja, mein Flieger landet am Abend, eine gute Stunde zu spät. Der Weg in die City ist dicht, und ich verliere nochmals ’ne Menge an Zeit. Als ich endlich, naiverweise schon erleichtert, die rettende Rezeption erreiche, erklärt man mir, »Sorry, we didn’t expect you to come anymore, Sir«, mein Zimmer weg, »You’ve got to look for another accomodation, Sir, so sorry, that we can’t help.« Sie rufen freundlicherweise ein paar Hotels in der Nähe an, aber schütteln den Kopf: »New York is booked out.« Wenigstens haben sie für mich, den müden Loner at Night, ein wenig Münzgeld fürs Telefon.

Ad, New York hat dich ausgesetzt. Ich schnapp mir das Münztelefon im Hotel, bevor es ein anderer tut, und wälze die Yellow Pages von vorne bis hinten durch. Immer dasselbe, wie Bruce zu Recht sagt, immer ein »Sorry, we are fully booked«. Die einzige Herberge, die sich am Ende noch gnädig herablässt, mich zu notieren, ist das Holiday Inn. Am JFK.

> »OK, can’t thank you enough.« Also zurück, woher du gekommen bist, Fremder, es wird dir ’ne Lehre sein. Eine Stunde, so lange brauchst du, und wir sind da. Ein herrliches Bild. So Stücker zwanzig ermüdete Typen, auf ihren Koffern herumhängend, in der Lounge.
>
> »Heißt das, die warten hier?«
>
> »Ja, auf das nächste Zimmer, das frei wird. Setzen Sie sich einfach dazu.«
>
> »Aber«, naive Frage, »hatten Sie mich nicht gerade gebucht?« Achselzucken. »Mehr können wir für Sie nicht tun.«

Ich bereite mich vor auf eine lange Nacht. Es ist wie ein Nachtlager im Krieg. Das kenne ich. Nur Bomben fliegen hier nicht.

Dann, morgens um fünf, ein wahres Wunder. Ein Shuttle-Bus, urplötzlich, er erscheint, vom Intercontinental gegenüber, ein paar Zimmer, die »wären« frei. Ad, kriegserfahren, in die Züge damals bin ich im Hechtsprung durchs Fenster hinein, Ad ist dabei.

Um sechs im Bett, um elf im Meeting an der Madison. Eine

Erfahrung reicher, aber so wirklich toll amüsiert war ich, glaube ich, nicht.

Danach bin ich schließlich durch Empfehlung meiner wohlgesonnenen neuen amerikanischen Partner zum Mitglied des historischen alten Unions League Club geworden, dem Club, zu dem sonst kaum einer so einfach Zutritt bekommt, damit ich auch immer ein sicheres Nachtlager hätte, an der Park Avenue South, tief in den Dreißigern. Da habe ich die nächsten Jahre verbracht, ganz wie Rhett Butler im elegantesten Herrenhaus. Scarlett hab ich dort nicht gesehen, Ladies, sie waren außen vor. Nur vollendet höfliche tiefschwarze Herren mit weißen Handschuhen und mit dem strahlendsten Lächeln aus der Abraham-Lincoln-Zeit.

Die Zimmer, die blütenweiß quellenden Betten mit spitzenbesticken Kissen übersät, die Blümchentapeten und aller Puppenstubendekor, original wie aus der großen Filmallegorie der Vereinigten Staaten, »Vom Winde verweht«. America, the beloved. Tradition by heart.

Dort, im Herzen der amerikanischen Tradition, traf sich die politische Klasse, das New Yorker Washington, diskrete Gespräche in einem Giants-Stadium von Bibliothek. Sonntags war das Noble-House nahezu leer, das Frühstück machte man sich selbst in einer Art getäfeltem Clubraum am offenen Herd, scrambled eggs, cornedbeef, freshly squeezed orange juice, your newspaper right at your hand. Es gab ein Spielzimmer für Bridge, einen riesigen Snooker-Raum auch, in dem ich gegen meinen Sohn Mirko chancenlos ein jedes Spiel kläglich und zu Recht verlor.

Es war eine Art Einbürgerung, eine stillschweigende Annäherung in freundlich gewährter Zeit. So tief kommst du selten hinein, während du gleichzeitig immer noch lernst.

Noch Stunden zur Landung, und du spielst es schon vorher durch.

New York, unvergleichlich. Und Ad, offenbar immer noch kindisch nostalgisch, in Erinnerung an jeden intensiven Moment.

Wenn du zum ersten Mal, vielleicht in großem Gefühl, an dir erfährst, was Dimension wirklich bedeutet. Ja, Dimension. Obschon mich dieses Gefühl auch später nie wirklich verließ. Als eine Skizze der Einfühlung beschreib ich es dir.

Wenn du vom Kennedy Airport kommst, vom JFK, wo dich ein schwarzer Chauffeur wie einen alten Freund mit einem herzlichen weißen Grinsen empfängt, ein gelb leuchtendes »PEN«-Namenschild in seiner Hand, »Hi, good to see ya, Sir, my name is Bill.« Und schon ist Ad in Bills voluminösem Kabinenroller verpackt, gebettet, die Beine lang nach vorn ausgestreckt, schon rollst du im Kolonnenfluss an den blühenden Tenniswiesen, den Flushing Meadows vorbei, durch die Bronx, während sich dir, wohltuend müde und gleichzeitig wach, von weitem im späten Sonnendunst die vertraute Postkarten-Skyline Manhattans zeigt. Und dann …, dann, wenn du vom Norden zum Süden in einer weiten Schleife über den Harlem River nach Manhattan einbiegst und die Stadt sich vor dir öffnet, auf dieser endlosen Zielgeraden, endlose hundert Blocks lang, sechsspurig, dazwischen ein schnurgerades, grasgrünes Band, die prachthistorische Meile der Big Apple City, die alte, berühmte Park Avenue. Dimension.

Endlos weit unten, noch kaum auszumachen, dunkel, im tiefstehenden Gegenlicht, tempelhaft, unterbrochen durch das frühere Pan Am, noch heute von jedermann so genannt.

Ein rechts und links zu umfahrendes Stadt-Monument, an der noch fernen 40sten, wo auch das Grand Central Terminal ist. Fahr mit, wir sind noch an der höchsten Stelle der Avenue, weit oben, »uptown«, etwa an der Einhundertunddreißigsten und Park Av., die ja weit durchgeht bis hin zur 17ten Straße, ganz bis zum Union Square, wo quer darauf zulaufend auch der Broadway sein Ende findet.

Und Ad rollt. Tief hinein, tief auch im wiegenden Sitz, im Rhythmus der leichten Stöße von Bills Big Limousine, dum dum, dum dum, aufsetzend auf den langen Wellen des gebeulten Asphalts, dum dum, die Park Avenue ist gerammelt voll, dum dum, wir sind so richtig umgeben von anderen uns ganz ähnlichen lackglänzend wuchtigen Straßenkollegen, der riesigen Herde, schon hauteng ganz neben dir. Schwingend, bremsend, zur Verständigung vorsorglich auf der Hupe stehend, für den ständigen typischen Sound der Stadt, Tag und Nacht. So schaukelst du in die Dimension der aufragenden Blöcke hinein. In das Gehäuse des großen Apfels, Big Apple, New York.

Roll mit, ich beschreib es dir. Muss sein, en detail.

Vorbei am eleganten »Regency«, dem All American »Waldorf Astoria«, vorbei an der Jahrhundert-Vollkommenheit, dem »Seagram Building« von Mies van der Rohe, in dem du das eine, das vollkommene Restaurant der klassischen Moderne findest, das absolute »Four Seasons«, das viermal im Jahr seine Bäumchen im Main Room wechselt, dessen bronzene Vorhangketten sich stets von allein wie Wellen bewegen und dessen Ladies und Gentlemen Rooms in ihrer weiträumigen Eleganz jeden gefallsüchtigen Bungalow mühelos in den Schatten stellen. Oh Mann, du rollst und bist so wach und ausgefüllt von dieser so anderen Dimension.

Bist längst natürlich vorbei an der 740 Park Av., wo, wie jedermann weiß, die Rockefellers, die Chryslers und auch die Vanderbilts residierten, du bist längst vorbei im federnden Rolltrab der mächtigen Herde. Je näher die City dir kommt, desto höher ragen ihre Türme heraus. Nun bist du mittendrin, bumping, swaying, inmitten der bremsleuchtenden Lichter, inmitten der brummend rollenden kolossalen Kolonnen, inmitten der Entrance zur City, inmitten der Park Avenue. Inmitten der »Elephant Road«.

Dann biegst du ab. East or to the West. Depends where you are supposed to stay. Im »Marks«, im »United Nations Plaza« an der First, im »Gramercy Park«, im »Carlyle« oder im »Michelangelo«.

»Sir. Here we are.«

Unvergleichlich. In der anderen Dimension, an die du dich anzupassen versuchst.

Du bist nun da, doch in Gedanken weiter schon in der Stadt. Die Bilder reißen nicht ab. Und so wanderst du, noch gar nicht angekommen, von hier nach da, uptown, downtown. Komm mit, wenn du dich einzugliedern versuchst. So wie ich.

Findest dich im amerikanischen London, bei »Old Abercrombie & Fitch«, downtown in South Street Seaport, wo die großen Segler liegen, die Passat unter neuem Namen, auf der wir eine ausgelassene Party bei einem unserer Worldwide Meetings gegeben haben und wo es die älteste Apotheke Amerikas gibt, mit so schönen schwarzen Gazellen, dass du nachgerade gezwungen bist, doch bald wieder hereinzuschauen. Die Twin Towers auch, rausschauen aus den Windows to the World, die heute, nach der Vernichtung allen humanen Vertrauens, so leichthin kaum noch zu überplaudern sind. New York, schon immer – aus sich historisch, nun welthistorisch in jedwedem Sinn – der eine einzige Platz, den es aufzusuchen galt, der zentrale Lebensapfel der Welt.

Ein jedes Detail dort, es fügt sich zu deinem, doch kaum gänzlich beschreibbaren Gesamtgefühl. Such es dir aus.

Auch in der täglichen, ganz praktischen Art. In der Art, wie du dich in den Straßen bewegst. Mit diesem bestimmten Gefühl in deinem Rücken, das dich wie ein Bewusstsein nie ganz verlässt. Such sie dir aus. Die Art, wie du auf Vorsorge gehst. Eine Boy Gang, zumindest ein paar Jungs, die da zusammenstehen, aus dem Nichts etwas tun. Und du, du wechselst, fast wie ein spürendes Tier, noch bevor du bemerkt wirst, so hoffst du, um sicherzugehen, auf die andere Straßenseite. Du meidest die Seitenstraße, die dir seltsam menschenleer scheint, wo dir Dinge begegnen, such es dir aus, die auf gespenstische Weise tatsächlich, real, wirklich, unwirklich seltsam sind.

Die Bilder, ich hab sie vor Augen, als wär ich schon dort, dabei bin ich immer noch weit weg im Flug. Und erinnere mich so lebhaft, als sei ich dort.

Auf dem halbhohen, schmal vorgebauten Fries eines offenen Häuserhofs, da steht aufrecht so ein Gnom, eben ein kleingewachsener Mann, womöglich um sich zu erhöhen. Er trägt Stiefel aus schwarzem Lack, ein steifblaues Pluderhöschen und ein glänzendes gelbes Hemd, wie ein Jockey steht er da, in irgendein Comic-Heftchen vertieft, auf dem Kopf eine Art Karnevalshütchen, das rot gezackt steil hoch geschnitten ist, wie ein Hahnenkamm.

Und während du deinen Schritt beschleunigst und tust, als sähest du nichts, hörst du den kleinwüchsigen seltsamen Kerl seltsame Laute in seltsam hohen Tönen »singen«, wie eine Drehorgel presst er sie heraus, und dann, aufatmend, bist du endlich vorbei.

Du hattest eine Erscheinung, denkst du, aber du weißt es nun doch schon weitaus besser, das war eine New Yorker Existenz, abstrus, gewiss, bestürzend und doch eben vollkommen im Leben. Keine Jockey-Figur, wie die vorm vornehmen Club 21, wo im »In-Room«, dem Hauptspeisesaal, das Spielzeug, die Loks und die bunten Trucks unter den Decken hängen, da wo du die altbackenen smashed potatoes mit sour cream und ein zweidaumendickes schwarzgekohltes Steak, mehr als well-done, kriegst.

Aber nur, wenn du zu diesen »Big Wheels« gehörst, ähnlich dem Donald, dem Trump, der dort einmal saß – dokumentiert –, mit einer weißen Friedenstaube in seinen Händen und besessen von einer seiner Momentideen, allen Atommächten ihre Bomben einfach für Cash abzukaufen, einfach für den Frieden der Welt. Als er wirklich noch flüssig war. Als er schrieb »It's only the money that counts«.

Wenn du den Bogen der Eindrücke schließen kannst, so gratuliere ich dir. Vieles mag springen, doch alles ist eins. »Come fly with me.«

Such's dir aus. Die Art, wie das amerikanische Telefon auf das Verbindlichste surrt, wie die Chefzimmer-Damen in ihren auf den Fluren vorgelagerten Cubicle-Boxen wachen, Flurquadrate, die kein Tageslicht kennen, die Art dieses smoothly gliding American Way of Business, der eingespielte Orderservice zum Arbeitslunch, das selbstverständlich individuelle Sandwich, »Für mich Pastrami, aber auf keinen Fall Senf«, und permanently die Cola Light.

Such's dir aus, das very American Laissez-faire, diesen freundschaftlichen Schlag auf die Schulter, »Hey, Ad, you here, great to see you, guy«, und weg ist er, Tom oder Bill. You are at home. In the family.

Andere Bilder. Sie reißen nicht ab. Unvergesslich, die erste Erinnerung. In den frühen Sechzigern, mit der Super Constellation, sechsstrahlig, »Turboprop«.

Wo du zu deiner Sicherheit, schlaflos, ständig auf die bläulichen Düsenfeuer der Triebwerke gestarrt hast. Zur Kontrolle, man weiß ja nie. Mein Gott, das war Mitte der Fünfziger. Da aber fingen die frühen Sechziger, ich sag es dir, bereits an. Golden Times.

Meine allererste Reise. Mit Reinhart Wolf, dem Weltmann von geborener Eleganz, der später so berühmte Photographenfreund, und mit Peter Preller, Interior Architect, auch er ein Superästhet und ebenfalls auf seinem Weg zum Ruhm.

Meine recht extravaganten Freunde, sie waren schon damals Szene.

Ins 54th ging Ad aus guten Gründen nicht mit, aber sogleich nach der nächtlichen Landung zu Timothy Leary, in eine total überfüllte highduftende »Broadway Celebration of the Guru himself«. Was LSD ist, das wurde Ad, dem staunenden Unschuldslamm, erst reichlich später klar.

Mit Reinhart Wolf (rechts) und Peter Preller (links) 1955 in New York.
Im Trenchcoat.

»Du dummes Ding«, sagte Reinhart belustigt zu mir, »jetzt ist die Zeit.«

Die Zeit. Unvergesslich, als Warhol in Soho, als Star bereits angesagt, mit schwarzen Gläsern, in Lederjacke – so sahen wir ihn – mit seiner Entourage um die Häuser zog. Es war die Zeit.

Reinhart, Peter und Ad, wir waren bescheiden untergekommen an der 55th, Ecke Fifth, Hotel garni, das Frühstück gab's auf der anderen Straßenseite in einem umsatzhektischen, doch wunderbar duftenden Coffee Shop. Scrambled Eggs, Crisp Bacon und freshly squeezed Orange Juice – »More coffee, Sir?«, we simply had a great time.

1980. Arbeit an der Art Direction für das Buch »New York« von Reinhart Wolf.

Wir haben mit Richard Avedon in seinem Atelier gequatscht. Superstar – obwohl, ein wenig spröde war's schon – Brooke Shields, die blutjunge Beauty, hatte Dick gerade entdeckt. Wir hatten Lunch im Algonquin mit Japans Photoästheten Hiro und mit Henry Wolf, dem emigrierten Wiener Editorial-Star, mit dem Ad über Zeit eine enge Freundschaft verbinden sollte. Henry, die Wände des Ateliers, uptown, 2nd Avenue, bis an die Decke mit Awards tapeziert, war der erste Pionier der amerikanischen Printkultur, eng befreundet mit Milton Glaser – I♥NY – und dem phantastischen Zeichnerstar Seymour Quast, am Ende der glanzvollen Karriere Ehren-Chairman der berühmten Parsons School of Design.

Unvergesslich und unwirklich doch, hat Ad später auch, zu Gesprächen über die Agentur, den absoluten Hyper-Tycoon des US-Showgewerbes, getroffen, Marion Harper, hoch oben im Time-Life-Building, Corner-Office, mit dem Blick fast bis nach Kalifornien … Steve Frankfurt von Young & Rubicam Advertising, der auch an uns interessiert war, mit seinen »Troops«?

Mit Ed McCabe beim Lunch, einem der weltbesten Textgambler überhaupt: »It takes a tough man to make a tender chicken.« Perdue.

New York. Unvergesslich. Unmöglich, einen jeden Eindruck wiederzugeben. Eine Episode vielleicht noch, die Ad lebhaft erinnert. Eine Schusseligkeit. In der Trance des Stress. In der Zeit, in der dich jede Minute drängt, es ist noch gar nicht so lange her. Springen wir kurz zurück. Skizze.

Es ist Abflugtag. Ich habe schon ausgecheckt. Und, warum eigentlich, meine Reisetasche bereits dabei? Obschon mich die Limousine abholen wird, in so zwei Stunden, direkt vor dem Hotel.

Ad hat noch Zeit, möchte dringend zu Saks. Brauche noch

ein Geschenk. Rufe ein Taxi und hin. Bin in Gedanken, was weiß ich, wo.

Wir sind im Nu da, »Thank you so much«, und ich bin raus.

Ohne die Tasche. Ich merk es sofort und schrei. Der hört mich nicht mehr. Oh, holy shit. Da stehst du. Nackt.

Ich, der Tölpel on Fifth, ich taste an meinem Jackett herum, wie ein blöder Tourist. Was, zum Teufel, hab ich überhaupt noch dabei? Ohne alles gibt's mich nicht mehr. Good bye, Alte Welt.

Links innen, ich fühle, wie es mir heiß die Brust erwärmt, ich fühle da etwas, da steckt, gefaltet, doch offenbar ein Papier. Die Leute, die mich schreien gehört haben, sehen ungerührt weg. In New York passiert ständig zu viel. Und, der, der scheint noch »okay«.

Ad, ein bisschen spät, tut nun gelassen. Was soll's schließlich auch. Man ist Profi. Die Lufthansa (damals noch an der Fifth, ein paar Block weiter uptown), so etwas weiß man, die wird's im Notfall schon richten. Aber, seh'n wir erst mal.

Uuh. Ad, kühl bis ans Herz, er zieht langsam, slow motion, so ein schmales, dunkelgelb-blaues, glattes Papier heraus, Ad hat, dem Gott der gnädig gewährten Zufälle sei aller Dank, sein verdammtes Rückflugbillett, sein Ticket in der verschwitzten Hand.

Tasche, Kohle, die Uhr von Cartier für mein Weib, Papiere und überhaupt dieser ganze dir eben wichtige Kram, das alles ist weg. Nicht so der Pass, den hast du, Routine, immer dabei.

Zum Glück ist Ad Fatalist. Die Limo bezahlt mein Laden eh, und ich sag dir, es ist total komisch, bei der Abfertigung, so ohne alles, die Hände schlicht in den Hosentaschen, einfach mal lässig durchzumaschieren.

So fliegst du gefasst zurück mit nichts. Von wegen gefasst. Ein Scheißgefühl.

Am Morgen um sechs sind wir pünktlich da, und an der Passkontrolle sieht dieser Typ mich doch an, ich denke an nichts, und sagt: »Also, hören Sie, sind Sie das, dieser Professor Pen?«

Ich sage, pflichtschuldig: »Na ja, offenbar.«

»Hören Sie«, sagt der und ist eifrig, »da ist für Sie eine ›Messetsch‹ vom …, Moment, ich sehe mal nach, ja, hier, also, vom Police Department 22 an der Madison Avenü in New York. Da ist eine Tasche für Sie abgegeben worden, steht hier. Und, Sie sollen sich mal melden. Okay?«

Junge. Das haut dich um. Ich hab es ein paar Mal erlebt, meine speziellen Freunde, die Götter des Zufalls, manchmal sind die schon schwer auf Draht. Wenn sie wollen, natürlich nur. Wenn sie gut drauf sind, es kommt darauf an.

Ich sage: »Danke, das ist ja toll. Ich kümmere mich.« Er nickt nur und winkt mich durch. Verrückt. Was es nicht alles gibt. Ehrliche Leute, ganz offenbar. Und, mein Cab-Driver, oh' heavens, der gehört, zweifellos, zu den paar Guten dazu. Ich sag dir, so was kann dir ein Weltbild so ziemlich erschüttern.

Das ist nicht alles. Nicht ganz. Ich bitte Willi Schalks Secretary in New York, sich zu kümmern, und bald hab ich die Tasche, mit allem, bedenke, zurück.

Ich schick dem ehrlichen Driver einen herzlichen Brief und ein ebenso herzliches dickes Bündel in cash. Und, ich lass unser New Yorker Büro mal bei dem anrufen, um zu erfahren, ob auch alles angekommen ist.

Du glaubst es nicht, in dem Momente, in dem Els, die Sekretärin von Willi, ihn an der Strippe hat, da sagt der glatt: »Moment, ich glaube, der Postbote schellt.« Und, dann, ein wenig später nur, da gibt's einen Freudenschrei. Der Bursche, der ist ganz weg. So wie Els, die direkt alles mitgekriegt hat. Ad, du kannst es dir denken, auch.

Nun also, mein freundlicher Companion, ist die Geschichte komplett.

Aber, Ad, du kennst das nun schon, er macht noch den letzten, den unbedingt nötigen Schritt. Schreibt Ed Koch, der damals Bürgermeister war, dem leicht exzentrischen Ed, dass er doch wohl verdammt stolz sein könnte auf seine Stadt, die solche Leute unter sich hat. Findet der Mayor auch und antwortet Ad im Stolz. Sieh es dir an. So hatte ich es doch schon zu einiger Nähe gebracht. Zu diesem Big Apple. New York.

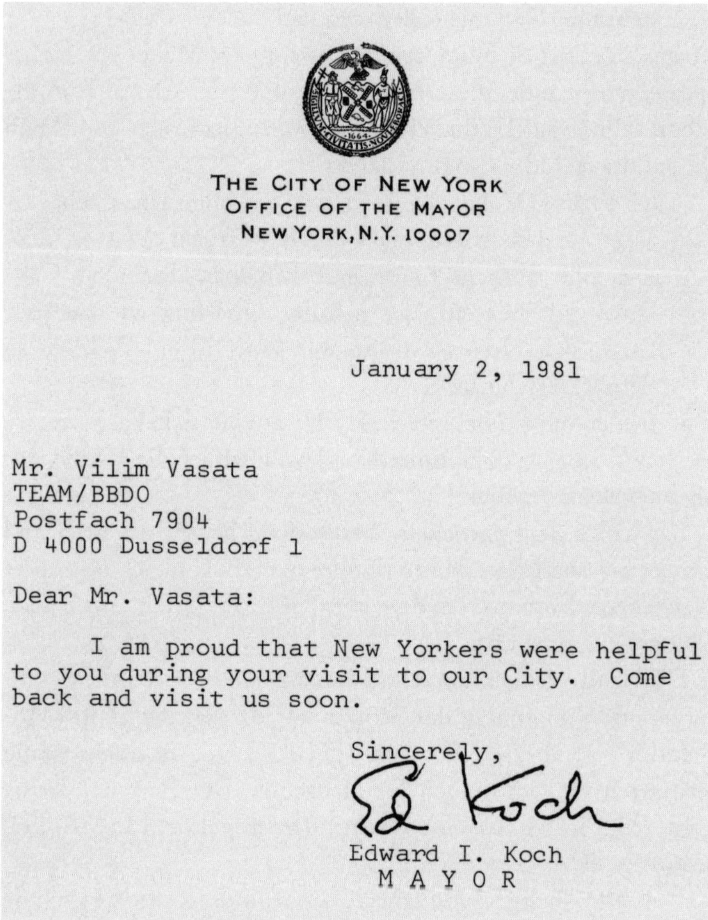

THE CITY OF NEW YORK
OFFICE OF THE MAYOR
NEW YORK, N.Y. 10007

January 2, 1981

Mr. Vilim Vasata
TEAM/BBDO
Postfach 7904
D 4000 Dusseldorf 1

Dear Mr. Vasata:

I am proud that New Yorkers were helpful to you during your visit to our City. Come back and visit us soon.

Sincerely,

Edward I. Koch
M A Y O R

Tief in meiner ersten Erinnerung, womöglich hab ich während des einschläfernden Flugs ein wenig gedöst, warst du eben schon vor der Landung längst in New York, weil dein Leben seitdem auf ganz neue Weise eine andere Art von innerer Spannung hat.

Ich dehne mich und setz mich ein wenig zurecht. Die hübschblonde Stewardess, sie kommt vorbei, um nach dem Rechten zu sehen, du sitzt scheinbar träge und bist doch aktiv, da ist ganz plötzlich eine Durchsage, die dich spontan elektrisiert, sofort aufhorchen lässt, weil ein Typ in einer dir fremden Sprache, kehlig arabisch?, ein Statement durchsagt, was keiner versteht. Junge, ich weiß es heute noch, 16, 17 Jahre vor Nine-eleven, bist du urplötzlich alarmiert. Ah, zum Glück lässt sich der Purser jetzt hören, auf Deutsch, er scheint ein wenig verstört, spielt, was immer da läuft, bemüht herunter und tischt uns, die wir die erste Klasse bevölkern, folgende Räuberpistole auf:

> »Meine Damen und Herren, ich bitte sehr um Entschuldigung, aber wir haben hier, nun ja, sagen wir, ein kleines Problem mit einem Fluggast aus der Economy, der unbedingt mit einem Passagier aus der Ersten Klasse eine Partie Schach spielen will. Ich weiß, das ist etwas ungewöhnlich, aber, falls sich einer von Ihnen bereit erklären würde, wäre es uns eine große Hilfe, und wir alle könnten wieder an unsere Arbeit gehen.«

Wir hören Fetzen von einem kleinen Wortgefecht, offenbar will dieser Typ noch etwas sagen, aber er wird wohl erfolgreich abgewürgt.

Der Purser kommt, ist zu Recht ziemlich verlegen und sagt, wir möchten doch freundlicherweise Verständnis haben, der Typ hätte hinten schon ziemlich Krawall gemacht. Nun, wenn einer von uns vielleicht doch helfen könnte …?, der arme Mann wandert hilfe- und augensuchend bei uns herum. Und du hast es schon lange kommen sehen, die hilfebedürftige Lufthansa bleibt bei mir stehen, vielleicht riecht er so etwas bei mir, bei Ad, der sich professionell ja für einen wie Red Adair hält. Und zu meiner eigenen Überraschung wird die Lufthansa tatsächlich fündig. Bei Ad.

> Auge in Auge mit dem hilfesuchenden Typ höre ich Ad sagen: »Da haben Sie aber Glück. Zufällig spiele ich Schach. Also, gut, ich mach das für euch.«

Erleichterter Beifall in der First Class, ein Dummer hat sich gefunden, man atmet vorläufig auf. Wir fliegen den »Jumbo«, die 407, und ich steige hinter dem Purser die Wendeltreppe hoch auf das Oberdeck. Der Typ ist schon da, ein hastiger feuchter Händedruck, »Hi«, der Purser hat sich hinter mir schnellstens in eine Ecke verdrückt, ausbaden soll ich das Ganze besser allein. Mein Typ ist total ausgeflippt. Ich denke, das hast du davon. Jeder ist seines Glücks Idiot.

Zwischen uns beiden ein Tischchen. Der Junge hat's verdammt eilig, fängt an zu reden, spricht perfekt Englisch, baut dabei schon das Spiel auf dem Klapptischchen zwischen uns auf.

Ich seh, das ist so ein Reiseschach, raumsparend, nur ein gedrucktes Schachmuster auf festem, aufzufaltendem Karton, du kennst das, die Figuren bloß aufgedruckt auf so einfachem Papp-Plättchen, die du schiebst.

Er sagt, »Sir, Sie fangen an«, und während ich mir den ersten Zug überlege, fängt er zu reden an, ganz wie ein zu lange trockener Wasserfall. Währenddessen seh ich ihn an.

Ein durchknautschter Typ. Wasserblond, Dreitagebart, Jeans. Militärjacke, in der er vermutlich schläft, in der rechten Brusttasche, nicht zugeknöpft, steckt etwas drin.

Das Gesicht dunkel verbrannt. Ein ausgemergelter Kerl, lange, fahrige Finger, die Nägel, wie kurz gekaut. In den Augen nichts als flackernde Zündelei.

Ich denke, soweit ich noch denken kann, so zwei Dutzend von denen in einem Raum, da entsteht so viel Hitze, dass daraus von selbst eine einzige Fackel wird, eine Demo, wenn nicht eine Revolution.

Hör besser zu denken auf, Ad. Da musst du durch. Er quatscht dich sowieso zu.

Ich mache den ersten Zug. Bauer E4. Er zieht als Antwort derart reflexartig schnell, mir ist im ersten Augenblick klar, der hat ein mathematisches Hirn, du kannst praktisch lieber gleich aufgeben, Ad.

Der Typ, er gibt mir die ganze Story kompakt. Fieberig, hinten hat er sich womöglich zugeschüttet, wahrscheinlich ist er bekifft dazu.

»Ich heiße David. Ich komme aus Israel.« Wir machen derweil unsere Züge. Sein Tempo ist einfach rasant.

»Ich bin hier, weil ich es meinem Vater nachmachen will. Der lebt nun nicht mehr, aber in Amerika hat er sein Glück gemacht. Ich will's jetzt genauso machen wie er. Dahinten in der Economy, da hab ich absichtlich ein tierisches Theater gemacht, damit sie zu viel bekommen von mir. Ich hab mir nämlich geschworen«, er zieht, ich ziehe nach und stehe, wie zu erwarten war, schon ziemlich erbärmlich schlecht, »ich hab mir geschworen, Sir, dass ich es, was normalerweise unmöglich ist, auf Biegen und Brechen bis in die Erste Klasse schaffe, um jemand zu treffen, der mir weiterhilft. Und, der, der sind Sie.«

Der zu allem entschlossene David, Himmelarsch, wenn der in seiner verdammten geschwollenen Brusttasche so ein paar potentiell gefährliche Stängelchen hat, dann gnade uns Gott oder wer.

David, ein genialischer Partisan aller Spielerlist, ich sehe, er macht, als sei er nicht ganz dabei, wie zufällig, einen Verliererzug, grundlos, das sehe selbst ich, nun ja, ich schlag seine Dame, geschenkt ist geschenkt, und er gibt sofort auf.

»Ich hab Sie gewinnen lassen, Sir«, sagt er, was ich längst weiß, »und Sie geben mir als Gegengeschenk eine gute, eine genügt, eine gute, reale Business-Adresse und dann geh ich zurück und geb Frieden, damit alle glücklich sind.« Das oder kein Frieden, das artikuliert er nicht, aber ich seh es an seinem Gesicht.

Ein »Nein« oder »Ich weiß nicht« zählt nicht. Es liegt nun alles an mir.

Ich diskutier nicht mit ihm. Er will nur eins, und das geb ich ihm. Ich geb ihm die Nummer und die Adresse von einem Freund, der über ein Riesennetzwerk und eine Menge Verbindung verfügt, den rufe ich gleich nach der Landung an, damit er Bescheid weiß, worum es geht.

David, die lebende Inkarnation der Entschlossenheit, sie steht auf und gibt mir sogar die Hand.

»Ich hab, was ich wollte, Sir, ich gehe jetzt. Vielen Dank.« Das Augenflackern hat etwas nachgelassen. Glaube ich jedenfalls.

Der Typ ist wieder in der Economy, das Personal, es umarmt mich fast. Die First Class, sie applaudiert. Offen gestanden, mein Gefühl war nicht so toll. Ich hatte die Jackentasche wohl noch zu lebhaft vor mir.

Ich lehn mich bequem in meinem Sessel zurück und überleg mir den Rest des Spätnachmittags. Eigentlich geh ich wegen der Zeitverschiebung meistens recht früh zu Bett. In New York erst sechs Uhr abends, zu Hause schon zwölf.

Aber heute Abend, nach diesem Spektakel-Flug, da sollte ich mir denn doch vielleicht einen späten Abstecher gönnen. In den »Russian Tea Room« am besten. Die Künstler-Institution. Verdient hab ich's mir wohl.

In Russisch-Rot und mit lebhaften Bildern, verspiegelt bis obenhin, damit ein jeder sich hundertfach sieht, unzählige Male gesehen wird.

Damals, da kamen am späten Abend die Stars von der Oper, Baryshnikow, die Minelli und andere dazu. Der »Russian Tear Room« war einzigartig. In der 57sten, gleich ein paar Schritte East von der Carnegie Hall. Die Blinis, bis heute ganz unerreicht. Die besten der Welt. Selbst das berühmte Café Flore in Paris, St. Germain, ich muss es sagen, es kommt da nicht mit.

Wenn du's mal nachschmecken willst, sie sind hauchdünn und sahnereich, bräunlich aus Buchweizen, auf einem Hauch von Butter serviert, den Beluga oder den roten knackigen Kaviar aufgelegt und tollkühn zu einem feinen Palatschinken gerollt. Ein Genuss, den ich heute nur David, dem Hasardeur, verdanke. Sonst wäre ich, wie gesagt, längst schon zu Bett.

Der »Russian Tea Room«, er gehörte immer dazu. Da waren

so Rituale, vertraute Wege, so, als nähmst du die Stadt in Besitz. Wohl ein jeder auf seine Art.

Für Ad keine Visite, ohne im »Nobu« gewesen zu sein, ganz unten, Downtown, Nr. 1, an der Fifth.

Der Besuch im Moma ist absolut obligat, unbedingt musst du Picassos Ziege, die mit dem Lenkrad, begrüßen, den orangeheiteren Miro außen im Flur, den überströmenden Pollock schon im Empfang und natürlich – ohne das geht es nicht – die immer tiefatmenden »Water Lilies« von meinem geliebten Monet. Lange Zeit sitzt du versunken davor.

Vier Blocks uptown dann ein gründlicher Wühlcheck im alten »Rizzoli«, Original nachgebaut wie an der Fifth, wo auf dem riesigen Büchertisch die immer neuen Bestseller ausliegen, von denen du glaubst, dass nur du allein sie, und auch noch als Erster, entdeckst. Bücher riechen so gut. Immer kommst du zu schwer beladen heraus.

So bepackt, nur ein paar Schritte noch nach Westen, in den knallvollen »all american« Healthfood Store, hektisch und laut, Ad war schon in den Anfängen des Health-Hypes dabei, da, wo es die supergesunden Sandwiches gab, die reisgesättigte heiße Tomato Soup und, ja, selbst ein üppiges Joghurt-Eis, ohne auch nur eine einzige Kalorie.

Dann schleppst du dich, glücklich und fertig, genau sechs Blocks südlich zurück und fällst erledigt aufs Bett. Aufatmend. Endlich. Du bist zu Haus.

Der Weg steht mir nun noch bevor. Das Essen im »Russian« war wunderbar. Aber jetzt, Ad, raff deine müden Knochen auf, denn, ach, schau doch nicht dauernd auf deine Uhr, European Time, dort ist es jetzt schon rund fünf Uhr früh. Für Ad, wie immer auch hartgesotten, nach achteinhalb Stunden Flug, dem Hasard-Schach und einem so späten Dinner, ein verdammt langer Tag. Und morgen, da heißt es nun einmal fit sein. Denn um zehn New Yorker Zeit, da trifft sich das Worldwide Board.

Nach Jahrzehnten an der mietbilligen Madison, sind wir jetzt an der Sixth, im Paine Webber Building, fast direkt gegenüber eine altberühmte Landmark der Stadt, die Radio City Music Hall. Ich wohne seit langem im Michelangelo, das ist klein, fein und bequem und eben nur ein paar Schritte zur Agentur.

»Hi, everybody!« Paine Webber, 7. Stock, das BBDO Worldwide Board of Directors, es ist vollständig da, der New Yorker Kern und der Rest der Welt. »So good to see ya, Ad, how're you doin'?« Regularien, ich nehm mir ein Glas Orangensaft, damit's mir bestätigt, ich wäre fit.

Bevor das Meeting offiziell beginnt, gibt Allen Rosenshine das Wort an Phil Dusenberry. Der ist gerade zurück von einem Shoot in L.A. und muss etwas loswerden. Nur allzu schnell wird dir klar, warum. Immerzu geschieht etwas und immer zu schnell.

Fünfzehn Jahre sind es ziemlich genau her, ich erinnere es noch, als wäre es heute, da die Welt gerade Abschied genommen hat von einem, der als der größte Bühnenmagier aller galt, Michael Jackson, bekannt als »The King of Pop«.

Such es dir aus, dein New York. Phil, Head of Creative, selbst lebende Werbelegende, beginnt uns in der Intensität seiner leisen Stimme, womöglich noch leiser, weil noch halb im Schock, von dem verstörenden Unfall während des Pepsi-Drehs in L.A., von dem er gerade zurück ist, zu erzählen.

Von den zwei Unfällen eigentlich, unmittelbar aufeinander, in ihrer Schwere jedoch nicht direkt vergleichbar, der erste gar von einigem Amüsement. Zehn Jahre später notierte er sie in seinem exemplarischen Buch über die höchst eigene, gefühlsdichte Kommunikation des American Way of Business, das übertitelt ist mit der Geschichte, die er uns nun erzählt: »Then We Set His Hair on Fire.«

Phil erzählt unnachahmlich direkt, schildert den ersten, vergleichbar noch harmlosen »Unfall«, für den Hyperstar ein herzzerreißendes Drama jedoch.

Auch bei den Unsterblichen kommt so etwas vor, mitten im Dreh muss »Michael« plötzlich und dringend »for gentlemen«, stürzt hinter die Bühne, von wo man kurz darauf ein lautes, entsetztes Kreischen hört.

Phil grinst nun doch etwas, es muss unendlich komisch gewesen sein. Alan Pottasch, Phils Assistent für alle Fälle, er rast nach hinten, zu retten, was hoffentlich noch zu retten ist, und findet Jackson in der äußersten peinlichen Not. Der 10 000-Dollar-Magic-White-Glove im Urinal. Soaked. Sattsam durchtränkt.

Ein Unglück, so ist es eben, es kommt sehr selten allein. Das Drama selbst, es geschieht bei dem nächsten Take. Der Handschuh, noch klamm. Es geschieht, dass Jacksons im Tanz wirbelndes Haar urplötzlich, wie vom Himmel herab, Feuer fängt. Entsetzen. Großalarm.

Phil sagt, es war bloß so ein verdammter Funke, irgendein irrlichternder Flammenrest vom nahen Feuerwerksturm für Special Effects, der von Luftwirbeln angezogen, richtungslos über die Bühne fliegt und sich im Haar des Tänzers verfängt.

Der Rest ist Geschichte, die nun ein jeder ja kennt. Für uns war's praktisch nahezu simultan.

Als Phil erzählt, du spürst es, ist er noch nahezu im Schock. Weil zunächst keiner wusste, wie schlimm die Sache tatsächlich war. Aber später im Hospital, da hat Michaels Vater, Joe Jackson, Phil zugeflüstert, »Don't worry, it's not that bad«.

Nur eines, so schreibt Phil in seinem Buch, war ihm selbst in diesen Schreckminuten schon klar:

»We had gone orbital. A little early and not for the right reasons.«

Das Meeting verschob sich ziemlich nach hinten. Wir saßen da und litten die ganze Sache mit Phil noch einmal durch. Und irgendwie war allen klar, dass, so wie Medienhysterie halt funktioniert, das Ganze für uns wohl auch noch ein Glück im Unglück war.

»Der Hype«, schreibt Phil später, »der machte das pure Spending-Geld fließen, es stieg zudem noch der Marktanteil und, vollkommen unverdient, mit ihm auch der Ruhm.«

Roger Enrico, Chairman von PepsiCo, war auf das Seligste satt.

»He wanted big, he got BIG«, kommentiert Phil. Mit dem Jackson-Commercial scheffeln wir, BBDO selbst, Gold über Gold. Alleine vierundsiebzig Major Creative Awards.

Gaukler, Tänzer, Regisseure, alle Risktaker par excellence, voilà. Ein glitzernder Handschuh im Urinal und Ikarus' Haar verglüht in L.A. am Set. Du Gaffer am Spielfeldrand von Ads Gewerbe der erstaunlichen Art, wie viel Kitzel, bitte schön, darf's denn noch sein? Phil, mit President Reagan in der Airforce No. 1 in die Normandie? Hochfliegend, wie am Trapez?

Phil hat mir einmal gesagt: »Ad, du weißt, ich komme aus dem tiefsten Brooklyn, und nie, nie habe ich mir auch nur vorstellen können, es könnte aus mir etwas werden. Mein größter Traum war immer der Baseball. Aber, das sieht man ja, für den war ich nun einmal zu klein geraten«, er lächelte, »später hab ich dann auf meine Weise Baseball ›geschrieben‹, ein Drehbuch für Hollywood. Und verkauft. Und«, er grinst triumphierend, »sie haben es tatsächlich mit Robert Redford verfilmt. So bin ich meinem Traum dann doch zumindest ein wenig nahe gekommen.«

New York, unvergleichbar. Ins Mark getroffen, im September 2001, durch das unauslöschliche Weltverbrechen, so hat Ad es wieder gesehen, nur noch ein trotziger Schatten seines einstigen Selbst. Bis heute noch oft, »on alert«. Ein paar Jahre danach bin ich noch einmal hin.

Wir haben das Resignment unseres früheren Präsidenten Allen Rosenshine gefeiert, als sei nichts geschehen. Im »Rainbow Room«, hoch oben im Rockefeller, und die Don-Kosaken, die gerade in der City gastierten, haben zum Abschied getanzt. Really most strange, I must say. Ad saß zusammen mit Bruce, immer noch Met und Omnicom, und auch er war verändert, wortkarg, nahezu unbeteiligt, er saß mit uns, doch war nicht dabei.

Ich habe New York nicht wiedergefunden. Weniger Leute draußen, zudem war es noch durchkriechend kalt, unbekümmerte Fröhlichkeit nirgendwo. Frierende dunkle Jungs in braunen Ballonjacken, sich wie jeden Tag bloß die Zeit vertretend, auf Schachtelkartons unter den eiskalten Sohlen, damit man die tote Zeit übersteht.

Ein paar Jahre danach schlug dann noch die Krise der Gier hinein. Das Schlimmste daran, sie kam aus Manhattan, war auch noch selbstgemacht.

Doch wie Leute vor Ort anschaulich für uns berichten, wie im »Spiegel«, Klaus Brinkbäumer im September 09, wird gottlob bereits jetzt das niemals zaghafte New York mitzitiert: »Wir haben Übung im Überleben«, so sagt es einer, der glaubt, dass New York zurückkommen wird, »solange es einen Weg zum Überleben gibt, werden wir überleben.«

Und steht damit seinem trotzigen Bürgermeister nicht nach: »Alles ist so schlimm wie noch nie – und alles ist halb so wild.«

Halb Durchhaltepolitik, halb Überlebensparole, sehr, sehr viel Wille und eben auch der New Yorker Widerstand, typisch jüdisch in seinem Humor. Die Art von Humor, so der »Spiegel«-Bericht, wie ihn Fred Austin, dem das berühmte »Katz's« auf der Houston Street in Lower Manhattan gehört, unbekümmert doch trotzig im Munde führt. Auf die Frage »Wie viele Leute arbeiten hier?«, antwortete er, »Die Hälfte.«

Unvergleichbar, New York.

On alert.

The Dollar War

Überlebenstraining

New York. 1991. Worldwide-Board Meeting der BBDO. An einem Samstag, ausnahmsweise. Die Kollegen aus den USA, aus Lateinamerika, alle da. Frankreich, England, Europa, mit Adver D. Pen und seinem CFO. Japan, heute ebenfalls vertreten, diesmal zu zweit. Allen Rosenshine, President BBDO Worldwide, und natürlich, wie immer im Zentrum, sein CFO und seine Bilanz: James Cannon oder Jim, wie du willst.

Wie in aller Regel dazu noch ein Gast, meistens ein »Guest Speaker« from outside, diesmal einer von uns, Donald, der Don, der Chief Financial Officer der Holding OMNICOM, er wird uns etwas zu sagen haben. Okay.

By the way, warst du schon mal in so einem »Board«? In Amerika? So richtig drin, so direkt beteiligt, als ein »Executive« vielleicht, so wie Ad?

Wenn nicht, dann erzähl ich dir, wie das so ist. In real.

Tough. Das ist alles, was du wissen musst. Tough. So tough, dass du es riechst. Und wichtig, es beginnt, bevor es beginnt.

Alles ist irgendwie, beachte mir bitte das »irgendwie«, es ist alles so quiet, so smooth, so composed, so peacefully staged.

Ein Coffee, ein Donut aufs Tellerchen, ein Orange Juice. Das obligate Notepad, der obligate gespitzte Pencil, das obligate Lächelwinken über den Riesentisch, »hi«, die leichte Berührung am Ellenbogen, das halblaut gemurmelte »How are you doing?« oder »Good to see you, Ad«. We are family. Doch täusche dich nicht.

Sieh besser genau hin. Denn ein jeder ist »on alert«. Unspürbar spürbar. Mach's dir bewusst. Alles steht von Anbeginn an unter Strom. Achte peinlich auf jeden Kontakt. Ein Kurzschluss, der passiert leicht.

Fühl dich niemals zu sicher. Aber tu immer so. Die Schultern lässig. Nur der Gefasste genießt Respekt. Alles lautlos, bitte. Schon leisestes Tassenklappern macht dich zum Trampel. Und alle blicken auf dich. Der Raum, immer hell, meistens warm beige, behaglich ruhig. Almost your home. So scheint's. Bleib mir nur wach.

Der President Worldwide, er hat das Wort. Nach dem obligaten Willkommen, gleich radikal zur Sache. Bei einem guten wie auch einem schlechten Jahr, umweglos:

»Gentlemen, this year stinks. Looks like a desaster by now. Let's get right into it. James has the figures. James?«

James steht schon längst, seit dreißig Jahren durch alle Wetter dabei. Urgestein. Hager. Number Crunching. Das setzt nicht an.

Die ersten Forecasts leuchten auf. South Africa in Asche. Miete frisst Business. Weak in Bogotá, weak in France, weak here, weak there. Und schneller, als du dich ducken kannst, Feuer frei.

»Come on, James, how do you explain that figure there … if you look at it carefully, top-down, it should read minus fifteen, definitely not minus five. Am I correct?«

James, ein Kopfrechner vor dem Herrn, prüft es in seinen Akten nach. Knickt ein: »Yes, you are. It actually is fifteen.«

»A lousy report, James, you agree with this too? I hope you'll have a good explanation on this later on.«

Von nun an ist der Ton gesetzt. James, so denkst du – wie oft hab ich's gedacht –, der ist so gut wie gefeuert, alle weitere Ausführung zerrissen, jedes Argument wütend zerpflückt. Tabula rasa. Bleib cool. »Immer dasselbe«, die Regel von Bruce.

Ständig sich wiederholendes Ritual. Der Präsident geschützt durch Opferlamm James. Den trifft keine Kugel mehr. Vielmehr sucht sie sich schon ein ganz anderes Ziel. Womöglich Philippe Michel, Chef des Pariser Büros, womöglich dich. Schütze dein Land, mein Freund, denn um dich herum wird es empfindlich kühl. Steht dir die Zahl nicht bei, dann bist du so gut wie schon tot, der Warnschuss gilt nicht für das nächste Jahr. Dein ständiger Feind ist das nächste Quartal. Simply deliver. Than you'll be fine.

Und beachte das Timing. Bitte. Genau. Der Fluss der Entscheidungen, er fließt ausschließlich und unaufhaltsam nach vorn. Achte mir peinlich auf das Gesetz.

Da ist so ein »point of no return«. Irgendwann hat die Familie alles gesagt. Und, dein President, er hatte das letzte Wort. Hör zu. Heb niemals mehr deine Hand. Egal, welchen Einwand du hast. Egal auch, wie gut du denkst, dass er ist. Denn der »point of no return«, er kennt keine Umkehr. Denn, das ist seine Natur.

Vorher ja, da kannst du mit allem heraus. Dann bist du ein Stück vom Prozess. Nach der Entscheidung wird nicht diskutiert. Nicht in einem Board in den USA.

Ich habe, in durchaus so einem Fall, einen Freund aus Europa die Hand heben sehen. Ich habe gesehen, wie alles erstarrte. Ich habe des Präsidenten leise Stimme gehört. Unerhört ungeduldig, doch dennoch höflich: »Giep, yes?«

Und, noch heute fühle ich alle Ungläubigkeit um den Tisch. Und, ich höre meinen Freund im Einwandseifer, einen unbezweifelt bestausgebildeten Mann, und weiß, dass er reden kann, was er will. Er spricht deutlich, doch keiner hört hin. Mein Freund, der diente für nur noch ein Jahr. Im Timing der Macht endet die Demokratie.

Ich hole mir noch einen Orange Juice, bin etwas nervös. Das Meeting ist langatmig, es ist schon zwölf, und um zwei soll ich zu einer Matinee in der Met sein. Nun ist noch unser Guest

Speaker dran, der CFO der Weltenholding, Donald, genannt der Don. Nun gut. Es wird schon noch gehen. Wenn er nicht überzieht.

Die Rechnung habe ich ohne den Don gemacht. Dabei ist Don ein ausgemacht verbindlicher Mann. Von Materialermüdung keine Spur. Er ist eben gut, das hilft eine Menge gegen den ständigen Druck, den er mitbringt, das hörst du heraus.

Dons Thema heute ist die finanzielle Performance, die »Management-Efficacy« innerhalb unserer Agenturen, die eben Auswirkungen auf das Ganze hat.

Wir stehen im Vergleich, jetzt wird es bitter, mit der Performance der beiden anderen mit uns an der Spitze konkurrierenden World Networks, die uns, hier sind die Zahlen, bitte, meine Herren, im Ertrags-Koeffizienten durch straffere Personalstrukturen and so forth, deutlich beginnen zu überholen. Don, der Verbindliche: »Das macht ein äußerst ärgerliches Bild (›lousy‹). Und ich bin hier, um Sie darauf hinzuweisen.« Er redet sich in Fahrt, der verbindliche Don. Das kalte New York tritt hervor.

Ich traue meinen Ohren nicht. Blick um den Tisch. Alle versteinert. President included. Don, der Weltbuchhalter, er belehrt uns detailliert über Management. Und, ich hör's nicht gern. Ad, Gründer von einem dieser Scheißläden, die Don gerade der fahrlässigen Schläfrigkeit bezichtigt, und, von Amerika abgesehen, auch noch der größte Contributor dazu. Ich bin noch im Jetlag, hab Termindruck und bin kein verdammter Schuljunge mehr. In der Brust, so langsam anschwellend, steigt mir die Hitze hoch. Weil es noch weitergeht in der Art.

Don, nun in Rage und in dreistester Holdingmanier, was sehe ich, er zieht den doch dafür ja wohl vorsorglich in der Brusttasche seiner Jacke deponierten One-Dollar-Buck heraus und wedelt uns, den lausigen Greenhorns, damit vor der Nase herum, damit wir die primitive Botschaft auch wirklich verstehen. Ad nestelt sich aus der Seitentasche einen grünen Buck, und es kommt, durch Übermüdung, Gereiztheit und schiere Wut, es kommt, wie es denn kommen muss. Don: »And therefore, you better should …«, und ich bin hoch. Ganz Braveheart. Ad.

Zu Beginn, trotz des Affektes, gefasst. Der Don, verstummt.

Als Erstes spreche ich im Verbindlichsten zu unseren japanischen Freunden, verbeuge mich vor Inagaki-san, ihrem Chairman, und sage:

»Ich bitte sehr um Entschuldigung. Inagaki-san, dass ich jetzt etwas tun muss, etwas, was für dieses Board ganz und gar ungewöhnlich ist.« Inagaki-san, wie auch Naganuma-san, sein erster Mann, sie verbeugen sich.

Ad, nun in Fahrt. Ich werfe Don, dem verbindlich unverschämten Oberlehrer der Finanz, meinen geknüllten Greenbuck an den Kopf, werde, gerade noch kontrolliert, wohl einigermaßen grob:

»Don, wer immer dich geschickt hat, diesen Müll kannst du dir sonst wohin stecken. Ich jedenfalls lasse mir das nicht bieten. Du nämlich sitzt nur auf deinem Job, weil da Zahlen sind, die wir verdienen. Das Business, auf dem du sitzt, sind wir. Erzähl du uns nicht, wie es geht, damit du deine verdammte Bilanz aufmöbeln kannst. Denn die Arbeit, der Service, die kreative Passion, die das ganze Geschäft, über das du hier redest, überhaupt generiert, die gesamte Substanz, die Produktion, die sitzt hier.«

Die Don-Holding steht. Auge in Auge mit Red Ad, der jetzt auf die Spitze von »Worldwide« geht, weil's um mein Weltbild geht.

> »Und überhaupt. Wie konntest du das zulassen, Allen?« Und, fahr damit auch gleich meinen indifferenten und jetzt total überrumpelten President an. Wütend, laut:
> »Ich fordere den Präsidenten dieses Boards auf, zu diesem unerhörten Auftritt Stellung zu beziehen. Dies jedenfalls ist nicht meine Vorstellung von der Kultur unserer Company. Also bitte, Allen.« Ich geh ihn direkt an: »Für uns alle, ich fordere eine Antwort von dir.«

Ad. A paragon of self control. Verbeugung nach Japan.

Ich setze mich, noch außer mir, wieder hin. The Board-Room-War.

Beiger Board Room im Schock. Keiner hat Ad bisher so erlebt. So ungewohnt laut noch dazu. Don, er hebt die Hand, will was sagen, aber Allen, unser Präsident, winkt ab und sagt: »Zunächst einmal, Ad, ich gebe dir recht. Da ist wohl etwas unglücklich gelaufen. Don hat es wahrscheinlich nicht so gemeint«, er will vermitteln, was sonst kann er tun. »Das Meeting ist ohnehin beendet, und wir sehen uns ja heute Abend noch.« Zu mir: »Tut mir leid, Ad. Wir reden noch.«

Aufbruch in allseits aufgemischter Manier. Auf dem Flur kommen die Partner, »Well done, well done«. Philippe, mein Freund von der CLM, der französischen Agentur, ein weltkreativer Kopf, er legt seinen Arm um mich.

»Weißt du, ich schäme mich. Ich hätte auch aufstehen sollen. Dann hast du es gemacht. Das war superb.«

Ich bin noch recht heiß. Auf siebzig, vielleicht. Die Leber? Wer weiß. Rase zur Met, bin noch so gerade in der Zeit, benutze den Seiteneingang fürs Personal. Direkter Zugang zum Präsidenten der Met, Bruce Crawford, der gleichzeitig Chairman der verdammten Holding ist, die gerade versucht hat, uns das Fürchten zu lehren.

Bruce, erst General Manager, nun Met-Präsident, er empfängt mich herzlich. Wir mögen uns. Ich sehe, den großen Schreibtisch, den hat er herausgeräumt. Die Desk-Arbeit, die macht nun sein General. Täfelung, wunderbar tonige japanische Wandfüllungen, wandhohe Spiegel, ein Traum. Mein Freund, die Unschuld selbst.

»Du kommst gerade vom Meeting? Wie war's?«

»Ich weiß nicht, ob du es wirklich wissen willst. Ich hatte einen, na, ziemlich heftigen Auftritt mit Don.«

»Hat er etwa diese Inter-Ad-Rede gegeben? I've warned him not to do.«

Ach, mein Braver. Frag doch nicht, woher er das weiß. Wie ich ihn so ansehe, meinen Bruce – ganz Chinese –, nichts abzulesen von seinem Gesicht. »Don, heiz ihnen ein. Wir riskieren's einfach. Mal sehen.«

Also, nun, weiß er's. Tief innerlich amüsiert. »Amazed«, was ihm nur noch selten passiert. Nichts imponiert ihm mehr, als wenn einer die Guts hat. Mit Intelligenz. Ein Meisterlenker. »Life is a negotiation«, das ist von ihm.

Das Board-Meeting, es bebt noch bis hier. Ich fühl mich gut. Die Matinee, die hab ich vergessen. War sicher okay.

Am Abend, Black Tie. Unser Hundert-Jahre-Jubiläum. Großer Ballsaal vom Waldorf Astoria. Und auf der Bühne, was glaubst du? Ray Charles: »Have a Smile With Me«. Abendthema, was meinst du? Der Hauptfight. Don gegen Ad. Sieger nach Punkten? Vergiss es. Es ist alles okay.

Tausend Leute, doch unvermeidlich, läuft auch der Don dir über den Weg. Handshake. »Have a Smile With Me.« Ad, so verbindlich, ganz wie auch er. Du hast doch nichts anderes erwartet, nein?

Ein Punkt ist ein Punkt. Im Forum besonders. In einem Board. Ich führ es dir aus, wenn du willst.

Da ist eine Diskussion. Strategische Fragen, Mergers oder Acquisitions, something of that kind. Du redest mit, du bist gefragt. Und du weißt, es geht nicht um Blech. Es geht um die Lösung. Um die Idee. Und um den Jackpot. Den Gewinn.

Und auf einmal ist da dieser Moment, nachdem du dich gerade im Fokussiertesten ausgequatscht hast, der Moment, in dem dein Präsident plötzlich vor allen anderen mit dem Finger auf dich zeigt und ohne einen Anflug von Zweifel sagt: »I think, Ad has a point.« Das ist, ich sag es dir, im Lande des freitreibenden Wettbewerbs das magische Sesam-öffne-dich.

»He has a point.« Vom Vice President zum Executive. Die Leiter, eine Sprosse hinauf. Vielleicht auch zwei. Es ist ein Torschuss, den keiner vergisst. Der eine feste Grundstein deiner Relevanz. »He has a point.« Die Medal of Honor for Excellence. Und eben jedes Board, ein Prüfstein deiner Beständigkeit.

Ray singt »America The Beautiful« und »Crying Time« aus

den Sechzigern. Meine Frau und ich sitzen mit »den Japanern« am Tisch. Besonders gern, weil da eine große innere Beziehung ist, anders als bei den meisten unserer amerikanischen Freunde. Da schwingt Pearl Harbour noch immer mit.

Diese Beziehung zwischen Japan und mir, die ist nicht so einfach erklärt. Vielleicht entstand erste Nähe durch das Studium des Design, durch die Begegnung mit der Endform der einfachen Lebensform. Mit der Tatami-Matte als einer bemessenen Disziplin. Der kaiserliche Katsura-Palast, ein Landhaus nur und doch, nach Bruno Taut, »ein Ding der Ewigkeit«.

Öffnest du dich, so bist du eben verloren, verfällst einer »Sprache jenseits der Worte«. Vielleicht wie Bernhard Kellermann oder Lafcadio Hearn. Wer kann die närrischen Neigungen denn schon gänzlich erklären? Die Sumi-Drachen, wenn sie auffeuchten aus dem Papier?

Inagaki-san tuschelt mit Naganuma-san, der für ihn ins Englische übersetzt. Naganuma-san wendet sich lächelnd zu mir und sagt, während beide sich verbeugen:

»Inagaki-san bittet mich, Ihnen auszurichten, Pen-san, dass er die ›Situation‹ im Board-Meeting von heute Vormittag durchaus versteht. Er sagt, er versteht, dass Sie so handeln mussten. Und er hat mich auch gebeten, Ihnen seinen Respekt zu übermitteln.«

Ich sehe Inagaki-san an, der jedes Wort verfolgt hat und wohl auch versteht, ich deute ihm eine dankende Verbeugung an. Er erwidert sie, aufmerksam und ernst. Vom natürlichen Ritual versteht sein Land so viel mehr als wir hier.

Ich bin irgendwie erinnert an die tief emphatische Anschauung eines mir nahestehenden Weltmannes der Geisteswissenschaften, Manfred Osten. In einem seiner Werke, »Die Erotik des Pfirsichs«, das die intimen und überaus vielschichtigen Befindlichkeiten des modernen literarischen Japan beschreibt, findet sich zu unserem Thema eine eindringlich verständige

Hypothese von einem »in den Japanern immer noch schlummernden Zustand potentieller Kriegsführung«, die Hypothese des »von Konvention und gefälliger Form überdeckten Erbes der Samurai«.

Inagaki-san. Ein so zurückgenommener, zierlicher, formvollendet erzogener Elite-Manager der neuen Wirtschaftszeit. In seinen Augen, denke ich, sehe ich lächelnden Stahl. Musashi mit Ad. Hagakure. What a day.

Wer sich weit vorbeugt, verliert leicht den Stand. Auch das bedenke ich, auf der Reise zurück. Aber es kam nichts mehr. Bruce.

Erst weit später, beim fälligen Abschied vom Board, zwei große Bilder auf Seide, japanische Kampfeskunst. Mein Laden, der hatte Allüre.

»Have a Smile With Me.«

I'm still wondering, kind of. Who the hell took my buck?

Als Entschädigung vielleicht, Unsinn, nein, zu meinem Sechzigsten, da hat Bruce uns, meine Frau und mich, zur Premiere von Verdis »Un Ballo in Maschera«, der Eröffnung der Herbstsaison der Met, zu sich in seine President Box eingeladen.

Und nach dem Spektakel, es läuft gut drei Stunden, zur spätnächtlichen Soirée, zu Ehren des unvergessenen »Big P«, des großen Pavarotti, der den gewaltigen Titelpart sang. Überwältigend, ein Kraftakt par excellence. Im Mezzanin der geräumigen Met, große, reich dekorierte Tische in Gala, weiß, vierhundert Auserlesene, die Crème de la Crème New Yorks.

Jetzt wird einmal so richtig geprahlt, Herrschaften, was hatten wir einen Auftritt. Als alle schon sitzen, kommt – mit uns im Schlepptau, bedacht als Letzter – der Gastgeber, Bruce President mit Madame Chris, nickt, wo er nicken muss, nach rechts und nach links, versammelt ist die ganze Potenz aller Sponsorships, Black Tie und große Roben, wie Leuchter glitzernder Schmuck, auch meine Teuerste, sie trägt an einer langen Kette ein eigenes selbstgestaltetes »P« aus Gold. Wir schreiten gelassen zum großen Zehner-Tisch, der natürlich im Zentrum steht, und kaum dass wir plaziert sind, bricht ein tosender Jubel aus. »Er« kommt, allein, Auftritt »Big P«, alle erheben sich, da kommt er an unseren Tisch, gewichtig, langsamen Schritts, bleibt stehen, verbeugt sich und wirft Kusshände.

Halbwegs nur abgeschminkt, doch noch in vollem, brokatbesticktem Kostüm, Luciano Pavarotti, der eine Jahrhundert-Star, von einem Ozean erregter Begeisterung getragen bis an uns heran.

Ich sitze so gut wie direkt neben IHM, nur Chris, Wife of the President, ist plaziert zwischen uns. Es scheint fast, als dampfte er noch im Schweiße der Energie. Aber er lächelt, ist gänzlich natürlich, ohne einen Hauch von Allüre, einfach ein italienischer Sänger, ist erschöpft, aber doch glücklich, fast wie ein Kind.

Ad spürt es direkt. Du sitzt inmitten des Kraftfelds äußerster Kunst. Da ist eine Aura von elementarer Potenz, und ich denke, ein jeder hier an der Tafel ist davon erfasst, tief innen berührt, so wie du selbst.

Der Stimmenpegel im Mezzanin hat sich gesenkt, der Service macht sich geschäftig, die Emotion gleitet über in leise Konversation.

Meiner Frau schenkt Big P sein blendendstes Lächeln, als er sieht, wie sie mit beiden Händen, ganz wie ein Kreuz, das »P« hält, und mit Grandezza hebt der große Mann, ein gänzlich galanter Bär, für sie sein Glas.

Seltsam, denkt Ad, so nahe an ihm, da sitzt in all seiner Bedeutungsschwere dieser mächtige und doch rührende Hochleistungs-Star, noch immer in seinem Affekt, der Herrscher über alle Opernhäuser und Stadien in aller Welt, und unterhält sich mit einfach nur völlig harmlosen Witzchen aus seinem Heimatmilieu, um zumindest ein wenig die Spannung zu lösen, singt zwischendurch leise für sich zarte Parlandi, horcht, fühlt, ob sein Werkzeug, die Stimme, gefügig noch bei ihm ist, und ich denke, noch, ausgenommen den ersten Jubel, noch ist keiner gekommen, um ihm zu gratulieren, zu danken, auch keiner an unserem doch fast schon privaten Tisch, zwar in der gelöstesten

Heiterkeit, auch hier, wie seltsam, denkt Ad, auch hier, so direkt an der Möglichkeit, hat sich persönlich niemand erklärt.

Ach, »immer dasselbe«, denke ich, die Leute, selbst diese gewandtesten hier, sie verstehen nichts.

Künstler, sie tanzen, sie schuften, sie spielen, sie singen für Lob.

Selbst der Tausende Male gefeierte Star aller Welt, er will, Menschenskinder, er braucht Bestätigung, das Bedürfnis unstillbar stets, Leute, so sagt mir endlich, »wie war ich denn?«

So einer, der so viel gibt, wird niemals satt. Wie ein Kind.

Also, sage ich, und lehne mich so ein wenig vor:

»Maestro, if nobody here does speak it out, I will. Allow me to express what I feel by heart, Sir, namely how unbelievably strong and deeply touching your voice has been, overwhelming, it was simply great.«

Und, seltsam, da akklamierten sie alle am Tische mir zu, und so war es dann eben so, Luciano, das immerzu spendende Kind, er war, so wie ich eben, auf ähnliche Weise gewiss berührt, ich bin mir sicher, die Augen, ein wenig feucht.

Und, der unsterbliche Pavarotti, der schwere Mann, er erhob sich leicht und er strahlte vor Glück. Und, so feierten wir ihn noch weiter, bis tief in die Nacht.

Beim Abschied legte er seinen Arm um mich. Pavarotti. Und, er sagte, was heute nur mir gehört.

Pavarotti, Pavarotti sagte zu mir: »It was a pleasure to meet you, Sir.«

Denk dir deinen Teil. Für mich bleibt es ein rares Geschenk.

O Dio mio, ich wollte doch selber mal Sänger sein. Da ich nun mal schon am Ausplaudern bin, zehnmal bin ich in den Caruso-Film, um Mario Lanza zu hören. Das letzte, das allerletzte Konzert vom großen Gigli, das habe ich noch gehört, erste Reihe, der Maestro leibhaftig vor mir. Da war dieser Lebenstraum, doch einmal im Leben nur die sagenumwobene Met zu sehen. Und als das Unerreichbare später dann wirklich geschah, da war das Lincoln Center bereits gebaut. An den Aufgängen die beiden riesigen, poetischen Fresken eines musiktrunkenen Marc Chagall. Junge, hat der sich wohl amüsiert.

Vom Dollar War in die Met, danach ins Waldorf direkt zu Ray Charles.

Have a smile with me, my dear friend. Erlaube dem alten Ad einmal das Sentiment. Ohne das große Gefühl zuzulassen, da wird so recht nichts aus dir.

Ads Tischkärtchen, von Luciano Pavarotti rückseitig signiert

Chairman

Prüfungen

Ans Karrieremachen habe ich nie gedacht. Dem Kreativen liegt das wohl irgendwie fern. Du gehst ganz auf das »Zeug«, das du machst. Gestalter-Ehre, die allein zählt. Du bist immerhin »Partner« von Anfang an, du hast die Anfänge überlebt, also, was soll schon sein. Natürlich weißt du noch nicht, wer du bist. Weil du nichts anderes kennst. Und nichts vermisst.

Aber – das lernst du schnell –, manchmal überfällt dich die Zeit. Mitte der Siebziger, ein Partner-Primus, Willi Schalk, geht zur BBDO nach New York, wird Chief-Operator weltweit, der Vorsitz in Deutschland wird vakant.

Der Präsident aus New York, er fliegt selber ein, Führungsfragen haben die volle Priorität.

Es wird getagt, gemeinsam und auch geheim. Irgendwie kommt man auf mich. Einem kam es wohl eher gelegen, das wird mir ziemlich bald klar: »Schickt ihn ins Feuer, dann überlebt er nicht.« New York und die Partner, sie denken, der macht's.

Und ich? Ich willige ein! Und wieso? Was sagt dir, dass du es kannst? Richtung geben, mit Sachverstand?

1975, Gespräch mit Bruce Crawford, CEO BBDO International, anlässlich des Führungswechsels in Deutschland.

Eines lerne ich schnell. Es ist so einfach wie wahr. Du wirst kein Chairman, wenn du's nicht bist. Es bleibt keine Zeit, um irgendeine Theorie zu studieren. Das Amt konfrontiert dich. Sofort.

Bewährungsproben. Vermassle sie besser nicht. Nicht gleich am ersten Tag. Ab heute, jetzt oder nie. Und, jetzt heißt sofort.

»Der Herr M. fragt, ob er Sie sprechen kann. Er sagt, es ist dringend.«

»Er kann gleich kommen. In ein paar Minuten bin ich so weit.«

Herr M. ist inzwischen Partner bei uns. Mir war er eigentlich eher fremd. Ich denke, er hat das gespürt. M. steht einer Unit vor. So ist die Agentur im Moment konstruiert. Ganz unabhängig von M., ich werde das ändern, so schnell ich kann. Von Separatismus halte ich nichts.

M. kommt. Er begrüßt mich verbindlich, nicht mehr, kommt gleich zur Sache.

»Aus vielen Gründen denke ich, dass ich in der Agentur wohl kaum eine Zukunft habe. Mit anderen Worten, ich möchte gehen. Ich habe das, so gründlich ich kann, überlegt. Und ich denke, dass mein Entschluss mit Ihren Vorstellungen wohl kaum kollidiert.«

Er sieht mich an, blättert in einem Papier. Ich bleibe gelassen, kenne M. als guten Verhandler. Viel Zeit verliert der nicht.

Ich mach es ihm sachlich nach: »Womöglich haben Sie recht.«

Ich weiß, damit sind die Fronten geklärt. Und nun packt er aus und sein Dossier gleich mit. Er stellt Forderungen en masse, über den Vertrag hinaus, und redet mich zu: Jahrelange Leistung für erheblichen Zugewinn, sofortige Freistellung. Vergütung von Urlaubszeit, eine mächtige Abfindung für den gewissermaßen erzwungenen Schritt und so fort, eben ein ganzes Paket. Die Begründung seiner Anwälte für jedwede Forderung en detail gleich dabei, macht summa summarum soundsoviel, alles unterschriftsreif, er schiebt's mir herüber, »Hier, dann haben wir's hinter uns, hier, das Papier.«

Hat alles im Griff. Selbstgefällig, leaned back. Nicht, dass er grinst, so ungeschickt ist er nicht, er hat nur diesen kaum merklichen Zug um den Mund. Er setzt eben nur auf die Überrumpelung, auf das Überraschungsmoment. Das Chairman-Greenhorn wurde über den Tisch gezogen und merkt's nicht einmal.

»Ich bin sicher, dass Sie verstehen.«

»Verstehe, Herr M. Wirklich. Sehr gut«, sage ich. Schinde Zeit. Vor Wut ist mir sehr kalt.

Ich sag's mal ganz offen: Der Gambler hat seine Karte im perfekten Moment ausgespielt. Der wusste, mit solchen Sachen hatte ich vorher nie was zu tun. Also erwischt er mich auf dem falschen Fuß. Ich muss überlegen, bin ausgereizt. Hab im Moment keinen Trumpf. Hab ich nicht. Der weiß das. Selbstgefälliger Hurensohn.

Aber in der Sekunde sammelt sich in mir die ganze geladene Konzentration, das kenne ich, aus dem kreativen Prozess.

M. sitzt, wartet und genügt sich gönnerhaft selbst. Ich sehe ihn an, und auf einmal weiß ich es, weil ich muss.

Ich weiß, dass ich entscheide. Ich weiß, dass es alleine an mir ist. Ich weiß, es ist jetzt zu tun, und ich weiß – wie purer Wodka durchschießt es dich –, ich weiß absolut, dass ich Chairman bin. Nach nun fast vierzig Jahren erinnere ich den Moment, als wäre es jetzt.

Ich schiebe ihm seinen Zettel ungelesen herüber und sage zu M., meinem gewandten Partner und fremden Freund:

> »Hier, M., ist meine Antwort und keine sonst. Stecken Sie Ihre Papiere alle sorgfältig wieder ein. Es gibt keine Verhandlung mit mir. Nur eines:
> Wir erfüllen den Vertrag. Mehr nicht.«

Erst starrt er mich ungläubig an. Ich starre zurück. Dann, ohne ein Wort, nimmt er sein ganzes Zeug und geht.

Ich sitze noch einen Moment und denke, so fühlt sich Führung an. Du bist Chairman oder du bist es nicht. Scheint nur eine kleine, persönliche Sache zu sein. Eine Unpässlichkeit. Ich weiß nicht, ob du's verstehst. Für mich war es die offene Tür. Für jede Gestaltung danach.

Schon am nächsten Tag, sonst schwimmen die Felle doch weg, erscheint gleich sein Kompagnon. Das kreative Alter Ego von M.

Er nutzt die Gelegenheit, für Aufstieg und Kohle zugleich.

> »Schön«, hab ich zu dem gesagt, denn ich kannte ihn viel zu gut, »sehr gern, überhaupt kein Problem.« Ich sag ihm, »Wenn Sie wollen, dann habe ich einen Vorschlag für Sie. Gleich morgen Vormittag in dem großen Besprechungsraum, da stellen Sie mir doch bitte alle Ihre besten Arbeiten der letzten Zeit an die Wand. Das ist doch am einfachsten. Und so, an der praktischen Anschauung, entscheiden wir dann.«

Er scheint mir ein wenig verstört, antwortet aber: »Ja, gut, wenn Sie das wünschen, dann mach ich das so.«

Und verschwindet.

Tatsächlich, buchstäblich so. Denn am nächsten Morgen, statt der vereinbarten Präsentation, liegt seine Kündigung auf meinem Tisch.

Ich wusste, zu zeigen hatte der nichts. Der gehörte zu den Kreativen, wie sie sich in einem großen Laden oft lange halten, durch Fach-Eloquenz und einfach nur hochgeredete Marketing-Kreation.

Das war mein zweites, ein früh sich festigendes Chairman-Gefühl. Mich hat das Feuer wohl eher gehärtet, was wusste ich schon. Einige hat es vielleicht überrascht, einen allzu wohlmeinenden Partner schon auch. Der ging später. Die Lichtung, für zwei zu klein. Alpha-Gesetz.

»Highlander – Es kann nur einen geben.« Du kennst doch den Film? Das ist auch das Chairman-Gesetz: Vorgeben, dass du nicht sterben kannst. Jedenfalls, keinesfalls früh. Sitz immer mit dem Rücken zur Wand. Und erinnere stets deinen alten Freund Al. Al Capone.

> »You can get much farther with a kind word and a gun than you can with a kind word alone.«

Die Sache muss getan werden. Das bleibt.

Ich erinnere einige solcher Geschichten. Eine dritte Skizze von Chairman-Erfahrung füg ich noch an. Die »Ripley-Affäre«. Sie hat einen ganz speziellen Hautgout.

Der talentierte Mr. Ripley, er war von gänzlich anderem Kaliber als der gerade skizzierte Typ. Ripley Allround, uns anempfohlen von unserer Muttergesellschaft in New York, Account Supervisor der Extraklasse, Zauber-Presenter aller Marketing-Eloquenz, ein jungenhaft dicklicher Vorzeige-Sympath, gläubiger Utah-Mormone von höchstem IQ.

Fließend im Deutschen wie im Italienischen und Französischen, dazu schon akrobatisch im Mandarin. Ripley, kein Tropfen Alkohol, nur Cola Light, wie eine Philosophie. Ripley war ein kosmopolitischer Star.

Für unsere Haare-Weltmarke Wella brauchten wir einen

überlegenen Mann, ausgewiesen im gewandten Tanze auf internationalem Parkett. Ripley, of course, er war right away unser Mann. Sofort akzeptiert als Fachgaukler jedweden Fachs. Ripley, er unwiderstehlich allround.

Im Privaten gleich heimisch, der Kinder sechs, sang er, der Tenor, jeden Freitag Chöre von Bach, war eingemeindet, ganz wie zu Hause in den USA, polyglott, polyglatt, polynett, Freund aller Welt, und fachlich, da reichte so leicht keiner an ihn heran.

Da kannst du dich glücklich schätzen in dem Gewerbe, wenn du so einen hast, einen, der jeden um seinen Finger wickelt, wie er nur will, beflissener Dienstleister ersten Ranges, Mädchen für alles und jedes, unentbehrlich und, was denkst du, entsprechend schon fast unbezahlbar zugleich. Doch seine Bucks, die schien er uns sogleich wert.

Ad konnte mit ihm. Weil er so lächelnd unwiderstehlich war. Dass er es allzu sehr wusste und manchmal eben auch durchscheinen ließ, das war eine andere Sache. Doch nicht minder bemerkenswert. So lief alles gut, gleich von Anfang an.

Ripley, bei uns ebenso wie in unserer restlichen Companywelt ein allseits bemerkter Superstar im Abrakadabra-Gewerbe der Illusionen und tausendcoloren Benefits. Ripley, der trickreiche Copperfield des Marketing, überschüttet von Beifall, fast schon zu überaus nett, stets eine Cola Light zur Hand.

Ad war ihm bei der Arbeit nah. Das kam, weil ich nahe am Chairman von Wella, Peter Zühlsdorff, war, mit dem mich Respekt und Verständnis, alle Business-Offenheit und später auch Freundschaft verbanden.

Natürlich ist so ein weltweites Business, wem sage ich das, in seiner Natur hochkomplex. Natürlich steckt in dem Wunsch nach Selbstbestimmung der Wella-beauftragten Länder oft ein entsprechender Eigensinn und damit zugleich auch Problem.

> »Löcherstopfen gehört zum Geschäft, schick deinen Ripley hin, sag ihm, du stehst voll hinter ihm«, sagt mein Wella-Chairman, »erst wenn all eure Stricke reißen, greife ich selber ein.«

So etwas gibt es nicht überall und ist ein rares Vertrauensgeschenk. Wenn du klug damit umgehst, kommst du sehr weit.

Das Homeland der Haare, das Headquarter von Wella bei uns im Land, hat ebenfalls seine Eigenart. Product Management von Vielfalt und jedweder individuellen Couleur. Auch hier gibt es mal Eigensinn, Beharrung und Widerstreit. Das ist normal. So ein Gewerbe, es strotzt von Natur aus von verschiedener Anschauungsart. Auseinandersetzung gehört wie des Gebetes Amen zum Tagesgeschäft.

Und schon ist da ein Problem. Ad, mit dem Fall befasst und letzten Endes dem ersten Manne von Wella verantwortlich, ruft eine Krisensitzung ein in unserer Agentur.

Das Problem ist eine Kampagne für ein neues Color-Produkt, sie ist vom Klienten en detail vorgedacht, von meinen Leuten, Ripley voran, nachgerade erzwungen pflichtgemäß umgesetzt, und sieht, verzeih es mir, Scheiße aus. Wegen seiner ganzen banalen Marketingsteife hass ich das Zeug.

Ich sag meinen Leuten: »Damit ihr mich recht versteht, dies wird ein Powerplay.«

»Altmann«, der Produktmanager von Wella, und ich, wir mögen uns nicht. Er will das Zeug gegen mich durchsetzen, aber ich lass es nicht zu:

> »Versteh mich ein jeder hier recht. Wir ziehen diese Kampagne zurück. Ich entscheide und verantworte das. Schiebt einfach alles auf mich. Ihr aber, ihr seid bitte so nett und arbeitet mir eine neue aus, eine, die Anstand hat, Chic und Allüre, eine, die ich dem Chairman von Wella guten Gewissens vorweisen kann. Damit wir uns recht verstehen. Ich wiederhole mich, weil es so einen krassen Fall wohl noch nie gab. Ich sage Nein für die Agentur, und alle Folgen gehen auf mich. Ihr macht einfach nur eine gute Alternative. Das alte Zeug hier wird nicht mehr gezeigt. Es wird nicht mehr gezeigt! Habt ihr mich alle und wirklich verstanden?«

Sie nicken brav und ein wenig erschrocken wohl schon, sie verderben es sich mit ihrem Klienten, und vor allem mit Altmann, na ja, mit dem gibt es wohl irren Knatsch.

Und überhaupt, wieso ist der Ad so stur? Jetzt macht der hier den totalen Druck. Nun gut, er ist die Agentur. Also, mal sehen, was läuft.

Ripley, er macht bis zuletzt auch Einwände.

> »Also, man kann doch noch einen Kompromiss ausarbeiten, Ad, ich bitte dich.«
>
> »Nein, Ripley, hier, das musst du endlich verstehen, hier gebe ich keinen Schritt nach, und ich verlange das auch von euch.«

Schließlich geben sie Ruhe. Man trennt sich mit ernstem Gesicht. So einen Ärger, den hat man gern. Ich seh ihnen nachdenklich nach. Ripley fragt: »Was eigentlich hast du gegen den Altmann, Ad?«

Ich antworte nicht, seh ihn nur an. Er wendet den Blick, schnappt sich sein Zeug und geht. Hier ist nicht sein Amerika. Da gibt's im Geschäft kein Widerwort.

Fünf, sechs Wochen vergehen, und in der Zeit hab ich an anderes zu denken. Ich vergesse den Fall, bis ich wieder mit zu Besuch bei Wella bin, um dort den Chairman zu treffen. Er versichert mich ausdrücklich und unaufgeregt leise nochmals – für den Fall der Fälle – seiner uneingeschränkten Unterstützung.

> »Pass auf«, inzwischen duzen wir uns, »wenn deine Leute bei uns auf Widerstand stoßen, dann sollen sie nicht klein beigeben. Wenn es hart auf hart kommt, dann sollen sie es auch hart durchziehen und es auf einen Eklat ankommen lassen, verstehst du? Es muss richtig knallen, sonst kann ich nicht eingreifen. Denn wenn ich es tue, dann brauche ich einen Case. Sag ihnen das. Ich hol euch da schon heraus. Ich will, dass ihr meine Leute führt. Da ist noch viel zu tun. Mit weichem Getue helft ihr mir nicht.«

Weißt du, wenn du dieses Gewerbe kennst, dann verstehst du die rare Gelegenheit. Vertrauen und Backing.

»Zieht euer Zeug durch. Ich steh hinter euch.« Das ist beispiellos. Unerhört. Das heißt, der Gewerbe-Bückling ist unerwünscht. Gefragt ist Charakter. Und, deine Führung ist ausdrücklich zugelassen. Ich denke, vielleicht ist dieses Gewerbe schon zu verdorben, als dass es an eine solche Chance noch glaubt.

Vor der Rückfahrt treffe ich auf ein paar meiner Leute vorm Haus. Auch Ripley, »Hi, Ad«, ist dabei. Und durch einen Zufall finden wir beide uns auf dem Rücksitz des Automobils, das uns nach Hause bringt.

Da sage ich zu ihm:

»Ripley, sag mal, ich glaube, es ist schon so circa sechs Wochen her, und ich habe gar nichts mehr gehört von diesem Altmann-Case. War denn da keine Präsentation? Und wenn, dann hast du gar nichts gesagt darüber. Es ist doch sicher gelaufen, oder? Wie also steht's?«

Ich merke, Ripley wird's irgendwie unbehaglich. Schwitzt er womöglich? Ich denke, was ist?

Er schnäuzt sich zuerst umständlich, der Kragen wird ihm wohl eng, dann sagt er:

»Ach, hab ich's dir nicht erzählt? Also, ich dachte, du wüsstest es. Es ist natürlich so gekommen, wie ich gesagt habe. Klient ist Klient.«

Ich, noch unaufgeregt: »Ripley, red nicht herum, wo steht die Sache?«

Ripley: »Also, der Altmann hat natürlich die Kampagne gekauft, die er von Anfang an wollte. Wir konnten nichts tun.«

Ich denke, ich höre nicht recht.

»Ihr habt keine Alternative gezeigt?«

»Ja, doch, natürlich, genau wie du gesagt hast.«

»Und ihr hattet die Altmann-Kampagne nicht mit?«

»Na ja. Also, du wolltest ja nicht, dass wir sie vorstellen. Aber«, nun windet er sich, »ich weiß auch nicht wieso, da stand so eine Mappe an der Wand, da sahen diese Pappen heraus, und der Altmann hat die sofort gesehen und gesagt, ›also, gebt mir die noch mal her‹. Und dann hat er gesagt ›Genauso machen wir es. Wunderbar. Wieso nicht gleich‹.«

Lange Pause. Ripley sieht unbehaglich aus dem Wagenfenster hinaus. Schöne Landschaft. Kühe. Im Auto ist's still. So wie in Ad. Heiß wie ein Reaktor, bevor er schmilzt.

Sanft sagt Ad, der alles versteht: »Natürlich ist man dagegen machtlos.«

»Ja«, antwortet Ripley und sieht beinah schon dankbar aus.

Ich frage noch: »Wie kam denn die Mappe dahin? So an die Wand? Offen. So gut zu sehen. Weißt du's? Hast du vielleicht eine Erklärung dafür?«

Ein Seufzer, so ehrlich, wie Jauche duftet.

»Keine Erklärung, nein.«

»Und die Agentur hat nicht protestiert? Und du? Hast du nichts gesagt?«

»Er hatte entschieden, Ad, was sollte ich denn da tun?«

Ich sage sehr leise: »Ich denke, du weißt es. Aber, ich denke auch, für heute ist es genug. Irgendwann reden wir noch.«

»Ist gut, Ad. Okay.« Entspannter Rest der bequemen Fahrt. Gesprochen hat keiner mehr.

Zwei, drei Tage danach – auch ich habe mit niemandem gesprochen. Nicht mit meinem Managing Director, dem Ripley direkt untersteht, nicht mit New York, das Ripley im Rücken hat, nicht mit unserem Financial Director, nicht mit Ripleys Partner, dem Wella Creative Director worldwide, nein. Ich habe nur Ripley noch einmal gesprochen.

Ich wähle mein Sekretariat. »Ob Sie wohl Ripley bitten, kurz einmal zu mir zu kommen?«

»Natürlich, ok.«

Ein paar Minuten, und es klopft an der Tür. Superstar Ripley, »Hi, Ad, how are you? Anything I can do for you?«

»Absolutely. You can right away leave the house. You are fired.«

Ripley, der gewandte Mappenjongleur, der sehende Gaukler unter den Blinden, er tut verständnislos.

»What do you mean?«

»Ripley, du weißt, was ich meine. Du bist dir selbst zum Opfer gefallen. Du hast geglaubt, du bist verdammt so viel intelligenter als wir alle. Du hast geglaubt, du weißt verdammt so viel besser, wie man ein solches Geschäft führt. Und du hast geglaubt, dass es keiner merken wird. Auch ich nicht.«

Ripley ist blass und rot zugleich, aber sitzt still. Ich sage:

»Du bist gefeuert wegen Illoyalität. Du hast mich persönlich desavouiert. Und du bist ein ganz gewöhnlicher Feigling.«

»Ad, ich habe Familie. Kinder. Das kannst du nicht machen. Ich mache das wieder gut.«

»Am besten, indem du wieder zurück nach Amerika gehst. Intelligent genug bist du. Hier jedenfalls ist kein Platz mehr für dich.«

Er steht auf und geht.

Nicht, dass ich es gern erzähle. Ich erzähl es dir nur, weil es Führung ohne Führung nicht gibt.

Lässt du die Dinge gehen, tanzt dir der Laden auf deiner Nase herum.

Der talentierte Mr. Ripley aber hat Pech gehabt. Weil Ad sich entschlossen hatte, kein Tanzbär zu sein. Das hatte er nicht erwartet. So einer glaubt, er komme überall durch. Harmlos im Kirchenchor, gläubig mit Cola Light.

Ad dagegen, der glaubt, ein Chairman, der bei solcher Art nur die Achseln zuckt, der steht neben dem Stuhl.

Ripley bewarb sich neu in den USA. Eine Jobagentur rief mich an und befragte mich. Ich sagte denen: »He's the most intelligent and versatile man you can find.«

»And what about his capabilities to lead?«

Und ich: »I'm sorry, but I really don't know.«

Auch der gewandteste Tänzer wird einmal von seinem eigenen Taumel erfasst, wenn er durch Führung scheinbar gedeckt, durch eitle Gewandtheit verführt, mit Hilfe der Position den eigenen Nutzen sucht.

Ad macht hier das Angebot einer Nachbetrachtung, einer Überlegung, die sich – nicht allein spielerisch – in die derzeitige, vom »Enron«-Fall angestoßene Diskussion über den Werteverfall der Managerprofession einmischen will. Denn Ad hält es mit Abraham Lincoln: »Es hilft nicht, die Starken zu schwächen, wenn man die Schwachen stärken will.« Und, Ad will ebenfalls ausführen, dass nicht die Systeme zu blamieren sind, sondern, dass die Sache nur einfach getan werden muss.

Das Ganze, das lief so um 2004, als ich längst schon als Chairman »retired« war und allein mein Büro betrieb.

Die große Weltwirtschaftskrise, die hat sich in Deutschland schon früh angezeigt. Mit Opel fingen die Sorgen um den Ruin schon 2004 in einem Standort wie Bochum an. Du erinnerst die Bilder der Demos noch.

Bald danach, weit dramatischer schon, da brach die Flut der Finanzen-Not über Karstadt herein. Interviews über Interviews im Fernsehen. Blasse Vorstände in verwirrter Erklärungsnot, glücklich, dass stets im Vordergrund die Gewerkschaft ihr Sprachrohr war. Die Belegschaften, in ihren Interviews, verzweifelt, entsetzt.

Ad kannte die Karstadt-Vita schon vom engagierten Berufe her und fand das früher stattliche Waren-Haus markenhaft und in seiner Anziehungskraft miserabel, das heißt, veraltet geführt.

Irgendwie bleibst du dein Leben lang wohl nostalgisch naiv. Ich muss hier gestehen, ich habe mich mit der Not der Leute gänzlich identifiziert. Die blasse Undifferenziertheit dieser stocksteifen Vorstände, sie hat mich rasend gemacht. Nicht meine Vorstellung von anpackendem Management.

Ich habe mich hingesetzt und dem Warenhaus-Vorstand geschrieben, ich böte mich an, beratend und machend zu helfen, meine Erfahrung einzubringen, wenn er nur wolle, der Vorstand, pro bono und einfach nur selbstverständlich, aus der

Identifikation mit den Leuten statt herumzusitzen mit Ideen im Kopf, wie man mit kräftigen Handgriffen womöglich einfach nur helfen könnte, eine Entwicklung zu stoppen, die, fast wie der Reichstagsbrand, übers Land noch andere Feuer entzünden könnte.

Nun ja, du siehst, Gaukler und Gambler, von mir aus auch Narr, aber Gestalter, verdammt, für die Gesellschaft wohl auch, also, vielleicht vollziehst du's ja nach, so hat Ad es eben gemacht.

Dieser Vorstand, er antwortete mir. »Ja, danke, wir kommen darauf zurück, aber verstehen Sie bitte, wir haben im Moment viel zu tun.«

Du glaubst es nicht. So stand es geschrieben. Lies es noch mal. Ich war doch ziemlich schockiert. Auch wütend. Na ja, selber schuld. So und nicht anders geriert sich Misere. Für Hilfe hatte der keine Zeit.

Dann riefen sie den Herrn Dr. Middelhoff. Die Geschichte, die kennst du wohl. Der Herr Dr. Middelhoff war mir von früher durchs Fach, Gesellschaft und wissenschaftliche Arbeit bekannt. Ich hab ihm berichtet, und er kam in mein Studio und hat sich entschuldigt fürs Haus. Er selbst sei dort ja noch neu und würde eine Beratung persönlich wohl gut gebrauchen können. Zu gegebener Zeit würde er, Middelhoff, sich bei mir melden. Er schien mir zugänglich. So irren selbst alte Hasen sich. Denn, von ihm habe ich, ganz wie du, später nur über die Presse gehört. Rühmliches nicht. Nur verblasene Raterei.

Von dem, was du heute hörst, dem »Oppenheim Komplott«, wie das »manager magazin« schreibt, und dem Ruin des Imperiums Schickedanz, macht Ad sich heute ein besseres Bild. Und, warum zwischen uns nichts zustande kam.

In unserem Gespräche habe ich dem Herrn Dr. Middelhoff nämlich meine eher weiträumige Auffassung von wirklich wirksamer Beratungsarbeit erklärt, und, dass es mir wichtig erscheine, auch – und das persönlich – von Frau Schickedanz direkt von ihren Plänen zu erfahren. So habe ich gläubiger Dummkopf mir selbst den Beratungsweg zugebaut. Und bin heute froh darüber. Ich wollte ja Sache erbringen und nicht über Sümpfe waten. Womöglich Hausarbeit über Banking machen, während Häuser und Leute leiden. Ich versteh wohl was anderes unter Management. Nämlich, die simple gerade Art.

Die Art, die eben auch mein talentierter Mr. Ripley so dreist unterlaufen hat und dafür bezahlen musste. Wie Mr. Forster von Opel wohl auch und der vieltalentierte Mr. Dr. Middelhoff auf seiner hochfahrenden Yacht aller Windschlüpfrigkeit.

Ad, Moralist, du meine Güte, so weit käme es noch. Wenn ich von Ripley bis Middelhoff den Bogen schlage, dann nur, um dich teilhaben zu lassen, an den gespielten Wahrheiten des Kapital-Managements und dem Hintergrund ihrer Gambler-Finesse.

Alles nur Spiel. Aber, verzocken sollst du dich nicht. Wenn du Chairman sein willst.

Hinzufügen will ich nun doch, damit du kein falsches Bild gewinnst, dass du als Chairman nicht bloß den Ordnungsdienst machst. Nie darfst du vergessen, dass du vor allem kreativ zu sein hast. Für das gute Gefühl des »Ladens« und deiner Leute und, Himmel noch mal und dringlich genug, für deine eigene Gesundheit im Kopf. Ich denke, es ist nicht zu viel gesagt, dass Ad sich stets und mit Nachdruck um den Stil seines Hauses gekümmert und es eben auch ausgestaltet hat mit einiger Kunst. Deshalb will ich dir hier noch meine Geschichte mit Keith Haring erzählen, Jesus Keith, dem besessenen Spiderman einer ikonographischen, neuen Kartographie der Welt. Gestalte, wenn du Chairman sein willst.

---

23 Jahre ist es nun her. Zwei Jahre danach hat er geschrieben: »When I die there is nobody to take my place.«

Keith kam am Freitagabend um sechs und ging am Samstag um vier. Das Bild war fertig. Und hier ist unsere Geschichte.

Späte Achtziger. Wir hatten gerade neue Büros bezogen. Düsseldorf, Bahnstraße, Ecke Königsallee. Ein eher nüchterner

Bau aus den 50er Jahren, ein großer Empfang, leere Wände. Ad wollte ein Bild. Aber nicht irgendeins.

Immerhin machst du Kommunikation, bist ganz ordentlich gewachsen, doch schon recht ambitioniert, international und eng mit New York.

Also, du berätst dich mit deinen Partnern, aber viel überlegen müssen wir nicht. Wir wollen Keith Haring. Helge Achenbach, umtriebiger Kunstberater, er macht uns den Deal. Viel Umstände gab es nicht. Nur ein einziges kurzes Gespräch.

Keith fragt mich, ob wir irgendwelche Vorstellungen hätten, und ich sage ihm, ja, aber vor allem Vertrauen. In seine Kunst. Und der würden wir keine Vorgaben machen. Keith antwortete: »That's fine with me«, und er käme dann bald mal vorbei. Und als er da war, ging's auch ohne viel Umstände los. Tour Parforce. Fast die ganze Zeit war ich dabei.

Keith, das war schon scharf, der hatte das weiße, grundierte Bild, riesig, so circa sieben Meter mal dreieinhalb, total umfassend im Blick. Ich sag dir, ich weiß, was das heißt.

Er fing links oben an, mit seinen »bold, sure lines«, fließend, in gänzlicher Übersicht. Unerhört. Bei dröhnendem Rock. Und mit Coke.

Rhythmisch, besessen, vergessen, Kriechstil, flächengliedernd, wie in Trance konzentriert. Wie Monet auf der Leiter und Spiderman. Ein jeder staunt.

Du denkst, du siehst einen Woody Allen der Comic Art, aggressives Brooklyn im schlagend, tropfend beherrschten Strich, Baryshnikow, fliegend mit der Musik. Ein Schlaks von äußerster Energie.

»Art is for everybody«, hat er gesagt und, verdammt, direkter, unmittelbarer, erzählender kann es nicht sein. Sprache durch kommunikatives Design. Wenn einer sich mitteilt, dann er.

Meine Leute sind alle dabei, Kinder kommen von der Straße herein, direkt auf ihn zu. Sie verstehen ihn, unverkrampft und intuitiv. Ein Menschenfänger, denke ich, eine Art Jesus vielleicht, auf ikonographische Art. Durch Zeichensprache. Die

Botschaft als Logo. Verkörperter Zeitgeist. Und sein Jünger, so kommt er mir vor, mit dem Hütchen auf, unten, vom Boden aus zureichend, er assistiert. »Closer, my Lord, to thee.«

Am Freitag, nur das lineare Geflecht. Am Samstag setzt Keith die Farben hinein. Mit Boombox Blaster und neuem Sound. Für den Duktus, den auch die Farbe braucht, damit sie sich immer bewegt.

Es wurde ein großes Bild. Vielgestaltig vernetzte Kommunikation. Ein kleines hat er für mich noch gemacht. Das hat jetzt mein Sohn. Ein lebendiges Zeichen von Keith.

In New York hab ich ihn noch besucht. Keith und ich haben Bücher getauscht, meins war das von mir gestaltete Japan-Buch von Reinhart Wolf, und wir haben bei einer Coke so ein bisschen erzählt.

Keith war ein ausgebildeter Graphiker, so wie ich, und zuerst hat er es bei Disney versucht. Aber es habe bei ihm mit den Bambis überhaupt nicht geklappt, sagte er grinsend, es wären halt immer bloß so eckige Monster herausgekommen. So kam sie wohl durch, die nach außen drängende Haring-Natur, sie brach sich Bahn, in den Postern und Logos des Haring-Stils, »primitive« Ikonographie, die totale Entsprechung einer global zerrissenen Zeit.

Ich sage dir was. Neben manchen, die du so siehst, in ihren Coats of Celebrity, dieser hier war ein Künstler, ein Herz und ein Kind.

Ich habe ihn sehr gemocht. Er war ja schließlich auch Kalligraph. Gaukler, Gestalter und Narr.

And now, there is nobody. To take his place.

The Accident

Die ungewollte Revolution

BBDO, Worldwide Meeting. Ein paar Hundert aus der Welt. »Hi, Xavier.« »Gianni. Hi.« »Anne, how are you?«

Einschwörung der Familie. Corporate Culture genannt. Schulung auch, Begegnung und Abgleichung. Immer woanders. In Sydney. In Phoenix, Arizona. In Palm Springs, Nevada. In Rom. An der Alster in Hamburg, wo sich im Sommer 1990 unser weltweiter Laden trifft.

Immer lebhaft. Ohne ein Lächeln, ohne die erlebte Übereinstimmung, da läuft im Networking so gut wie nichts.

Kelly, vom Headquarter in New York, eine alerte Latina, sie befehligt die bunte Parade der Kompanie. Alles straff und durchorganisiert. »Hi, Kelly.« »Hi, Ad.«

Am ersten Vormittag, nach den Eröffnungsreden, präsentiert sich Europa. Ich will dir gleich sagen, Ad hat kein gutes Gefühl. Ich will nicht zu intim werden, du wirst schon verstehen.

Unser Chairman, Europa, ein amerikanisches Schwergewicht, »aus einigen Gründen« seiner nicht sicher, auch eben des europäischen Zuspruchs nicht, hält einen Teil seiner Rede, etwa die Hälfte. Die andere Hälfte seines eigenen Textes, die halte ich. Das hat eine Vorgeschichte.

»Ad, bitte, tu das für mich. Ich weiß, da sind ein paar Leute, die gehen nicht mit. Wenn du das machst, werden sie auf dich hören. Ich bitte dich.«

»Beim besten Willen, das geht doch nicht. Es ist dein Konzept. Wer sonst als du soll dafür kämpfen? Du weißt, ich tu alles für dich. Aber das nicht.«

»Ad, aber du musst. Du stehst für Europa, so gut wie ich. Besser. Ich hab auch Xavier gefragt, aber er hat es strikt abgelehnt.«

»Und nun fragst du mich? Guter Gott, es ist doch allein dein Konzept. In aller Offenheit, mein Freund, ich selbst habe ja auch meine Fragen dazu. Wie kann ich dann glaubhaft über etwas sprechen, über das Europa noch kontrovers diskutiert? Sag's mir. Wie soll das gehen?«

»Ad, ich weiß das alles. Meinst du, es fällt mir leicht? Du musst das tun. Tu es für mich. Überdenke es wenigstens noch einmal. Ich rufe dich morgen an.«

Also, das ist die Vorgeschichte. Und, ganz wider besseres Wissen, gebe ich Dummkopf, Gaukler und emotionaler Narr am Ende aus reiner Freundschaft nach. Es wird Folgen haben, weit mehr als ich mir in dem Momente ausdenken kann. Ein Fehler! Ein gänzlich unverzeihlicher Fehler. Noch heute bereue ich ihn.

Vielleicht muss ich leider doch sagen, worum der Streit nun eigentlich ging. Damit du verstehst, warum die Sache so kontrovers lief, so unbegreiflich daneben war.

Es konnte ja keine Kleinigkeit sein. Also, wenn es denn sein muss, es ging um unseren 5-Jahres-Plan. Das Europa-Geschäft. Das wäre ja weiter nicht schlimm. Wenn einer sein Gewerbe durch und durch kennt. In all seiner Unwägbarkeit, die nur du alleine einschätzen kannst. Nach Wahrscheinlichkeit. Wenn überhaupt.

Wenn einer aber tatsächlich nach Zahlen extrapoliert und am Ende dein Wachstum mit einem Logarithmus fixiert, das Mathematikgenie, dann stellt sich die Grundsatzfrage, ob du nun willst oder nicht: Versteht der überhaupt etwas von dem Geschäft?

So also war's. Und so kommt es wie immer. Wie's kommen muss. Das Dilemma. So ist sein Gesetz.

Nach meinem Freund also, nach einem »Break«, übernehme ich, wie zugestanden, den zweiten Teil. Ich mühe mich um mein Bestes, aber du spürst es im Auditorium, es springt nicht an. Ich bring's nicht rüber, weil ich's nicht glauben kann.

Ich führe Gedanken aus, die nicht meine sind. Spreche, aber ich rede nicht. Das Ganze nur Quälerei. Für alle, nicht nur für mich. Gegen Ende überkommt mich nur Wut. Auf mich selbst. Auf das Ansinnen und eben auf die nachgiebig törichte Einlassung.

Ich lese nur ab, was da noch steht. Und sage am Ende, in einer Aufwallung von unkontrolliertem Affekt: »Also, ich habe das nur wiedergegeben, aus Pflicht. Der Rest liegt bei euch.«

Verlasse in Hitze das Pult. Nur raus. Und dann kommt's.

Ich schildere dir, wie das geschieht mit dir. Ohne Plan, ohne irgendeinen Hauch von Kalkül. Dein Gefühl sagt dir nur, dass du es nicht mehr willst.

Nach all den Jahren sehe ich es noch genau vor mir. Ich lehne allein an einer kalten Säule der Lobby, der Rücken verschwitzt, hoch aufgebracht. Urplötzlich steht Philippe Michel vor mir, Chairman unserer französischen Partner und Starkreativer par excellence. Philippe:

»Was sagst du?«

Ich antworte: »So geht das nicht mehr. Philippe, ich denke, ich mache das nicht mehr mit.«

»Mir geht es genauso. Ich will es auch nicht mehr.«

»Was machen wir jetzt?«

»Pass auf. Wir rufen die Partner zusammen. Die stärksten sechs. Geh du schon auf dein Zimmer. Wir kommen nach.«

So langsam merke ich, was gerade passiert. Ohne, dass du für das Gefühl etwas tust, tut es was mit dir. Da vollzieht sich ein

Umsturz. Ein Putsch. Wie ein Dammbruch. In vollem Affekt. Es reißt dich mit. Du stehst neben dir. In einem Gefühl ohne Wahl.

Kaltes, rasendes Denken in hohem Fieber erhitzt, es stürzt dich den Niagara herunter, den Kopf für den Tod bereit voraus, denn nur so geht's. Der Aufschlag, entweder – oder, egal. Und, schießt du im Irrwitz noch hoch aus dem Wasser, dann merkst du, du fließt und wirst selber zum Sog.

Du fühlst dich wie in einem Run. Ich weiß, wovon ich rede, denn ich habe es selbst schon erlebt. Genauso fühle ich mich, als ich da stehe. Wie damals im Madison Square Garden, 1976, am 28. September, beim Kampf des immer noch großen Muhammad Ali gegen Ken Norton.

Die Agentur hatte dort damals noch eine Box. So etwa sechs Leute vom Board of Directors waren mit mir dabei.

Es war einer der letzten Kämpfe von Ali, und man muss sagen, es war ein lausiger Fight. Das war nicht der Ali, dessen Genie alle noch einmal erleben wollten, und zudem verdarb ein humorlos verbissen schlagender Norton uns allen den ganzen Spaß. Er traf einen verbrauchten Ali zu häufig und hart, es lief zur Enttäuschung der buhenden Halle ganz auf einen Punktsieg von Norton hinaus. Die Menge gelangweilt, um alle Erwartung gebracht.

Bis, ja bis dann, hör genau zu, in den letzten dreißig Sekunden der letzten, der zwölften Runde die Wende kam. Und mit ihr die Elektrizität. Ali, mit zweiter Luft, hatte Norton unausweichlich in eine Ecke gestellt und schlug und schlug mit klatschender Wucht auf ihn ein. Norton hilflos, praktisch technisch k.o., und Ali, er schlägt.

Du hörst es im Rhythmus bis hoch hinauf und dann fällst du, ob du willst oder nicht, mit ein in den einen besessenen, rhythmischen Schrei, »Kill him, kill him!«, mit jedem Schlag, »Kill him!«. Ich, wir alle, außer uns schreien wir mit, ich realisiere, wie ich im Rhythmus »Kill him!« mit der Faust auf die Brüstung schlage. »Kill him!«, in Rage und Schweiß, bis endlich der Gong ertönt, Ali die Fäuste hochreißt in letztem Triumph, Norton, geschlagen, sich in die Ecke schleppt und wir uns, die Herzen noch rasend vor Adrenalin, zurücksinken lassen. Was war?

Ungläubig über das, was uns im Blutrausch und Run der Masse überschwemmt hatte, wie eine heiße Woge von rasender Lust, oh, Mann.

Oh, Mann. In der Limousine danach zum Hotel, von keinem auch nur ein Wort. Nur Unglauben und unaussprechliche Scham. Du warst im Auge des Hurricanes. Und egal ob unverdient, Ali gewann.

Du erlebst, was du sonst niemals erlebst. Das andere Leben in dir. Die Ausnahmesituation.

So ähnlich, ziemlich ähnlich, so unausweichlich hab ich mich wohl gefühlt, so elementar egal, als ich dort in dieser harmlosen, nichtsahnend feinen Lobby eines Hotels im verhaltenen Hamburg mit dem Rücken zu einer Säule stand und diese Revolution in mir war.

Philippe bringt Xavier für Spanien, Giep für Holland, Gianni aus Rom und Lars aus Stockholm. Alles geht rasend schnell. So wie auf Knopfdruck eine Matrix erscheint. Alle einig: Der amerikanische Vorsitz, er muss für Europa weg. Wir übernehmen uns selbst.

Es geht ohne Plan, wie von allein. Revolutionen berauschen sich an sich selbst. Also, sofort, wer macht es? Wer übernimmt? Unisono, entweder Philippe oder Ad.

Philippe sagt, so überlegt wie spontan: »Ich bin für Ad. Was sagt ihr?«

Ohne auch nur ein Gegenwort, es sind alle dafür.

»Ad, willst du es machen?«

Und ich höre, wie Ad sagt:

»Wenn ihr meint, dass ich es tun soll, okay.«

»Perfekt«, sekundiert Philippe und denkt sofort an Worldwide: »Wir müssen es Allen sagen, ich schaffe ihn her.«

Allen Rosenshine, der Präsident, kommt, aus allen Wolken gefallen, um die Nase recht blass.

Wir konfrontieren ihn mit den »Facts«. Er widerspricht nicht, er fragt eher in Bestürzung nach und ist sprachlos, auf eine gewisse Weise, so überrumpelt von dem ganz unvermuteten, dem geballten, schon wütenden Widerstand.

Allen, derartig in die Ecke getrieben: »Also, nun gut. Ich geb mein Okay. Ich habe offenbar keine Wahl, muss aber sofort mit ihm selbst sprechen. Das wird ein hartes Stück. Ich will nicht, dass er jetzt und überhaupt von der Fahne geht. Ich hoffe, ich krieg das hin.« Und ist weg.

Die Europa-Putschisten mit sich allein.

Philippe zu mir:

»Ad, für deinen COO habe ich einen Vorschlag für dich. Nimm Salim. Er ist der beste Mann. Ich kenne ihn gut und verbürge mich.«

Ich kenne Salim nicht wie er, aber ich sage, ohne zu überlegen: »Ich dank dir, Philippe. Sehr gut. Das mache ich. Ich vertraue dir.«

Für seinen Verzicht gibt er mir seinen Mann. So redet er indirekt mit. Es geht alles in einer Art Rhythmus, sehr schnell, aber du verstehst, ohne zu denken, von selbst.

Wir stehen nun, und es gibt Schulterklopfen und Gratulation. Verrückt. Ein Umsturz, so schnell wie ein Augenblick. Mal durchatmen wäre nicht schlecht.

»Geh'n wir noch schnell zum Lunch.« Zum Coup ein kaltes Sorbet. Gar nicht so übel, Che.

Allen ist nicht zu sehen, hat jetzt eine schwierige Zeit. Bittere Botschaft verschlägt Appetit.

Der Nachmittag vergeht irgendwie. Noch nie hat es so etwas gegeben bei uns. Hat es denn jemand gewollt? Ich hab's dir gesagt, ich sicher nicht. Ich erinnere nur dieses vor Tagen noch undefinierbar ungute Gefühl. Das war der Druck auf den Damm. Der dann brach.

Ad, Chairman Europe. Ein Putsch, aus Unmut und Wut. In der Sache, tatsächlich für Identität.

Am Abend große Zelt-Festlichkeit. Dinner and Drinks.

Hamburger Schmuddelwetter, es regnet nach Strich und Faden, nach allem fühl ich mich ohnehin, nun wie schon, wie durchgeweicht.

Ad, ausgerechnet, muss wieder sprechen, diesmal einen eher betrübten, in seiner Form aber lebhaft amüsanten Toast, zum Abschied unseres Freundes Willi Schalk, der uns auf eigenen Wunsch nach langen Diensten, größten Verdiensten besser gesagt, verlässt.

Beifall über Beifall, und alles, so scheint es, nach einigen Drinks, es hat sich so langsam gelöst.

Ich setze mich zu Bruce Crawford. Er flüstert mir zu: »Superb.«

Das, Freunde, nur so ergänzt, erläutert, wie man manchmal durch Umstände mancher Art, auch eben Unart, zum Chairman wird, einfach mal kurz vor dem Lunch.

Die besten, die allerbesten Leute, die sind eben manchmal nur einfach am falschen Platz.

Allen, mein Präsident seinerzeit, der hat es sich nie recht verziehen, dass er nicht dagegengehalten hat, dass er sich überrumpeln hat lassen, dass er die stolze amerikanische Flagge so kampflos gestrichen hat. Natürlich sind wir noch heute Freunde. Es ist ja nur, dass die Geschichte ein ziemlich langes Gedächtnis hat.

Und, falls du dich fragst, ob denn unter Ad dann alles gut lief, nun ja, ich hab's immerhin auf über zehn Jahre gebracht, also war es doch wohl okay.

Klar gab's auch Druck. Machtanspruch und »politischen« Widerstand. Was denkst du?

Plötzlich, so zehn Jahre später, du riechst es, ist da einer, der Ansprüche stellt. Inzwischen spielt bei der BBDO auch das Royal Empire mit, und siehe da, die Europahasser, die Briten ausgerechnet, sie stellen die Führungsforderung in New York, auf hochfahrend näselnde Weise, jedenfalls schamlos massiv.

Ad, Salim, das Pariser Büro, es steht unter Druck, am Ende meldet sich Allen an. Es wird, das ist Ad klar, ein hartes, finales

Grundsatzgespräch. Angloamerica vs. Europe. Die Frage wie immer ist, wer gewinnt.

Ich denke, die haben es für sich durch. Unsere Karten stehen definitiv schlecht, der CEO, er bemüht sich selbst. Das Schwierigste ist, wie sagt er es seinem Ad, dem Partner und Freund, dass er eingeknickt ist. Unter – ausgerechnet – britischem Druck.

Hat es mir einer gesagt, etwa gesteckt? Geflüstert vielleicht? Nichts da. Da war kein Hauch. Das Gefühl für das, was wohl läuft, musst du selber haben.

Nun, wie soll ich es sagen? Ad, ganz einfach, legt seine Rüstung an. Im Infight ist Ad ein verdammt harter Hund.

Ich bespreche den Kampfablauf mit meinem COO Salim. Ich sage, wir geben nicht einen einzigen Millimeter an Boden preis. Ich sage, wir filibustern. Wir machen ihn mundtot durch eine dichte Präsentation. Zwischen die kein Blatt passt. Schon gar kein Kommentar. Wir dokumentieren den Arbeitsumfang, den Arbeitserfolg und die Ziele in Arbeit dazu. Den ganzen verdammten Tag durch. Wir geben unserem Gast und uns keinen Break. Während wir a tempo dokumentieren, werden nur Häppchen gereicht, damit keine Pause für überflüssige Fragen und schon gar nicht für die Statements entsteht, die unser Freund im Gepäck und auf seiner Zunge hat.

Salim, im Affekt, er macht unsere Sache dicht, satt, eng und brillant. Unser oberster Freund kommt nicht zu Wort. Die Spannung steht zäh, der Tag wird länger und länger, einfach erschöpfend lang.

Da wir nur zu gut wissen, um was es geht, lassen wir unserem Lobbyisten der britischen Führungsgier nicht den Hauch einer Chance. Entsteht bei Salim eine Pause, und Allen will rein, gehe ich dazwischen, mit entschiedener Stütze und Übergangsargument. So also ziehen wir's durch.

Wir ziehen's durch. Ich sage dir, wir ziehen es derartig hartleibig durch, dass du durch Erschöpfung, Überraschung, Beeindruckung sicher auch, praktisch zusehen kannst, wie des CEOs geplanter, der abgesprochene Plot in ihm erschlafft und in sich zerfällt. Die Entschiedenheit hat ihr Werk getan, hat die Sache zermürbt.

Mann, war Ad wütend. Hab's nicht gezeigt, sondern gelächelt, wie ein Japaner im Schmerz.

Ich sage dir, mit keinem Wort kam der Plot je zur Sprache. Auch später nie mehr, nicht nur an dem Tag. Unser Freund, er musste schließlich zum Flug. Artigkeiten, ansonsten kein Wort, nur sprechende Augen. Denn ein jeder wusste warum.

Na ja. Das war Ads »Accidental Journey« durchs Führungsland. Ich ging dann später, zu meiner Zeit. Von mir selbst bestimmt.

And Britain?

Well, – that's what I hear – it indeed rules the waves of Europe by now. But, I swear, it never will rule the Continent.

Apart from Snooker.

With its fabulous Chairman of Elegance, Ronnie O'Sullivan. To him, I take my hat off. Credit where credit is due.

Gaukler, Gambler und Gestalter.

Someone like me. Who feels like him. A risktaker in control.

Ami de l'Europe

Eskapaden der Lebensart

Es war in den Siebzigern, als Ad pro bono, wie es sich bei derlei Sachen geziemt, eine ganze Serie von Anzeigenmotiven gemacht hat für den VDZ, den Verband Deutscher Zeitschriftenverleger, als Nachweis natürlich, für die Wirkung von »Print«. Es gab auch das eine oder andere »Europa«-Motiv für das Momentum der europäischen »Einigung«. Damals schon.

Die Sache wurde in Straßburg auffällig. Das war nett, und am Ende, was willst du, gar ehrenhaft. Auf der schweren Medaille, die Ad bekam, stand:

»Ami de l'Europe.«

Seitdem ist Ad ein Freund Europas. Eben auch offiziell. Aber, ich war's ohnehin. Von Geburt. Die Großväter aus Prag und aus Split. Die Großmütter aus Budapest und Wien. Und Ad, das Licht Europas erblickt er in Zagreb, besingt den nationalen Stolz, »crven, bijeli, plavi, to je barjak pravi ...«, von Geburt an nicht reinrassig und schon gar kein verengter Nationalist.

Viel später, durch die üblichen Wechselfälle umhergespült, tatsächlich Chairman unseres besonderen Gewerbe-Europa, entschädigt durch allerlei Grenz-Eskapaden und Gauklerspiel. Das

Geschäft, es bringt Erfahrungen mit. Schon früh. So kommt die Jungfrau zum Kind.

In den frühen Jahren der »TEAM« besucht uns überraschend ein großer Name aus Frankreich, Vittel. À la bonheur.

Bei uns in Deutschland ist der selbstverständliche Umgang mit den stilleren Markenwässern eher noch haushaltsfremd. Unser Sonderkommando, die »Special Team«, nimmt sich der natürlichen Quelle gern an.

Vittel, sie möchten am liebsten gleich national gehen, auf Risiko, mit nur einer einzigen, doch ziemlich banalen Million Mark.

Ads Freunde, vor allem Willi, der unsere Special Force unter sich hat, sie raten von der recht unterbemittelten Investition ab, doch konstruktiv gut schlagen sie eine vernünftige Alternative vor, zu uneigennützig weniger Geld.

Ein Testmarkt in Darmstadt, für nur einhunderttausend, der reicht. Voilà, Messieurs, der gibt euch Orientierung und Daten für eine fundierte Zukunftsplanung genug. Geraten, getan. Mit Erfolg.

Es ist nur ein Testspiel. Natürlich. Die European League, die ist noch weit. Aber selbst in unserem Gauklergewerbe ist ein sichtbar uneigennütziger Rat immer noch etwas wert.

Tatsächlich, es folgt als eine Chance nach guter Arbeit – immerhin sind wir noch ziemlich grün – die Einladung zu einem »Pitch« in Paris. Magnifique. Der ganze Etat, ein großer. Ein Gewinn, mon Dieu, nicht auszudenken, der wäre ein Coup.

Wir setzen auf »Win« und es kommt. Le Team im Schock. Es sind die Etats, die dich in die Expansion schieben. Vite, vite, wir brauchen ein Bureau in Paris. Gleich gründet Willi Team France, über Nacht.

Ich weiß noch, in der schmalen, schönen Rue de Berri, gegenüber dem Lancaster. Großer Stil. Ein Typ von uns, französisch liiert, führt uns das Ding. Und macht tatsächlich wirklichen Gewinn.

Doch in diesem noblen Geschäft ist immer Bewegung. Aber das weißt du ja nun. Und eine jede Art von Gambling gehört dazu.

Also: Monte Carlo wird unser Problem. Der Chef de Réclame von Vittel, er hat sich verzockt und das hoch. Setzt uns in bester Gabin-Manier, Geld oder Etat, direkt die Pistole auf unsere Brust. Ein lernfähiger Schüler von Al Capone: »You can get much farther with a kind word and a gun than you can with a kind word alone.«

Junge, das muss Ad dir nicht sagen, ein aufrechter Deutscher spielt da nicht mit. Er läuft zum Chef. Brav und naiv. Zum Glück hängt der nicht uns, sondern seinen Zockerfilou. Gaukler, Gambler und Gestalter, du erinnerst dich. So heißt der Film.

So behielten die tapferen Teutons ihren Etat und befestigten Wall um Wall, bis Monsieur Vittels Tochter die Bühne betritt.

> »Schluss mit lustig«, heißt die Komödie, und die Hauptrolle, die spielt sie.
>
> »Papa, isch heirate … Roux. Er kommt zwar aus der Werbung, aber, isch liiebe ihn serr. Papa! Isch weiß auch schon ein Hochzeitsgeschenk. Papa! Du schenkst uns Vittel. Papa, machst du das? Ach, isch liiebe disch so.«

Dieses Gewerbe, mein Freund, ist immer läufig, so irgendwie.

Was tust du also, wenn du so gänzlich entzückt, ach, einen so schönen Etat gewinnst?

»Celebrate fast«, sagt Bruce und hat recht. Alles fließt. Und immer zu schnell. Vittel, unsere unversiegbare Quelle, ist weg. Papa, merci bien! Merci.

Nach Jahren gewinnt Philippe, für CLM, das ist sozusagen die BBDO France, Vittel gegen seinen Freund Roux, seinen Nachbarn auf Korsika, für eine ganze Reihe von Jahren zurück. Der Freundschaft schadet es nicht. »Vive le changement!«

Von Vittel in Darmstadt aus spinnt die europäische Spinne ihr

Netz. Bis Paris. Du musst nur langbeinig genug sein. Und zwar im Spiel, nicht auf der Bank. Im Casino der Gambler schon. Setz nie auf »Zero«. Immer auf »Win«.

Aber in bella Italia, da hatten wir nie viel Glück. Als die kleine verwegene TEAM, avanti dilettanti, haben wir es (viel zu früh) auf eigene Faust versucht. Mit Dario Visin, einem verwegenen Haare-bis-auf-die-Schulter-Typ, ein Mastroianni mit rotem Ferrari und perfekt teurer Villa in Weiß, alles Fellini, du weißt nur nicht, wann gearbeitet wird an unserem Set, amico mio, o santa semplicità, was waren wir noch naiv.

1972, so etwa, schrieb die »Bild«:

»Italienischer Werbemann erschießt den Liebhaber seiner Frau.«

Mamma mia. Che tragedia! Es ist, wer wohl? Natürlich Dario. Unser Freund. Der Pate von TEAM Italia. Lord Chatterley, er erschießt nur den Gärtner seiner Frau. Ein dummer Zufall, wahrscheinlich. Wie kam es dazu?

Die Recherchen und die reich ausgeschmückten Aussagen ergeben, dass alles ein Versehen war. Darios Ferrari, sonst unübersehbar vor seiner Villa, er war nicht da. So kam dieser andere Typ, zudem gnädig hereingelassen, nur mal so vorbei.

Dario, sein Ferrari musste in die Werkstatt, kommt (»ich komme später«), allzu spät (wieso eigentlich?), mit dem Taxi in dunkelster Nacht. Er betritt die entweihte Villa und sieht, wen wohl, den Einbrecher sicher, und knallt ihn – durch das Dachfenster – ab. Trifft den Flüchtigen genau in den Rücken. Der Gärtner, tot. In Wahrheit, Signoras Pferdepfleger, von offenbar vielseitigem Pflegetalent.

Vor Gericht wird zunächst der Besitz der Waffe geklärt. Ein Waffenschein findet sich leider nicht. Ein Gewehr ist das Corpus delicti, eine amerikanische Remington Arms. Von seinem Waffen-Klienten ausgeliehen, erklärt Dario händeringend, nur so zum Test. Du verstehst.

Dennoch ist Dario dran. Unser Hauptdarsteller vom TEAM Italia.

Doch Unerhörtes geschieht, vielleicht, weil er selbst von dem Geschäfte der Wundermacher ist. Hör hin:

Ein kluger Richter setzt Ausgleich vor Recht. Denn der dreiste Reiter-Galan hinterlässt Frau und Kind. Mittellos.

Also, sagt unser Salomon, wenn du Hurensohn, Dario, ins Gefängnis verschwindest, was du verdienst, dann hat die arme Familie rein gar nichts davon. Wenn du dich aber reuig zu ihrer Unterstützung bereit erklärst, dann ist der menschlichen Gerechtigkeit zumindest etwas genuggetan, und ich lasse dich laufen. Es liegt bei dir.

Nun ja. So hat unser Dario, der lockige Liebling Fortunas, am Ende dafür bezahlt. Für die Fahrlässigkeit, den Liebeslohn seiner Frau.

Die Agentur, ein leckendes Loch im italienischen Stiefel unserer Europa-Bilanz, das erst nach Jahren der Mühen durch BBDO Italia gestopft wird.

Als Ad dann, weit später, Chairman von Europa wurde, hat er, gegen allen italienischen Charme, der teuren Lässigkeit ein Finale duro gesetzt.

Unser damaliger Partner, eleganter als Dario noch und dazu eng mit Bruce und derart gestützt, hat in der intelligenten Grandezza seiner geborenen Natur nicht wirklich glauben können, dass er stürzen könnte, er, der Gewandte, auf dem glatten Parkett seiner artistischen Abborracciatura, was die Schlampigkeit ist. Er hat bezahlt, ganz so wie Dario, sich selbst in den Rücken geschossen, mit der lächelnden Hilfe von Ad. Weil die Sache getan werden muss. Weil die Bilanzen nicht ewig geduldig sind und so recht keine Spielchen verstehen.

Europa ist eine Projektion. Und, wie du siehst, es ist klug und äußerst ratsam, du hast eine Flinte zur Hand. Doch drückst du mal ab, dann musst du lächeln.

Du bist ein Ami de l'Europe. Friede auf Erden. Und wer's glaubt, wird selig.

Wie schon gleich zu Beginn und mit Bedacht gesagt, es geht nicht um Aufrechnung, nur um Bericht. Klienten sind auch nur

Menschen, fehlerhaft, doch meistens und grundsätzlich einfach patent. Die Ausnahme von der Regel, die gibt es in unserem Gewerbe natürlich auch. So ist die Regel. Dass es Ausnahmen gibt.

Das unglaubliche Gewerbe, meistens Schauspiel, oft auch Lustspiel, Zirkus, großes Theater, manchmal nur Scharade. Die eben auch.

Unsere nächste Scharade, sie spielt in Barcelona, die Proben, sie dauern Wochen, unsere europäischen Partner, sie laufen Kür, Ad, Ami de l'Europe, verantwortlich, er führt Regie.

Inszenierung einer Werbe-Oper für die Marke »SEAT«, ein Wettbewerb gegen den Etathalter vor allem, eine eingesessene spanische Agentur mit offenbar recht »persönlichen Bindungen« zum Haus. Du verstehst.

Die Hauptrolle, sie wird gesungen von »El Zalamero«, dem Schmeichler, der Titel der unrühmlichen Oper, zu Ads ewiger Schande, er lautet, nun ja, »Der Würger von Barcelona«. Muy lamentable. Lo siento mucho. Musik. Vorhang auf.

Eine »europäische« Kampagne zu machen, ist, das muss man verstehen, eine ganz neue, spezifische Disziplin. Vergleiche es gerne mit der EU.

Die Briten, sie goutieren von außen nichts, La France, es verteidigt seine Grandeur, Deutschland, das fremdartige Wesen, es vermittelt sich durch Tüchtigkeit, doch Polen, wie seinerzeit Chruschtschow, es schlägt mit dem Schuh auf den Tisch. Die Iren, sie steigen ganz aus. Thank you, so much. Inzwischen, gottlob, auch sie dabei.

Das »Europäische Haus«. Ein Gedanke auf tönernen Füßen. Und auch in unserem Zusammenhang eine unbeantwortete Frage, so wie sie Tom Wolfe als unser Gastredner seinerzeit im Waldorf Astoria bei unserer Jubiäumsfeier in New York gestellt hat.

Tom Wolfe stellte diese Frage im Hinblick auf den Zusammenbruch des sowjetischen Kommunismus, den er den »Golden Moment« der westlichen Demokratien nannte, und erzählte dazu, als eine herausfordernde Parabel, die folgende Geschichte:

Die Geschichte, sie handelt von einem dieser typischen lauten Business-Lunches, in unserem Falle gegeben von einem der großen amerikanischen Magazine, das es sich zur Tradition machte, von Zeit zu Zeit außerordentliche Gäste einzuladen. Der Ehrengast war in diesem Fall wiederum – das ist ein Zufall oder keiner – der Abt eines japanischen Zen-Tempels, hager und in Schwarz gekleidet, also der gelegene unübersehbare Kontrast zu der eloquenten Üppigkeit der Gastgeber.

Am Ende des Lunches nun wendet sich der Herausgeber des Magazins an den Zen-Abt und sagt (ich darf das im Originalton wiedergeben):

> »Well, are there any questions you would like to ask us about our magazine?«

Worauf der Abt fragt:

> »Yes, I have one. Why do you publish it?«

Danach sind die Gentlemen ein paar Minuten unter Schock, das Editorial Board steckt die kollektiven Köpfe zusammen und berät sich einigermaßen erhitzt. Schließlich rafft sich der Chefredakteur auf, sammelt sich und antwortet:

> »Well, we feel … that it is our particular mission … to enable our citizens … to understand current events …, trends and … well, in short … we do it for the good of the people.«

Der Abt sieht ihn eine Weile nachdenklich an und sagt:

> »Good for what?«

Wer die Antwort darauf findet, so sagte Wolfe damals, würde den Himmel erleuchten und den Westen dazu, Japan mit eingeschlossen. Und warum sollte es nicht ein Architekt sein, ein Gestalter, der diese Antwort gibt?

Ad, als er eingeladen war, einen Dialog für die Stadt seiner

Universität zu eröffnen in Straßburg, immerhin einer bemerkenswerten Grenzstadt der Kulturen und eben auch des Europäischen Parlaments, Ad hat, das war 1991, Wolfes Frage auf seine Weise gestellt.

> »Das unruhige Europa der Vergangenheit ist immer noch Gegenwart. Ich war noch vor kurzem in Zagreb, meiner Geburtsstadt. Der Sprengstoff ist noch immer die tödliche Ingredienz auch europäischer Kommunikation.
> Hinzu kommt ein, wenn schon nicht vergleichbarer, aber ebenfalls heftiger intellektueller Diskurs über die kulturellen Werte Europas, während manche unserer noch um ihr Überleben kämpfenden politischen Systeme diese schon längst dem Verfall bedenkenlos preisgegeben haben.
> Man entzündet sich an Montaigne, den man beschimpft, den Humanismus als eine Metapher kultureller Identität gegen die simple Toleranz eingetauscht zu haben.
> Montaigne wollte die Rolle der Erziehung darin sehen, die grundlegende Kurzsichtigkeit, wie er es nannte, der ethnischen Verhaftung im Interesse einer erhöhten Weitsicht für einen gelösten Dialog zu korrigieren. ›Wir sind alle in uns eingegrenzt und aufgeschichtet‹, sagte er, ›und wir sehen nicht weiter als bis zu unserer Nasenspitze.‹ Es ist da schon gut, sich manchmal an die eigene europäische Nase zu fassen.«

Das haben wir, meine europäische Gruppe, dann in Barcelona versucht: die »ethnische Verhaftung« Montaignes in eine einige Anschauung zu überführen.

Bunt, verehrter Freund, ist alle Theorie. Unsere Briten, sie haben Europa verachtet. Sie schickten uns einen arroganten Schnösel ins Headquarter nach Paris, der uns sogleich eröffnete, er käme erzwungenermaßen, aus freiem Willen jedenfalls nicht.

Mein Chief Operating Officer und ich, wir haben ihm geantwortet, er solle nur sagen, was nötig sei. Ihn selbst fänden wir der Beachtung nicht wert. So viel zu der schönen Philosophie.

Meinen Vorgänger-Chairman Europa, einen Koloss von Ami,

du erinnerst dich, gut dreihundert Pfund schwer, den haben unsere französischen Freunde in das kleinste und zudem rostklapperndste Taxi von ganz Paris gequetscht. Für eine bequeme Fahrt nach »de Gaulle«. Ausgesucht gastlich, das europäische Haus.

Wie gastlich, habe ich selbst erlebt. Als ich im Board unserer Holländer saß, da gab's nach dem Meeting, am Nachmittag so um fünf, das übliche Fischchen-und-Milch-Buffet. Alles die reinste europäische Harmonie.

»Was zu trinken? Ad, was möchtest du?«

Ad, ohne nachzudenken: »Ach ja, danke, ich nehme Kaffee.«

»Seit Bismarck habt ihr nicht aufgehört, uns zu dominieren.«

Kein Kommentar. Zieh dich nur einfach warm an. Durch die Fenster des europäischen Hauses zieht's immer noch. Wo viel Porzellan zerschlagen wurde, da braucht es unendlich viel Kitt.

Geschichten zwischen den Völkern, möchte man glauben, sie bleiben ein »Running Gag«. Aktuelles aus aller Welt bestätigt es, und Ad ist hoch amüsiert.

Die Brauerei Brewdog in Schottland nämlich, sie bringt gerade das stärkste Bier von allen heraus. Mit wirklich starken 41 Prozent. Hey, man.

Und, das ist klar, für so einen Hammer muss wohl auch ein starker Name her. Nichts leichter als das. Wenn du's als Brite denkst:

»Sink the Bismarck.«

Und, schon bist du Herr der Welt.

OK. »Cheers to you rascals!« Not bad.

Da hast du's. Und, was glaubst du nun? Nach alledem. Wie soll es gehen? Ad, mit Montaigne unter dem Arm? Na, das kriegen wir hin. Wir einigen uns auf ein neues Format, ein länderflexibles Modulkonzept, verkäuferisch, knallig, farbig geflaggt, große kurze Lines, die boxigen Autos, gelackt und eng im Quadrat.

Weil es ganz neu ist, gehen alle mit. Und weil es ein Länderangebot ist, ist es universell: Mach es dir so spezifisch, wie du es brauchst, es bleibt doch das Ganze, die eine Marke. Vorausgesetzt, du bleibst in dem Stil. Innovativ ist es allemal, wie ausgeprägt kreativ, das bestimmst du.

Ein Modell, Europa-mobil, damit treten wir an.

Vor uns der CCO, Chief Communications Officer von SEAT, der elegante Señor José de Zalamero, der das Wort führt, wer immer auch spricht. Elite-College, »summa cum laude«, ein rhetorischer Beau, »Kobra Libre«, in seinem Charme.

Ad, neidlos, zollt stummen Applaus. Nicht nur, dass der kokette Farolero uns in Sekunden versteht, nein, unser Director de Orquesta de Marketing, »Ich sage Ihnen, wie Sie es sehen …«, er mischt das Blatt und teilt aus, kaum, dass du es merkst.

Dein Ganzes, es ist brillant und in Takt, wieder kaum, dass du es merkst, bist du mit Änderungswünschen zukomplimentiert: »Vielleicht nur ein wenig spanischer noch, comprende, si?«

»Seat, si«, es spukt dem Matador mit Errol-Flynn-Bärtchen im Kopfe herum, ein Don seiner ausgesuchten Intelligenz, er hat das Universum virtuos zu bereiten. Ad fragt sich, wie gut ist der wohl im Bett?

Zur Nachbesserung, enthusiastisch, wirst du wie selbstverständlich wieder bestellt, gleiches Spiel, gleiches Glück, das Ganze nochmals von vorn. Der Bufón, er ebnet den Weg.

Es gehen die Gerüchte, dass unser Wettbewerber, die spanische Agentur, ebenfalls zulegt, nun ja, fair ist fair.

Ein erneuter Flug, eine erneute europäische Konferenz. Und kühler, arroganter die Konversation. Die Reaktion des Klienten von Ehre, nun ja, so lala. Jedenfalls distanziert.

Wir kochen. Denn, so ist das sensible Gewerbe, die Amigos der Amigos der Amigos, sie haben gequatscht. Hintertragen. Und, bar jeder Scham, sogar photokopiert.

Die Kampagne des Wettbewerbers, wie ein Wunder ist sie mutiert, sieht verblüffend aus wie von uns. Nur trägt sie das »si«. Ansonsten, identisch.

Señor Honorable, er hat es von uns gleich hinübergeschleppt, es läuft ein Deal, und so steht es wohl pari jetzt. Der Don lächelt, wir werden sehen.

Unser President aus New York ist da, ich habe Zeugen, massenhaft. Und, selten genug, wie damals im Board Room, überwältigt mich ein einfach unwiderstehlicher Impuls.

Es gibt einen »break« und wir stehen herum. Ich gehe dicht an den feinen Señor, greif ihn an seiner feinen Krawatte und ziehe ihn fein, aber wütend zu mir heran.

> »Sie sind nichts als ein Dieb, Señor«, und würge ihn derb,
> »Sie stehlen unsere Idee.«

Er weiß wohl tatsächlich nicht, was er sagen soll. Kann er auch kaum. Als ich ihn loslasse, dreht er sich einfach weg. Sagte ich schon, trau keinem in diesem Geschäft?

Also, damit du kein falsches Bild kriegst von Ad. Ich bin normalerweise ein schrecklich verbindlicher Typ. Dieser eitle Charlatán aber, der war mir einfach zu viel. Wie gut, dass er einen Kopf kleiner war, sonst gäb's die Geschichte vielleicht nicht.

Das war das Hornberger Schießen, die Oper des »Würgers von Barcelona«. Mit El Zalamero, dem feinen Charmeur. Am Ende, da war er selbst seinen Ländern suspekt.

Die Deutschen, die haben unsere Kampagne ausgesucht, und ich glaube, die Tschechen auch. Der Rest nahm sich, was immer auch. El Zalamero, ein wenig später, den Hut.

Vor dem Hintergrund unserer schmerzlich ausgefochtenen Realität, der Anstrengung, die »nicht verhaftete« Anschauung in ein Ganzheitliches zu fügen, angesichts eines El Zalamero, klingt die Beschwörung eines anderen spanischen Europäers, Salvador de Madariaga, eher wie ein Märchen der Weltfremdheit:

> »Lasst uns ein Europa schaffen, das sowohl sokratisch wie christlich ist, gleichzeitig voll Zweifel und Glauben, voll Freiheit und Ordnung, voll Vielfalt und Einheit.«

Nun, Madariaga ist Texter, doch zu unserem Gewerbe gehört er nicht. Zu der Aufgabe des Philosophen gehört Klarheit, wie eben auch die Vision.

Ad, als Bildmetapher des Gewerbes.
Illustration Rolph Schüngeler,
Kommunikationsdesign Universität Essen.
1994

1999. Doppelseite in »HORIZONT«, anlässlich des Retirements von Ad und des Übergangs in die erneute Selbständigkeit. Ein Lieferwagen am Broadway schert wieder in den Verkehr des Gewerbes ein: »Brand Repair«.

Hertz
Max
100 NEW YORK APPLE TOURS
VASATA
Brand Repair
Tel. 0211/3006939
Fax 0211/3006938
D-VV 200

Eingang zum Konzeptbüro im Medienzentrum Düsseldorf.
Frick. Reichert Architekten, Frankfurt

Fotos: Richard Unger

Shiryu Morita
Buchlayout V. V.
Foto: Richard Unger

Die große Kalligraphie Shiryu Moritas. Chū, Mitte. 1965

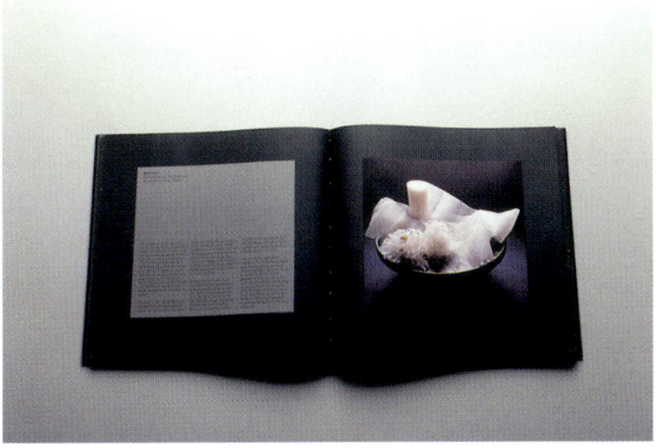

Reinhart Wolf
Japan
Kultur des Essens
Heine Edition
Design V. V.
Foto: Richard Unger

Keith Haring. Lässige Konzentration.

Der Aufriss. In einem Stück. Keith Haring mit Ad.

Ende 1981, da haben Willi und Ad, in zwei Jumbos, die ganze Team-BBDO nach New York verfrachtet, für eine große Big-Apple-Party zum Fünfundzwanzigsten. Und hier steht nun Chairman Ad auf dem Rockefeller Plaza und dirigiert lautstark seine Truppen für das große Erinnerungsfoto unter der traditionellen Riesentanne.

Anlässlich einer Gala-Veranstaltung »Hall of Fame« in Berlin.

Ad, als Jurymitglied der Werbefilm-Festspiele in Cannes, 1980.
Mit Frau Gemahlin, links Modeschöpfer Yuca, im Hintergrund Reinhart Wolf.

Neujahrskarte 2003. Zeitbezogene Bildmetapher für das Kriegerische der Religionen, Kirchturm oder Moschee als scharfe Munition.

Das Krawatten-Attentat von Barcelona hat unser Gigolo ja überlebt. Die Spiegelfechter, sie überleben immer, das gehört zu ihrem Geschäft.

Die Wahrheit ist, ich reg mich nur unnötig auf.

Die Wahrheit aber ist auch, dass Brüssel die politisch tief inzestuösen Ethnien unter einem Dache zwar versammelt, doch nicht vereint.

Identität, denk ans Marienfeld, sucht ihren Halt verzweifelt im Heimischen. Im Großen bist du verloren. In Angst. Die »ethnische Verhaftung« Montaignes, sie wirkt fort.

Ad denkt, an die Psychologie des einen Europa hat sich gestaltgebend noch keiner gewagt. Wenn überhaupt, so hatte der Euro wohl grenzüberwindende Kraft. Doch was die Gestalterkünste betrifft, hat es noch kein Land gedacht, gemacht, weil nicht gewollt.

Als ein Ami de l'Europe, da brauchst du ein unerschrockenes Herz. Ohne Zaun. So wie in den USA, auf dem Land, die Grundstücke unbegrenzt ineinanderfließen. Gleich hast du ein Freiheitsgefühl, wenn du es siehst.

Es tut mir leid, aber ich fürchte, die Brav-Politik versteht rein gar nichts. Nimm nur die Minarett-Diskussion in der Schweiz. Unter dem Deckmantel der Freiheit der Religion will hochragend, landschaftsprägend wie eben auch landschaftsvernichtend die Islamisierung unübersehbar, lanzenhaft den Charakter des Landes für sich okkupieren. Die Eigenart und der Zauber der Schweiz, sie wären damit gänzlich dahin. Die Leute dort haben dafür ein Gefühl. Eroberung unwiderruflich, durch das Symbol. Überflieg die Alpen und sieh ein kleines christliches Land, hochfahrend dominiert von den himmelragenden Glaubenstürmen überfremdender Herrschaftsarchitektur.

Ein Narr, der das nicht sieht.

Übertrag es doch flächendeckend ins nächste und wiederum nächste Land. Wenn du es dann siehst, mein verehrter Freund aller gutgläubigen Integration, dann, fürchtet Ad, ist es bei weitem zu spät.

Ich wiederhole es noch einmal: »Never underestimate the Power of a Corporate Image«. Die Headline zu einem Plakat mit einem riesigen Hakenkreuz, anlässlich einer Ausstellung über Unternehmensdesign.

Die Vervielfältigung ist eine Herrschafts-Technik. Sei kein verdammter rhetorischer, schwafelnder Gambler, wenn es an deine Grundlagen geht. Als Ami de l'Europe bist du zum Verteidiger der Vielfalt der Freiheit berufen, halte den Rücken steif, Freund.

Die Freiheit ist eine Kultur. Verspiel sie mir nicht.

Ad jedenfalls hat seinen Kerl schon gewürgt.

Wakarimashita

Der Ehrenhandel

Du kannst dich nur annähern.
An Japan.
Verstehst du? Annähern.
Das Japanische, es benimmt sich wie ein gebranntes Kind. »Keiner, keiner wird mich jemals verstehen.«

Bewege dich vorsichtig. Und, sei niemals laut. Selbst in der Geste nicht. Ob du es willst oder nicht, du signalisierst Überlegenheit. Die nicht respektierende Dominanz. Alles, was du dafür bekommst, wird nur ein zurückhaltendes Lächeln sein. Eine sichernde Umgangsform. In der Lebensenge der Insel über tausend Jahre erprobt. Als ein Schutz. Für die innere Sicherheit.

Woher ich das weiß? Nun, Ad ist nun einmal ein, sagen wir, gelernter Formenmacher der Kommunikation. Ein Spezialist für das gestaltete Gespräch. Und außerdem, wer weiß schon woher, im Inneren so japanisch wie durch ein Gen. Schulung kommt sicher dazu, aber ganz erklärt sich die Neigung, eine tiefe Verbindung nie.

Ach, Mensch. Wenn ich in japonesische Schwärmerei verfalle, dann sieh es mir bitte in Freundlichkeit nach. Geschieht mir öfter. Nachgerade macht man sich lächerlich. Aber selbst in der Annäherung sind die Bindungen eben da.

Zu seinem 60sten besucht Ad Morita, den ersten der klassischen Avantgardisten japanischer Kalligraphie, der Sensei der »Tuschegesellschaft«, in Kyoto. Manchmal denkst du, gaukelnder Schwärmer, der du bist, verzockt in deiner Ginza-Reklamewelt, das alles wäre nur so eine Art von erträumter Illusion.

Wir sind zu dritt. Meine Frau, wenngleich deutsch, jedoch ganz japanische Seele aus alter Zeit, die sich in »ihrem« Lande vollkommen vertraut bewegt, Zeichen, die zu ihr sprechen, erkennt. Mit uns ist Shu Ueyama aus Tokio, Shu, Ad inzwischen ein enger Freund.

Früher bei Sony, doch westlich geschult durch sein Deutschland-Studium, bei seiner »Mutti« in Heidelberg und durch erfahrene Management-Tätigkeit im englischen Marketing. Ein Mittler zwischen den Welten inzwischen, so auch zu jener Zeit befasst mit unseren asiatischen Plänen in Tokio. Er wird mir helfen zu übersetzen, da Morita nur Japanisch spricht.

Morita, kleingewachsen, doch in den klaren Augen nichts als gebündelte Energie, er ist lebendig real. Ich erzähle ihm von den Werken, die ich von ihm besitze, seit über zwanzig Jahren. Eine ewige Zeit einer ganz ahnungslosen Verbindung. Morita, er scheint bewegt.

Gestalterfreund, die Geschichte ist sehr privat. Eine Sache zwischen Morita, dem Formenversteher, und Ad, dem allzu ambitionierten Spurensucher nach der Ausdrucksform solcher Kultur.

Moritas Frau, sie reicht uns den Tee. Nach dem Austausch von Höflichkeiten erlaube ich mir über Shu, meinen Mittler aus Tokio, Morita zu befragen, gehe ganz auf Risiko im Affekt.

Ich frage, ob ich ihm eine Interpretation seines Werkes vortragen dürfe. Am Beispiel einer seiner Arbeiten, die ich auf einer Photographie einer seiner Ausstellungen entdeckt habe, die auf einem Sideboard steht. Eine mächtige Arbeit, schwarze, strukturbewegte Tuscheschläge auf goldenem Grund.

Ich bitte Morita um Nachsicht für die schon anmaßende Einlassung, es sei zu verstehen als eine Frage nach Übereinstimmung. Morita, in Empathie offenbar, er stimmt höflich zu.

Reifeprüfung, selbst schuld. In der Meisterklasse der Tuschetänzer, im Niederschlage uralter Tradition. Ad, seiner Sache durch energische Einfühlung sicher, doch gänzlich gesichert in seiner tollkühnen Anschauung, allein durch Morita selbst, nur durch ihn.

Tigerschläge auf Gold, wie Felsen im Sand. Ich erzähle Morita von meinem Gefühl. Er ist ganz konzentriert. Ich sage: »Dies ist ganz Ausdruck. Nicht Form!«

Er nickt.

Ich sage, gegen die natürlich gegebene, nach außen strebende Expressivität des Pinsels habe er die Tusche nach innen gezwungen, in den absoluten Ausdruck hinein.

Morita scheint betroffen, unbewegt, doch bewegt, er nickt mir zu.

Ich sage: »Der gebündelte Ausdruck, in der ausstrahlenden Energie seiner Form, er ist die große Ruhe, ganz wie die Felssteine im Sandmeer des Ryoan-ji. Er ist absolut. So verstehe ich es. Unvollkommen vielleicht, doch so, wie ich es sagen kann.«

Dann schweige ich. Morita sitzt unbeweglich und sieht mich an. Er verbeugt sich kaum merklich, sitzt beherrscht und wird dennoch seiner Bewegung nicht Herr. Die Augen in Tränen. Was ist geschehen?

Er sagt ein paar Worte. Stockend. So gut er nun kann. Während Shu übersetzt, versagt ihm die Stimme. So wie auch uns allen, Moritas Frau, meiner Frau auch und natürlich auch mir.

Die unaufhaltsame große Bewegung entsteht. Denn Morita, er erklärt, stockend und offenbar sehr berührt, dass ich sie gänzlich verstanden hätte, seine Kunst, und dass ich ihm, über all die Jahre, ohne dass er von mir gewusst hätte, so nahe wohl wie ein Bruder war. Und dann, na ja, entschuldige, damit's nicht zu rührselig wird, dann brauchte es eben so seine Zeit, bis ein jeder sich wieder fassen konnte, so gut das nun eben ging.

Morita war hinausgegangen für ein paar Minuten, in denen wir schweigend und auch ein wenig mitgenommen eben dasaßen, und als er wiederkam, hatte er auf zwei Seiten eines seiner großen Morita-Bücher etwas für mich mit dem Pinsel geschrieben, über unsere ferne und doch so nahe »brüderliche« Verbundenheit. Großer, nachdenklicher Ausklang einer Stunde der Annäherung, die wohl mehr eine Begegnung war.

Später, auf der belebten Straße, da wussten wir so recht nicht wohin, fühlten uns ein wenig verloren. Die sah plötzlich ganz anders aus, diese äußere Welt.

Yu-ichi Inoue, ihm bin ich nicht mehr begegnet. Er war ein Zeitfreund Moritas, in der Mensch-Tusche-Gesellschaft, da trafen sie aufeinander. Doch wo Morita noch eher klassisch blieb, war Yu-ichi ganz und gar radikal. Er verstarb 1985. Fünf Jahre, bevor ich Morita sah. Ein schöpferisch exemplarischer, revolutionär einfacher Mann.

Yu-ichi, »gutetsu, gutetsu«, so versetzte er sich in Trance, in die Unwissenheit des Kindes, kein Gaukler, doch ein mächtig emphatischer Narr: »Zeichen zu hinterlassen, die leben.« Geistig ist Ad ihm zu eng verbunden, als dass dazu noch viel zu sagen wäre.

Doch eine vergleichende Anschauung zur Moderne, ein Vierteljahrhundert nach seiner Zeit, sie scheint interessant.

Für die reine Ursprünglichkeit seines Werkes verhielt Yu-ichi sich vorsätzlich wie ein Kind. Jedoch getragen von tiefem Ernst.

Von dem Raffinement wie auch von dem konsumbelustigten Genre einer schon kitschig-kindischen Künstelei, wie sie heute ein Takashi Murakami provokant in die globale Szene knallt, war Yu-ichi dagegen – avantgardistisch in Tradition – weit entfernt.

Der getrieben umtriebige Murakami aber, er führt weiter Krieg. Mit geblümten Puppenarmeen gegen Mickey Mouse, mit ausgefeilt scharfen Zähnen, die riesigen Augen weit aufgerissen, in lächelndem

Stress: die »superflache Generation«, wie Murakami sie nennt, Japan zum Manga- und Anime-Cartoon degeneriert, kindisch und leer.

Bedecke die Trauer mit grellbunten Blumen, die Trauer über ein verflachendes Land, das einmal das Sinnbild einer einzigartigen Lebensart war. Murakami benutzt dafür als Metapher Hiroshima. In einem Vexierbild, in dem ein Totenschädel mit dem Atompilz verschmilzt. Er setzt in die Augen des explodierenden Kopfes seine unschuldigen, niedlichen Blümchen, die als Knospe den »Smiley« tragen. »Warum diese lächelnden Blumen?«, wird er gefragt. Er zuckt mit den Schultern: »Seit diesem Tag ist Japan bedeutungslos. Was da noch bleibt? Nur leeres Lachen, nicht?«

Takashi Murakami. Gaukler, Gambler und ein Gestalter, ein Schausteller scheinbar kindisch-konsumiger, in Wirklichkeit, wenn du es mitdenken willst, aufrüttelnd mahnender Kunst. Nicht zu vergleichen etwa mit einem kalt kalkulierenden Damien Hirst. Für Ad ist Murakami dagegen so etwas wie ein ehrlicher Clown, ein kindverkleideter Philosoph, der dir Blumen streut und dich auf den Sinn deines Lebens verweist. Da ist Yu-ichi mit ihm, wenn du mich fragst, vollkommen gleich.

Ein paar von Yu-ichis Werken umgeben mich. Woher bekäme ich sonst Energie? Für die Logos an den Wänden des Profits, selbst für die Kalligraphie. Für Ad, den Gestalter, war der Pinsel nie fremd. Tusche, Sumi, ein gänzlich natürlicher Fluss.

Als Unagami-san, Kurator der Yu-ichi-Stiftung in Tokio, eine Schrift von mir in meinem Büro sah, stand er lange davor und »sprach« in sich hinein. Guttural und empfindungsstark, »uuhhmmm …«, die Empfindung, er atmete sie in sich ein.

Alles Annäherung.

»Language beyond words«, hat das einer genannt, der sich einem realen Leben in Japan verschrieb, David Morley, ein besessener Typ. Mit einer »Grammatik des Lächelns« kam er zurück. Großartig in der Anschauung, selbst bis in ein wahrhaftiges Liebesverhältnis hinein, selbst allein vor dem weißen Papier, aus dem die darunter verborgenen »Drachen aufleuchten«, das vermittelt weit dichter, als ich es kann.

Die Schriften des japanischsten aller Japaner, Lafcadio Hearn, sie datieren lange zurück und sind doch immer noch wahr. Wie der bilderreiche »Spaziergang in Japan« von Kellermann. Geh nur auf das Land.

Gehe mit Hisako auf dem »Weg zu Japan«. Hisako Matsubara, Tochter des weisesten aller Shinto-Priester Japans, der Berater des Tenno und Sonys Morita war. Hisako, heute selbst in der Moderne ihm folgend, Erzählerin im erläuternden Übertrag. »Raumschiff Japan«. In großer Klarheit erschließt sich Analogie. Was sonst gibt dir denn Rat?

Nun ja, wie auch immer, Ad, eben, hatte schon früh Kontakt mit diesem für viele noch immer fast außerirdischen Land. Glücklich, auch geistnah, so auch mit Hisako. Wir begegneten uns, als sie in Deutschland war.

Du kannst dich nur annähern. An Japan. Auch nur, wenn du tief einatmen kannst, »uhhmm«, Gefühl und Depot in deiner Brust.

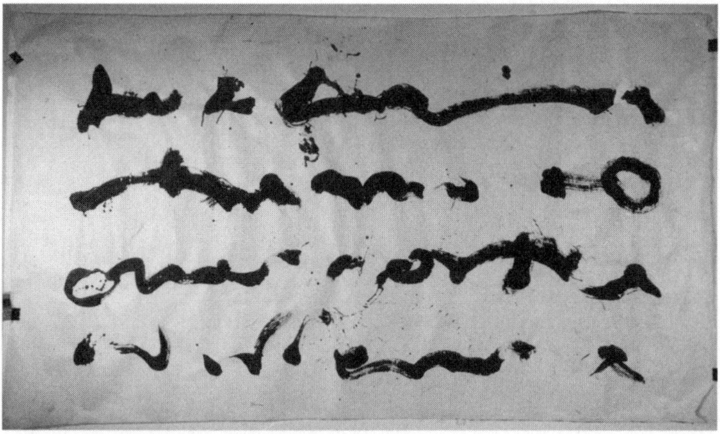

To be creative means to overcome indifference.

Homage to Inoue Yu-ichi by the 3rd TEN-SAKU-KAI 2006.10.4.:

The characteristic of great art is sincerity. Presence. Simplicity. And depth. Depth in the humane. Depth in the work. Everything passes. Only art doesn't. Yu-ichi wanted to leave behind signs that live. This is why his work will never stay quiet. Why it will belong to the Hall of Fame of world-relevant arts.

Unagami-san, Yu-ichis Mentor, der erste Kunstkenner in seinem Land, er plant eine Ausstellung, vor allem japanischer Künstler, in Tokio. Als Hommage an Yu-ichi. Nur für kurze Zeit. Und fragt doch tatsächlich Ad, den fremden Teufel und fraglosen Eindringling, um sein kalligraphisches Bild.

Was das für Ad bedeutet, führe ich gar nicht erst weiter aus. Gebeten, getan und ausgestellt. Sag du's mir: Wo steht die Hall of Fame? »Uuhmm«. Ich übe mich noch im Verstehen.

Ein Sprung von der Kunst zurück in die Kunst des Gewerbes, wenn du erlaubst. Wir gehen zurück von Kyoto nach Tokio, wo unser »Willi, the Deal«, nun als COO von BBDO Worldwide, sich in die Taktik unseres Japan-Plans vertieft, mit der vermittelnden Hilfe von Shu.

Den Japan-Plan, den bespricht Willi mit Bruce, dem Steuermann der BBDO Worldwide. Der so überhaupt nicht begeistert ist. Im Widerstreben dennoch strategisch und ebenso taktisch klug.

Du kannst dich nur annähern.

Irgendwann gibt Bruce grünes Licht, stellt aber zwei Bedingungen. Typisch für ihn: »Erstens, du hast ein Limit. Fünf Millionen, nicht mehr. Und zweitens: Ich muss nicht dahin.«

Willi, allein in Tokio. Doch mit der umtriebigen Hilfe von Shu. Shu Ueyama, Ad hat's berichtet, in England und Deutschland westlich geschult, nun als ein Mittler, ein Augenleser und Interpret. Auch Ad hilft nun mit.

Versuchte Annäherung und viel Gespräch. Konflikte im Wettbewerb, sie sondern viel aus. Und Dentsu, die größte japanische Agentur, die ist ja schon länger mit Young & Rubicam.

Eine der größten drei Agenturen bleibt trotz vieler neutraler – denke an Annäherung –, trotz vieler höflicher, trotz vieler ganz unverbindlicher Diskussionen, über die Zeit im Gespräch, wohl aus wachsend eigenem Interesse. Auf der Hut, ganz gewiss, doch auch verdeckte Neugier spielt mit.

Ein Weltladen aus Amerika, der sie umwirbt, weil er was will. Gewiss mehr, als er dir lässt. Die wollen sich einen Vorteil verschaffen. Wo, bitte, bleibt der für uns?

Annäherung. In Fragen. In Lösungen. Nichts. Gespräch um Gespräch. Gut zwei Jahre. »War schön, Sie zu sehen.« Sayonara. Goodbye.

Der Teufel, er steckt nicht im Fremden allein. Nicht allein in der Abwehr des Nichterkennbaren. Bei uns sind es ganz sachliche Gründe, bei unseren Freunden in spe, das Selbstwertgewicht.

Ohne dass ich dir von Gambler zu Gambler etwas vormachen will, noch dazu en detail, nach amerikanischem Steuerrecht brauchen wir zehn Prozent. So ist es eben.

Unsere japanischen Kollegen hingegen, sie fragen sich, wozu verkaufen für fruchtloses Geld? Zu unserem Wachstum trägt dieser Deal nicht bei. Also, was soll der Spaß? Wozu ist er gut?

Unsere Wunschpartner, sie tragen den schönen Namen »Asatsu«: Sunrise! Ganz der naive Erfolg. Wie wir suchen sie Expansion. Ein Network für Asien, zunächst. Und wir, wir haben einfach vertreten zu sein für unsere weltverbreitete Klientel. »Sollten wir uns nicht noch einmal besprechen?« »Also gut. Wenn Sie meinen. Hai.«

Tokio. Prince Hotel. Shu, Willi, Jim aus Sydney, unser Chairman Asia/Pacific, und Ad. Wir wissen, wir brauchen eine neue Idee. Und weil es sein muss, finden wir sie.

Am nächsten Tag in der Agentur, in der immer die Sonne aufgeht. Inagaki-san, mit seinen Samurai. Korrekt, in Dunkelblau.

Willi trägt vor. Sie verstehen das Englische, doch Shu übersetzt. Annäherung, Höflichkeit.

Willi, er zeichnet den Plan als ein Diagramm. An der Wand. Nimmt wieder Platz. Und er gibt diese eine, nach Jahren vergeblichen Anlaufs alles entscheidende Erklärung ab:

»Diese Idee ist von gestern Nacht. Sie ist auch für uns ganz neu. So können wir darüber sprechen, auf einer Basis von gleichem Wissensstand. Vielleicht möchten Sie sich beraten mit Ihren Herren, Inagaki-san. Dann lassen wir Sie jetzt allein. Oder wir bleiben zu Ihrer Verfügung. Für eine Diskussion.«

Schneller, als du denken kannst, flüstert Inagaki-san seinem Managing Director ein einziges Wort ins Ohr. Der spricht es unmittelbar aus:

»Wakarimashita«.

Shu, sekundenschnell: »Einverstanden.«

Stille. America Worldwide in ungläubigem Schock. Was ist?

Shu: »Inagaki-san hat gesagt, sie sind einverstanden.«

Annäherung, angedockt. Verstehst du jetzt? Sie erklären es, aber ich stehe ihnen so nahe, ich habe es auch von allein gewusst. Es war die Augenhöhe. Gleichzeitiges Wissen oder die Einfühlung in die neue Partneridee. Das vorteilnehmende Kalkül ausgeschlossen. Und natürlich das Modell selbst. Auf der entscheidenden Basis: der Ebenbürtigkeit.

Knapp erklärt: Kein Kauf mehr, sondern Aktientausch. Wir bekommen im Wert, was wir brauchen. Sie bekommen entsprechenden Anteil an Worldwide, ihr Chairman erhält einen Sitz im weltweiten Board. Unser COO, Willi, einen Sitz bei ihnen, in Tokio. Der erste Gaijin – ein Mensch von draußen – in einem japanischen Board.

Alles ist ehrenhaft. Alles ist gleich.

Und, alles wird so gemacht.

Die erste Pressekonferenz in Tokio: »Asatsu, ab jetzt in New York.« Danach ins Flugzeug. Durch Zeitverschiebung, nahezu im gleichen Moment, die Ankündigung in New York. BBDO, ein Sitz in Tokio.

Es stellt sich dar, von uns so gewollt, als ein gewandter Asatsu-Coup. Für uns als das Manöver »Asia«. Beides in glänzendem Stil. Nicht der geringste Gesichtsverlust. Für beide Seiten, nur Statusgewinn.

Selbst Bruce ist beeindruckt, was etwas heißen will. Und Shu, unser Augen- und Lippenleser, er strahlt sowieso.

»Einverstanden.« Nach Jahren vergeblich bemühter Verhandlung. Eine Münze, Vorder- und Rückseite vollkommen gleich. Nichts von Gaukelei, nichts mehr von Gambling. Etwas von Gestaltung vielleicht. In Empathie. Annäherung.

Ad ist ein wenig erinnert an etwas, das er vor achtzehn Jahren, eingeladen vom Gouverneur der Shiga-Präfektur in Otsu, japanischen Kaufleuten ins Stammbuch geschrieben hat. Gerade vor Freunden soll man nur ehrlich sein.

Die Nachfahren der Omi-Shonin suchten von außen Rat, wie sie sich tüchtiger annähern könnten, gewandteren Zugang finden könnten zu dieser kaufmännisch fremdartig agilen Welt.

Nun, ich habe sie an ihre eigenen historischen Tugenden erinnert. An die Lehren des Kungfutse, dessen höchste Tugend sich in »hsin« findet, dem Vertrauen in die eigene Natur.

Ich habe ihnen geraten, sich nicht zu verwestlichen, sondern ihr Wissen in sich selbst wiederzufinden.

In diesem Zeichen eben, »hsin«, welches die Offenheit im Umgang mit dem Fremden bedeutet und eben die Toleranz, die dich befähigt, großzügig gegenüber anderen zu sein.

Ich habe es, so to speak, »double-gecheckt«, weil es gut ist, sich in so fremder Sprache der Getreulichkeit einer Übersetzung zu versichern, und du sonst niemals sicher sein kannst, dass sie dich auch nur ein wenig verstehen.

Doch ich konnte mir am Ende sicher sein, dass sie verstanden hatten. So wie uns in der Analogie unsere Freunde von Asatsu verstanden hatten. Denn sie kamen und baten um ein Autogramm von mir, und ich schrieb ihnen mit dem Pinsel ihr »hsin« darauf. Da haben sie sich wie die Kinder gefreut. Das war ja der Sinn.

Du kannst dich nur annähern. Und oft, mehr als das Wort und die Geste es kann, hilft da ein Bild. Das ist ja wohl einem jeden bekannt.

Vielleicht hast du den Film gesehen, »Bodyguard«, mit Whitney Houston und Kevin Costner, ein Thriller mit Herzschmerz nur. Aber da ist ein Schlüsselbild. Im Film selbst ganz anders gedacht. Für unsere Anschauung: Vollkommen, Japan. Im Close-up. Final.

Über dem waagerecht gestreckten Samuraischwert, mit seiner Schneide nach oben, schwebend, ein Seidentuch. Als es langsam den rasierscharfen Stahl berührt, wird es ebenso sanft wie auch radikal, unwiderruflich in zwei Teile getrennt. So sanft wie endgültig.

»Ah so desu ka.« Ja. »Ach, so ist das.«

Annäherung.

Und nie kommst du nahe genug. Ich erinnere mich. Als Asatsu und wir dann Partner waren und die Annäherung als eine Arbeit begann, da saß Ad, der beflissene Narr, einmal mit den kreativen Kollegen aus Tokio im Vorführraum und sah sich die »Show-Reel« von Asatsu an.

Unkritisch. Aus reiner professioneller Neugier, um die andere, doch so fremde Gewerbekultur zu verstehen. Vieles, was da zu sehen war in den Commercials, das war so fröhlich, so ausgelassen, so tumultuös. Was für mich, den spröden Kopf von Gaijin, gleich überdeutlich auffällig war, meine Fachkollegen, sie kicherten bei jedem Spaß mit, lachten bei jedem Gag wie die Kinder, Freund, verstehst du, sie lachten in Unschuld über ihr eigenes Zeug. Wohl so, dachte Ad, wie ihre Zuschauer, ihre Verbraucher auch.

Dann habe ich noch so einiges dummes Zeug gefragt. Warum das so sei und anderes so, und ob denn ein bestimmtes Konzept dahinter stünde. So einen Kram eben, wie du's gewohnt bist, bei dir zu Haus.

Aber eine Antwort habe ich nie auch nur einmal bekommen. Nur die betretene Frage: »Es gefällt dir wohl nicht?« Da hab ich das Fragen gelassen und mich nur mitgefreut. Und eben etwas gelernt: dass du ganz einfach auch mal zu schlau sein kannst. Und dich besser in Einfühlung übst.

In Annäherung.

»Uhhmm.«

Logo

Gesetzlichkeiten

Neben dem Gaukler und Gambler, da war Ad immer auch ein in der Wolle gefärbter Gestalter. Einer, der einfach alles gestaltet, was ihm gerade unter die Hände kommt. Egal. Ein Buch, ein Haus, ein Plakat, eine Kampagne, ein Büro, ein Konzept, eine Identität, ein Logo. So Sachen eben.

Das Gestalten ist eine Gier. Es ist eine Not. Die Sucht nach der endgültigen Form, der einen unter Hunderten. Der Form, die ganz der gegebenen Aufgabe entspricht. Die höchste Herausforderung der Gestaltung ist, ganz bestimmt, das Logo. Endprüfung deiner Fertigkeit.

Ein Logo, das weiß ein jeder, es ist ein Zeichen. Das hoffentlich merkfähige, das sinnfällige Symbol einer Marke oder eines Unternehmens. Einer Institution vielleicht. Denken wir nur an die Kirche. An Konstantin, den Ersten, »in hoc signo vinces«. An das Kreuz. Auf der eigenen Brust mit den Fingern nachzuzeichnen. So eingeprägt tief. Denken wir an den bannenden Kreis, von Raymond Loewy, für Lucky Strike. Den Apfel, frisch angebissen, aus dem Garten Eden, strahlend auf Apple's Macintosh. Wie der »Swoosh« von Nike, das schwingende Logo als das Bild zum Wort.

Das Wort, als Logo allein, ein noch strengerer eigener Stil. »Coca Cola«, nicht wahr?, die Wortmarke selbst schon ein Bild. Durch gezeichnete Schrift.

Modisch bei »KENZO«, technisch bei »IBM«. McDonald's, nur »M«, weich in der Form, populär. Ausgrenzende Typologie in der Masse der tausendfältigen Ausdrucksform. Das bin ich – das nicht. M.

Nun, das soll keine Vorlesung sein. Nicht wirklich. Nur eine Einstimmung vielleicht. Für die Geschichte danach.

Ad hat es mal so für sich selbst formuliert, das Wesen des Logos:

Eidos.

Die sinngebende Form.

Wachsen aus dem Sinn.
Steuern aus sich selbst.
Dem Inneren folgen.
In die Endform fallen.
Eins sein.
Einfach.

Bloß Worte? Ja, schon. Aber wie machen, nicht? Na, ja. Das soll eben hier am Beispiel erklärt sein.

Es war Anfang 1981, als SONY, erfolgreicher Rächer Japans im High-Tech-Marketing-Krieg, Anzeigen schaltete, weltweit. Eine Ausschreibung für ein neues Logo, gerichtet an alle Designer der Welt. Hagakure! Die Entscheidung fällt im Moment. Da machst du mit.

Viel Worte machen sie nicht. Kein Briefing, keine Erläuterung über sich. Nur japanisch soll es nicht sein, vielmehr ausschließlich international. Okay, okay. Sie lassen dich eben, weil sie es wollen, mit deiner Kunst allein. So wie Ad es versteht, ist das höflich gemeint, aber einfacher macht es die Chose nicht.

Ah ja. Ein Bild, das wollen sie nicht. Nur eine Form für das

Wort. SONY, allein. Du weißt und siehst es sofort. Eine schiere Unmöglichkeit.

Und wieso? Schau genau hin: Wenn das Logo ein in sich geschlossenes Bild meint, eine stilistische Einheit also, dann stehen bei SONY alle Buchstaben gegen sich.

Jeder Buchstabe, sieh nochmals hin, ein eigener Charakter, ein jeder Buchstabe gegen den anderen, alle mit sich im Widerstreit, ein jeder für sich. Sieh genau hin. Bitte, du kannst es doch sehen?

Eine fast traditionelle »Mediaeval«, die kräftige Form der Antiqua, condensed, was heißt, schmaler in die Höhe gepresst. Die Serifen plump, von coolem High-Tech keine Spur.

Die Spirale des S steht gegen den Kreis des O. Das O steht weich und unvereinbar gegen die spitzen Winkel des N.

Das Y, ein Einzelgänger des Alphabets ohnehin, es steht ohne Bindung alleine für sich. Verstehst du? Sehr gut. Okay.

In der Einheit, um ein geschlossenes Logo zu sein, in der Einheit soll ein jedes mit dem anderen sich einig sein. SONY. Der eine Ansatz, er zeigt sich dir nicht. Und mit den Majuskeln, den Versalien, den Großbuchstaben also, mit ihnen wird es nicht gehen. Die Kombination, sie widerstreitet der Harmonie. Wird dir das Problem klar? Ich hoffe doch sehr.

In den morphischen Feldern des unendlichen Universums, in dem alle Formen bereits angelegt sind, wirst du nun suchen müssen, bis du den »Trigger« findest. Den Ausgangspunkt. Vor das Logo haben die Götter die Suche gesetzt. Bei SONY, den Glauben an das Unmögliche noch dazu.

Ich glaube, sie gaben uns, den Designern, so etwa ein Vierteljahr. Für die Probezeit. Es war eine Qual. Ich habe Blätter und Blätter verbraucht. Gezeichnet in Permanenz. Über dem Lunch, in jeder hastigen Pause, im Flieger, über die Wochenenden, durch alle Zeit. Logo um Logo, Variation, Neubeginn, scharfer Anspruch, scharfe Kritik, besser ab in den Müll. Kurz vor der Abgabe hatte ich nichts.

Zwischen fünfhundert und sechshundert Skizzen, manches

»so, so«, am Ende aber bloß fauler Zinnober. Nur Murks. Ich war am Ende. Ich dachte, das war's.

Bis mir, wie durch ein Wunder, vermutlich die Götter zu Hilfe kamen. Der weise, weiße Shinto-Fuchs vielleicht. Weil sich da irgendwann so ein kleines, unscheinbares Leaflet von der SONY Corporation auf meinem Tische fand. Weil ich es gleich studierte und sich auf der linken Innenseite, oben rechts, ein kurzer feingedruckter Text befand. Weil ich ihn las und sofort verstand. Als mein Briefing. Mir die verknoteten Fesseln der Konvention zu lösen, mich zu befähigen womöglich, für einen großen, den größeren Schritt. Noch heute erinnere ich mich. Da waren bloß ein paar Items. Aber nur so kannst du dich einfühlen, in deren sehr eigene Identität. Sie, SONY, haben beschrieben, wie sie sich sehen:

Als global, als human-technologisch, als führend kreativ, inspiriert und – entscheidend für mich – innovativ.

Und auf einmal war da die notwendig umfassende Sicht. Und ein erfrischender Wind. Ich nahm meinen schwarzen Stift und schrieb mal eben das Logo runter. So ist das. Ohne ein kluges Briefing bleibt alles bloß l'art pour l'art. Oberflächliche Kunst. Ad aber wusste jetzt, wo er war.

Ich fing an mit dem Gen der nachzufolgenden Form. Mit Hilfe der Götter.

Dem »O« als dem Mikro-Chip. Als dem Konzept. Also:

Dann mach einen
Buchstaben daraus. So:

Dann skizziere das »N«.
Doch aus dem nun schon
gegebenen Stil des »O«
heraus. So:

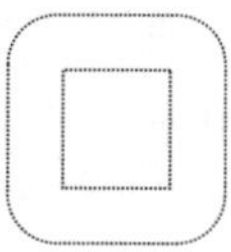

In Strichstärke, innerem Weiß-Maß, in der Abrundung der äußeren Ecken ident. Zwei Lettern, ein Ding.

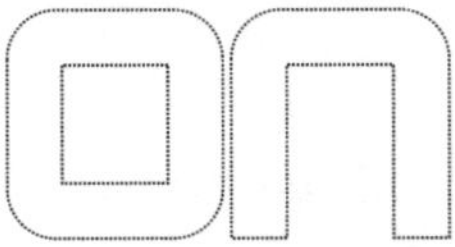

Und, nun, mach das Unmögliche. Das »Y«. Innovativ. Das gehört, weil O und N das nun schon so eng aneinander vorleben, so nah an das N, wie das N zum O. So geht nun mal das Gesetz. Also (zunächst):

Stilistisch geschlossen, konsequent und nun fortgeführt als das absolute, das kreative Ypsilon der Innovation:

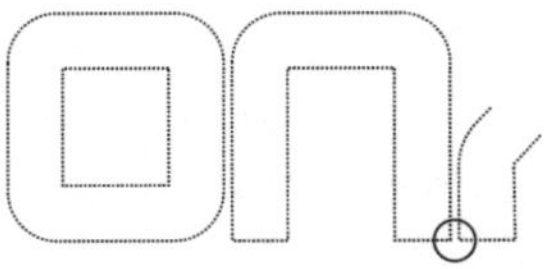

Fertig. Beinahe. Denn nun, das S. Ebenfalls ganz in dem vorgegebenen Stil. Damit wir hier ja nichts Neues erfinden, das »S«,

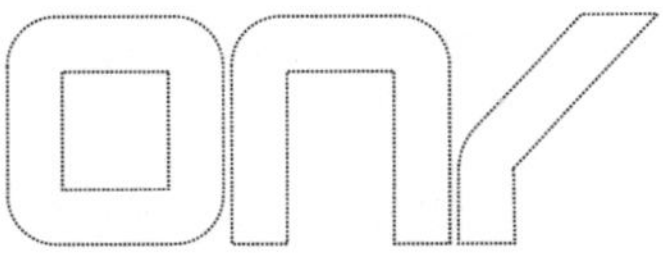

das machen wir spiegelgetreu, wie das Ypsilon. Und dann drehen wir es. Am Ende, links oben, gerundet zum S.

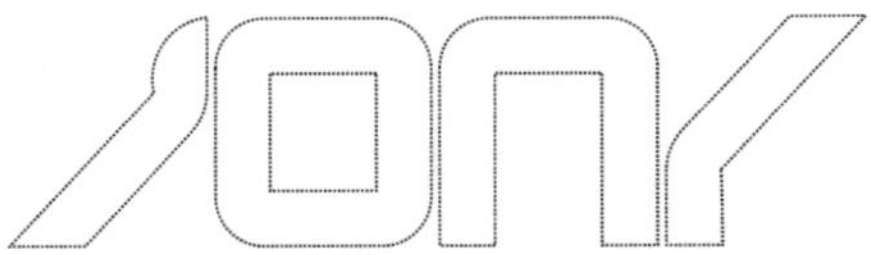

»Ah, so desu ka.« Ach, so geht das.

Ja.

Fertig. Einheit und Identität. International lesbar, inspirierend und hoch innovativ. Und doch schon ein wenig Japanisch, wenn auch nur so für mich.

Nun gut. Gut? So fertig sieht man ihm die Schwere der Geburt nicht an, oder? Fast dreißigtausend, genau 29 833 Designer in aller Welt haben sich daran die Zähne und die Pinselhaare ausgebissen.

Und Ad? Er kommt doch tatsächlich durch. Durch die Gunst der Götter. Macht den unmöglichen, den ersten Preis. »One of three final designs«, wie es die Japaner höflich sagen. Aber in der Anzeige, die sie schalten, mit den drei ersten Logos, stehe ich oben. Damit ist alles gesagt.

Jack Schmuckli, den ich aus unserer Agenturarbeit kenne, SONY-Vorsitzer in Köln, überreicht mir den Scheck. Schüttelt ungläubig den Kopf. »Pen, Pen. Menschenskind.«

Auch für Tokio, die Zentrale, ist Design, aus altem Kulturverständnis heraus, nicht einfach so irgendwas. Sie laden ein und alles ist wirklich und ernsthaft sehr würdevoll.

Dem Chef des SONY-Designcenters schreib ich den Schriftzug mit dem Pinsel als Kalligraphie. »Ah so desu ka.« Es ist beeindruckend. Die respektieren tatsächlich noch Qualität.

Willi und mein Freund Shu sind mit mir.

Ohga-san, gewichtiger Vorstand, an Moritas Statt, empfängt uns persönlich in seinem Büro. Ein mächtig eindrucksvoller Mann. Die Arme ausgebreitet, »Guten Morgen«, auf Deutsch. Ein kraftvoller Bariton. Ein herzlicher Typ. War an der Oper seinerzeit, in Berlin.

Ohga erklärt mir, wie der ganze Plot gedacht war. Als Designer-Motivation und bedachte Public Relations. Weltweit. Wirklich verändern wollten sie nie. Die Kosten für eine weltweite Umstellung, sie wären einfach immens. Aber immerhin, erzählt er, hatte mein Logo für Wochen vor sich auf dem Tisch. Als das Zeichen für das neue Jahrhundert. Vielleicht doch.

Alles in allem war es sehr ehrenvoll. Und unter uns und gänzlich unpathetisch, das eben ist alles, was zählt. Bei Gauklern und Gamblern auch. Bei Gestaltern ja sowieso.

Ad hat ein ganzes Buch voll richtig starker Logos gemacht. Das SONY-Logo aber, das hat darin einen besonderen Platz. Auf Seite eins.

Na, ja. Vielleicht siehst du's mir nach.

Im Übrigen, damit's nicht zu feierlich wird: Ad fand sein Logo – so irgendwie undefiniert, aus dem Bauche heraus, nur nach Gefühl – … einfach nicht fertig. In Konsequenz.

Ich wollte zwar hilfreiche Lesbarkeit, daher der Schwung bei dem »S«, aber mit dem »Y« war es dadurch nicht ganz kongruent. Lange hat mich was daran gestört.

Die Kreativität ist die Überwindung der Gleichgültigkeit. Das hat, damit wir hier ehrlich sind, so zwischendurch, wenn mir »mein Problem« in Erinnerung kam, immer ein wenig an mir genagt. Dann hab ich den einen oder anderen Versuch gemacht und, meist unfertig, wieder weggelegt.

Bis ich wusste, Ergebnis der Hartnäckigkeit, woran es lag. Und damit auch, wie es ging. Das Ergebnis, du siehst es hier:

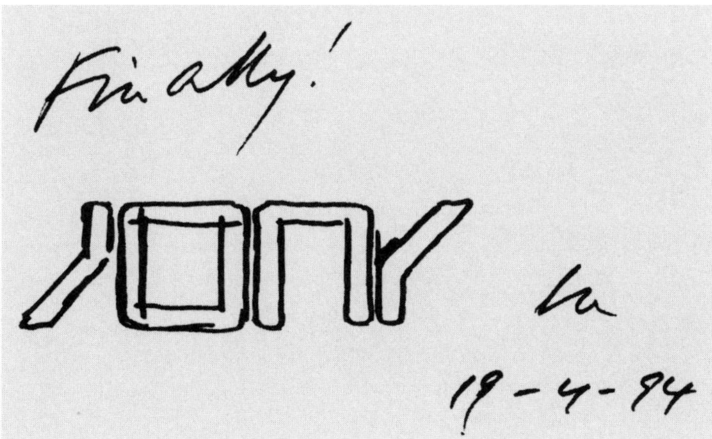

Alle Ecken weniger rund, doch dafür ident. Dekiai no. Fertig.

Sieht nach nichts aus? Für Ad schon.

Gestalter sind ewige Narren, das siehst du hier. Und dreizehn Jahre hat es gebraucht. Ich hab's fertig gemacht und an Ohgasan hinübergeschickt.

Und damit war's gut. Auch ein Gamblergestalter hat seinen Stolz.

Croatia Connection

Abgezockt

Meine Damen und Herren, ich überbringe Ihnen
»Poštovane dame i gospodo, donosim Vam

die herzlichen Grüße und Wünsche meiner Kollegen aus dem
srdačne pozdrave i želje mojih kolega iz

Board of Directors von BBDO Worldwide
Board of Directors BBDO Worldwide

und die aller meiner europäischen Partner.
i svih mojih evropskih partnera.

Und nicht zu vergessen, meine eigenen.
I da ne zaboravim, svoje vlastite.

Ich spreche – wie Sie ohne Zweifel hören – zum ersten
Govorim – što svakako čujete – prvi put

Mal nach fünfzig Jahren in der in mir versunkenen Sprache
poslije pedeset godina, jezikom zatomljenim u meni,

meiner Heimat, Kroatien –
jezikom moje domovine, Hrvatske –

in Zagreb, wo ich geboren und aufgewachsen bin.
u Zagrebu, gdje sam se rodio i odrastao.

Kroatien kehrt dorthin heim,
Hrvatska se vrača kuči tamo

wo es hingehört, in die Gemeinschaft der
gdje joj je mjesto – u zajednicu

demokratischen Völker Europas.«
demokratskih naroda Evrope.«

Es folgen noch verschiedene Erklärungen. Über Politik, Meinungsfreiheit und natürlich auch über eine »sehr westliche Erfindung, Werbung, eine kleine Lästigkeit des Wohlstands«, und über den Auftrag, das Bild unserer nun gemeinsamen Gesellschaft durch unsere Dialoge mitzugestalten.

Am Ende dann:

»Meine Damen und Herren, wir schicken heute ein
Poštovane dame i gospodo, danas šaljemo

kleines Boot auf Weltreise.
jedan mali čamac na plovidbu oko svijeta,

BBDO Zagreb. Aber, es wird nicht alleine reisen.
BBDO Zagreb. Ali on neče ploviti sam.

Überall werden Leuchttürme sein und eine Menge
Svugdje ce stajati svetionici, a oko

Freunde drumherum.
njih puno prijatelja.

Ich wünsche Ihnen
Želim Vam

Alles Gute.
sve najbolje.

Ich danke Ihnen.«
Hvala Vam.«

Nun: Das war, auf zehn Seiten Manuskript, die Eröffnungsrede zur Einweihung unserer Agentur im Osten, nach dem Fall des Eisernen Vorhangs. In Zagreb.

Genau 51 Jahre waren vergangen, seit meiner Familie Flucht, zwei Tage vor dem Ausbruch des Zweiten Weltkrieges.

Ich habe mich Wochen an der Rede geübt. Mit Hilfe sprachverständiger Leute. Laut sprechend wie Demosthenes, einen Kieselstein im Munde, vor dem noch lauteren Meer. Die Wörter, sie kamen wieder, als lösten sich Blätter vom Grund eines Sees.

Das Fernsehen war da, und bei dem Bürgermeister gab's schwarzen Tee. Er hat uns bewegt gedankt für unseren Mut. War ein Schauspieler. Durch den Umsturz, wie Havel hochgespült in das Amt. Und er war sehr besorgt über die nahe Zukunft des Landes, und noch früher, als schon gedacht, bekam er recht.

> »Die Serben, sie wollen den Krieg. Sie stellen die Generäle und Offiziere.
> Im Frieden wären sie arbeitslos.«

Unsere neuen kroatischen Partner, die brannten vor Ehrgeiz und hatten absolut kompatibles Talent. Es lief alles gut an. Bis tatsächlich, sehr bald, die Bomben fielen. Genau gezielt. In das Herz der kroatischen Kultur. Und, Nada, Kommandeurin der Agentur, stand an der vordersten Front.

Mit ein paar Lastern, fürs Schlimmste, habe ich ihnen Proviant und auch Medizin geschickt. Zwei gute Leute von uns fuhren die Sachen bis nach Slowenien, bis an die Grenze des Kriegs. Es wurde umgeladen und am Ende kam doch alles bis Zagreb durch. Unser CFO in New York hat nicht wenig gestaunt, aber gesagt hat er nichts. Ich schulde ihm Dank.

Der Krieg, er war zurückgekehrt. Doch unsere Leute von BBDO Zagreb, gehärtet im Widerstand, sie machten sich an die Arbeit der Agentur. Zukunft vor Augen. Zum ersten Mal frei. Ad hat geholfen, so gut er nur konnte. Wie oft war ich da. Und so blieben neue Kontakte nicht aus.

Ein Professor für Marketing, ich glaube aus Wien, der lehrte an der Universität Zagreb und, wieso nicht, als ein Berater und auch als Vermittler war der nah an dem Markt. So auch an mir. Schleppte mich an seine Uni, wo ich eine Vorlesung hielt über die Freiheit und ihre Marktwirtschaft. Professor Vasata, der Grenzgänger, von Ost nach West und nun wieder nach Ost. Heimgekehrt. Und willkommen: Vasata, arbeite mit!

Eines Tages kam der Professor mit drei Kroaten, einem richtigen anzugblauen Management, zu mir. Die hatten von dem späten Heimkehrer gehört, von seiner Profession, dem Design für alle Kommunikation, dem fremden westlichen Markt und natürlich, was hast du erwartet, sie wollten etwas von mir, so wie ein jeder immer etwas von einem will.

Und Vasata, war er nicht der verlorene Sohn, der über die rostzerfallene eiserne Mauer zurückgekehrt war in seine Heimat, und schuldete er ihr nicht etwas?

Ich mache hier einen Zeitsprung. Ich denke, es war ein Jahr oder so vergangen seit jenem Treffen mit den drei Herren, ich warte im Airport von Düsseldorf auf meinen Flug, und zum Zeitvertreib starre ich auf die Rollbahnen hinaus, sehe die Flieger landen und starten. Direkt vor meinen Augen rollt da eine Maschine aus, Croatia Airlines. Ich denke, ich sehe nicht recht, auf dem Leitwerk, das Zeichen,

»vrag te jebi«, das kennst du doch, die rotkarierte Flagge des Landes, kunstvoll integriert in das Leitwerk-Trapez, Ad! Und, so langsam, so langsam dämmert es mir, die Croatia Connection, sie hat Nägel mit Köpfen gemacht, madonna vergine, sie sind on air.

Nun wieder das Jahr zurück. Hier, der Zusammenhang:

Ich glaube, der Professor, seine Crew und Ad, wir trafen uns damals spät abends in der halbdunklen Lobby eines großen Wiener Hotels, dem Imperial, fast schon konspirativ, bei ein paar Slivovic.

Der Professor erläutert die Sache. Alles auf Englisch, das macht es leichter für mich.

> »Professor, Sie müssen den Herren helfen, Sie, als der heimgekehrte Sohn. Werden Sie das für uns tun?«
>
> »Professor, natürlich. Und gern. Was eben in meiner Macht steht. Doch was?«

Nun übernimmt der dunkle, der stämmige Typ von den Dreien.

> »Wir gründen Airline, Professor. Erste Airline für unser Land. Fangen gerade an. Und Sie, Sie machen Design. Wollen Sie für uns machen, ja?«
>
> »Mr. Krasnic, natürlich. Ich mache das gern.«
>
> »Das ist großartig. Aber, haben kein Geld. Sie können trotzdem machen?«

Ich merke, die Jungs sind total ausgeschlafen, und klar, sie quatschen mich zu …

> »Ist Ihre Heimat, Professor, Gospodin Vasata, Sie schulden das für unser Land!«

Die Gläser angestoßen und ex.

> »Ich werde Ihnen kein normales Honorar abverlangen, meine Herren, das ist ja klar. Aber es wird ein paar technische Kosten geben, die brauche ich für meine Agentur dann doch zurück. Ist das okay?«
>
> »Okay, okay, so machen wir. Sie machen Design. Und wir

brauchen schnell. Sie machen, wunderbar. Dann, wir fertig. Alles geklärt. Können jetzt gehen.«

Der Professor, er scheint glücklich und schläft. Sein Problem ist gelöst. Mir scheint, das meine noch nicht.

»Poštovana gospodo, ich bitte Sie, noch einen Moment. Ich brauche doch etwas Information. Unterlagen, ein Briefing oder so etwas, gospodine, Sie verstehen?«

»Was denn für Information? Wir machen Airline, Sie machen Design. Oder«, großes Staunen, »was ist?«

Ich glaube, sie denken, ich will gar nicht. Ich seh es an ihrem Blick. Ich frag aber weiter, Ad, der blöde Professional, der halt von nichts was versteht.

»Hören Sie. Passen Sie auf. Schauen Sie: Wenn ich für Sie das Logo, also das Zeichen für Ihre Airline mache, dann muss dieses Zeichen ja irgendwie passend zum Leitwerk sein. Verstehen Sie? Das ist nur ein Teil, aber wichtig als Ausgangspunkt, denn alles Weitere, es richtet sich danach aus.«

Die Herren starren mich finster an. Fast scheint mir, der eine hat eine seltsame Ausbuchtung unter dem Arm. Der Professor ist aufgewacht und fragt:

»Es ist doch alles okay?«

Ad, unverdrossen (und nachhaltig blöd):

»Was für ein Flugzeugtyp, welches Modell?«

»Wir wissen nicht.«

»Aber, eine Maschine …?«

»Haben noch nicht.«

»Noch keine Maschine?« Frost macht sich breit.

»Nein.«

»Wie soll ich dann etwas machen?« Irgendwie wird der Saal noch dunkler als sonst.

»Sie wollen nicht?«

»Unsinn. Verstehen Sie doch. Santa Madonna. Jedes Design braucht ein Produkt!«

Starrendes Schweigen. Was meint der damit?

»Any Counters?«

»No.«

»Personnel?«

»No.«

»Destinations? Sort of schedule, a plan?«

»No.«

Jetzt bin ich es, der starrt. Und überlegt. Ad, du musst das verstehen. Diese Männer wollen es aus dem Boden stampfen. Aus Nichts.

Ad, du denkst schon in Endperfektion, aber die Truppe hier, die ist noch nicht angekommen, die sind noch ganz an der Front. Die Stiefel noch voller Lehm.

Aber, das musst du verstehen, Ad, in ihre zu allem entschlossenen Augen sehen, die riechen die Chance vom freien Wind. Die Herren Ries und Trout, sie hätten ihre helle Freude an dem harten Spuk gehabt: »It's better to be first than it is to be better.« Also, frag nicht so viel, Idiot. Wenn du's schon machen willst, dann mach.

Ich hebe das Glas und grinse sie endlich, schon fast erleichtert an, meine neue, meine verwegene Bruderschaft.

»Nur keine Sorge. Ich mach das für euch. Es ist alles okay. Okay?«

»Okay!«, Aufatmen, Anstoß und eben Verbrüderung, vergiss diese ganze bescheuerte Theorie.

»Können bald haben, Brüderchen?«

»Klar. Keine Sorge. Ich mach es für euch. So schnell ich kann.«

Die wollen es haben. Und, ich bin dran. Macher, Machos und Halunken. Mit gefangen, mit gehangen.

Zu Hause, da ist ein feinhändiger Designer, der mir hilft. Wir suchen uns irgendeinen City-Hopper-Typ, der uns zu passen scheint, und legen ihm in der ausgefeiltesten Proportion das nationale rotweiße Schachbrett auf, schick geschnitten in die Moderne des Westens hinein.

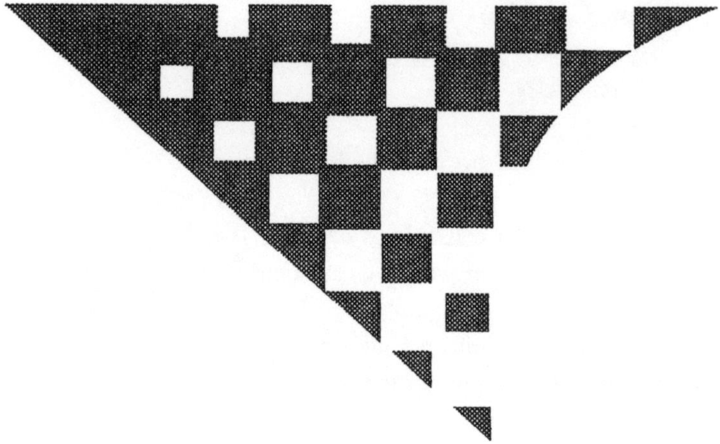

Leitwerksymbol in Rot, der kroatischen Flagge entsprechend.
Corporate Design-Zuarbeit: Heiner Nitsch.

Es wird ein ganzes kleines Buch. Mit Tickets, Countern und Crew-Uniform, Typo, Flugplantitel, alles, was du um dich brauchst. Und wenn du es eben, egal, ob ins Blaue, richtig machst, dann entsteht doch tatsächlich, so hingeraten, aus dem dichten Nebel, ein klares reales Bild. Croatia Airlines. C.I.

Ich sag dir, die waren ganz hin.

Abendfeier mit mächtig Fleisch. Na zdrovje, natürlich, das auch.

Ein paar Kosten sind aufgelaufen. Ich stelle Rechnung, aber nichts passiert. Mein Finanzchef mahnt mich fünfmal, ich ruf den Professor an, die Airline, »Ja«, aber es kommt nichts. Alles im Sky verlaufen, also, vergiss es, Ad, es war doch schließlich dein Land.

Und nun steh ich im Flughafen, und das Ding rollt doch tatsächlich einfach so auf mich zu. Die haben alles genauso gemacht. Die Croatia Connection. Grad wie im Film.

Der Streifen, oder besser, das Karo, ist gut gemacht. Gut gemacht. Ein Gauner versteht einen anderen. Respekt für den Coup. Und dann vergiss es und schlag ein Kreuz.

Monate, ein halbes Jahr später steht die Croatia Airline in meinem Büro. Voller Stolz. Mit Dank und einem Geschenk für ihren Bruder-Professor in ihrem Gepäck. Die Kopie der Schwarzen Madonna aus dem Zagreber Dom.

»Brüderchen«, sagen sie, »Vasata, wir verdanken dir unseren ganzen Erfolg.«

Ich freu mich und schüttele ungläubig den Kopf.

»Nur, weil wir deinen guten, deinen offiziellen Briefbogen mit uns hatten, haben wir bekommen Kooperation. Landeerlaubnis und so weiter mit Lufthansa. Ohne, was du nennst Identität, wäre nicht möglich gewesen.«

Seitdem freue ich mich, wenn ich sie, meine Airline, auf einem Flughafen wiedersehe. Dann denke ich, gut gemacht. Sehr gut. Vrlo dobro. Ausgemachte Halunken, Gaukler und Gambler, alle zusammen. Müssen zusammenstehen. Verstehst, Brüderchen?

Der Westfälische Friede

Qualität ist das beste Rezept

Du kannst noch so viel tun. Nach einiger Zeit gehen dir die Haare aus. Die Zähne werden stumpf. Du bemerkst es nicht gleich. Du nicht. Nun.

Wir hatten eine gute Ehe. Durch dick und dünn über lange Zeit. Siebzehn gute Jahre lang. Bei der Kunden-Fluktuation bekamen wir immer die Eins. Mit manchen Klienten wirst du nie warm. Mit dem hier wurdest du eng. Denn er nahm seine Entwicklung aus sich, im Vertrauen mit uns, und wir selbst wuchsen mit. Das verbindet.

Ad mochte sie, war immer persönlich dabei. Nicht dass sie einfach gewesen wären. Aber, diese Dinge lernst du über Zeit, ein eigener Charakter ist das nie. Und, ohne Reibung bewegt sich nichts. Doch Charakter, er steuert aus sich.

Ein angesehenes, ein Gründerhaus von bewährtester Tradition, mit seiner Heimat verbunden, bis tief in ihr Familienleben hinein. Wo die Bibel des stets gelingenden Backens auslag, von höherer Auflage als selbst das Original.

Das Haus Dr. Oetker, welches das Geschäft mit der feinen Lebensart nun schon weit über 100 Jahre betreibt, mit einem gewachsenen Grundgefühl für den einmal eingeschlagenen Weg.

Ein Bielefelder Rezept offenbar. Ein Grundzug, der sich, wenn du den Quellen nachgehst, schön artikuliert findet bei Friedrich Wilhelm, dem großen Kurfürsten: »Charakter ist die beste Strategie.«

Du musst dich doch immer an der Art orientieren. Wie wir heute modisch sagen, an der Identität. In diesem Falle solltest du eher von den Wurzeln sprechen. Denn, der Kurfürst hat sich – so um 1650 herum – ja oft in Bielefeld aufgehalten, auf dem »Sparrenberg«. Er hat Bielefeld zu seiner Residenz erhoben, um dort, spür die Bielefelder Lebensart nach, »neben unserer Gemahlin Liebden und notwendigen Hofstatt mit bequemen Posamenten akkomodiert zu werden«.

Das Haus Dr. Oetker. Charakter ist die beste Strategie. Auch zu Ad's begleitender Zeit, eindrucksvoll patriarchalisch, in schon ritueller Sparsamkeit geführt, bereits in der Hand der dritten, den eigenen Weg suchenden Generation. Im gegebenen Kaufmannsinstinkt.

Sehr Bielefeld. Weil eben Bielefeld, was du nicht denkst, schon seinerzeit eine ausgesprochen umtriebige Stadt der »Kaufleute« war. Vor allem durch ihr Leinen berühmt, das durch die sogenannte Bielefelder Legge-Verordnung zu einem ersten Artikel von Markenqualität wurde.

Der Einzelhandel der »Krämer« betrieb sein Geschäft mit »Waren des gehobenen Bedarfs«. Mit Seide, Samt, Spitzen, Lederwaren, aber eben auch mit Lebensmitteln aller Art, vom Kakao bis zu den Gewürzen.

Und nun musst du eben wissen, dass unter allen diesen umtriebigen Bielefelder Krämern der unumstritten angesehenste ein Unternehmer und Erfinder namens Oetker war, der Apotheker, der mit seinem Ur-Rezept den Grundstein für allen späteren Familien- und Markenerfolg gesetzt hatte.

Mit der überwältigenden Geling-Garantie des Urstoffs Backin, mit dem glücklich machenden Pudding, dessen intensiver Vanilleduft das Stammhaus bis heute durchzieht, und mit dem später konsequent nachdrücklichen Marketing, das diversifiziert und nachsetzend die neuen Marktsegmente sucht und auch erobert, bis zu dem bis heute nun grandiosen, dem europäischen Pizza-Erfolg.

Siebzehn Jahre, ergrauendes Haar. Irgendwann kommt der Tag, sei getröstet, es ist ein natürlicher Prozess.

Wenn du in diesem Geschäft einen Klienten allzu gut kennst, dann beginnst du zu denken wie er. Was also willst du noch? Ohne Friktion ermüdet die Leidenschaft. Dazu kommt dein nimmer ermüdender Wettbewerb.

The constant pain in your neck, das versprüht neue Frische. Du hast dich verbraucht, bist zur Gewohnheit geworden. So wie's auch Politikern geht, erinnere Kohl. Irgendwann bist du reif, selbst wenn noch ehrenwert.

Wettbewerbspräsentation. Stell dich zur Wahl. Es ist so weit.

Inzwischen, nach Gesprächen, verstehe ich, dass es nicht allein um »Ermüdung« ging. Der Zeitpunkt, er deckte sich mit den drängenden Plänen des Hauses für eine geschlossene Strategie, noch unfertig und deshalb nicht sichtbar. Innen nicht greifbar, außen nicht da: Die endliche Einheit der versprengten Operationen. Zur einen Marke. Nicht mal rot, nicht mal blau und nicht drei. Nun schließt sich das Markenbild. Weil es eindeutig ist.

Doch wenn du mehr verstehst als wir damals, es bleibt doch immer ein Schock und ein Flehen, zu Madonna doch wohl: »Erfinde dich neu!« Nach Jahren, in Wochen? Kunststück. Woher die Kraft?

Als Etatverteidiger hast du immer die schlechteren Karten. Denn natürlich kennen sie dein Blatt. Und natürlich läufst du auf der Außenbahn. Und natürlich stehen die Wetten gegen dich.

Die Umstände selbstgemacht, diesmal auch. Ich sehe es deutlich. Wir sind nicht in Form. Vor allem nicht gut formiert. Ich denke, das hat die Lage auch mit provoziert. Du bist nicht immer gut drauf.

Der Etat agenturseitig geteilt, einmal im Stammhaus, einmal

in der zweitgrößten Dependance, nicht notwendig gebündelt geführt. Um's kurz zu machen: In Uneinigkeit, am Ende eben nicht ganzheitlich präsentiert.

Bits and pieces. Wie du heute weißt, das ganze Gegenteil der Erwartung. Eben nicht frei.

Das Echo, Enttäuschung. Selten waren wir derartig grau. Kein Hauch von Brillanz. Vor allem nicht von Geschlossenheit. Keine Hand, die sich rührt. Und du räumst das Feld. Verdientermaßen. Waterloo.

Adver D. Pen. CEO. Verantwortlich. Ich habe mich oft gefragt, ob ich es hätte verhindern können. Indem ich die Partner der Dependance, etatverantwortlich zu ihrem Teil, so wie wir auch, ob ich sie hätte hindern sollen, durch ihren Beitrag die Sache verdoppelt zu komplizieren.

Heute denke ich, es musste so sein. Ich schuldete meinen Partnern eben Respekt. Alles andere, es hätte nur obendrauf noch Unglück gehäuft. Und schließlich, wer gibt dir denn die Gewissheit für einen garantierten Erfolg? Nein, ich denke heute, wir haben verloren, weil wir wussten, wir würden verlieren. Wir waren untereinander nicht klar.

Gegen uns und ein paar andere gewinnt eine ausgewiesen ausgezeichnete Agentur. Eine hoch dekorierte Truppe von kreativem Ruf und unbezweifelt professionellem Rang.

Ad hat ihnen sofort gratuliert. Charakter ist die beste Strategie. Und, in unserem Geschäft, da gibt es keine Geling-Garantie.

Die Niederlage verschmerze ich. Doch nicht unsere unzureichende Art von Verständigkeit.

Nach ein paar Tagen Wundenlecken rufe ich Alfred Hellmann in Bielefeld an, die erste Instanz, die den Unternehmer vertritt. Bitte um ein Gespräch. Wir kamen immer gut miteinander aus. Hellmann ist unverändert verbindlich und unverstellt.

»Pen, Sie?«

»Herr Hellmann, ich bitte um Nachsicht. Doch ich würde mich wirklich sehr gerne noch einmal mit Ihnen besprechen. Würden Sie mir die Gelegenheit dazu geben?«

Hellmann, er ist auf das Höflichste überrascht.

»Herr Pen, ich weiß nicht. Sehen Sie, es gibt doch kein Thema mehr zwischen uns?«

»Unter vier Augen, Herr Hellmann. Nur ein Gespräch.«

»Pen. Nun sehen Sie doch. Es ist alles gelaufen. Endgültig. Langmann von der neuen Agentur ist von mir informiert. Bei aller Freundschaft, Pen. Wir sind ja immer gut miteinander ausgekommen. Ich sehe einfach keine Grundlage mehr für ein Gespräch.«

»Ja, natürlich, Herr Hellmann, ich verstehe das. Aber, bitte. Was schadet es? Ich bin übermorgen in Wolfsburg. Auf dem Wege zurück könnte ich zu Ihnen nach Bielefeld kommen.«

Auf der anderen Seite Stille. Sicher schüttelt er nur den Kopf. Was reitet den Kerl?

Ja, was? Ad, in irgendwie intuitiver Manier:

»Wenn Sie zufällig einen Moment Zeit hätten. Wir könnten uns vielleicht ja auch irgendwo zusammensetzen? Natürlich nur, wenn es bei Ihnen passt. Herr Hellmann?«

Ich staune noch heute. So unbeirrt dreist.

»Pen, Pen, Mensch, Sie machen es mir aber schwer«, Hellmann überlegt. »Aber, Sie haben Glück. Zufällig geht's an dem Abend bei mir. Der alten Zeiten wegen will ich es Ihnen nicht abschlagen. Aber nochmals, damit das klar ist, Pen, das Geschäft, das ist DEFINITIV gelaufen. Verstehen Sie? Definitiv!«

Ad, ungerührt: »Das ist sehr freundlich, wirklich sehr freundlich von Ihnen, Herr Hellmann. Dann treffen wir uns also. Wo? Wann?«

»Sagen wir gegen acht. Schaffen Sie das? Im Kaiserhof. Das ist in der Innenstadt. Leicht zu finden. Da gehe ich manchmal hin. Aber, nochmals, Pen, Sie wissen …?«

»Ich weiß, Herr Hellmann. Und, ich bedanke mich sehr. Bis dann.«

Du erinnerst dich. Die meisten Klienten in meinem Gewerbe

sind anständige Kerle. Die haben alle selbst Probleme bis unters Dach. Deshalb versteht der auch meins.

Ad, Schimmelreiter. Durch Nacht und Wind. Bin zur Zeit da. Hellmann sitzt schon beim Wein. Sieht mich aufmerksam an. Freundlich und ruhig:

»Schön, Sie zu sehen. Mensch, Pen, Sie sehen erschöpft aus. Kommen Sie, wir bestellen gleich was. Auch einen Wein, wenn Sie mögen. Der tut Ihnen gut.«

»Danke, ich freue mich auch. Sehr freundlich, das alles. Ich laufe auf Hochtouren, das ist ja klar …«, er nickt, fast schon belustigt, »… nach alledem!«

Hellmann hat Statur, ein weißblonder, dünnhaariger, groß gewachsener Mann von Manier. Wir reden uns in das Unverfängliche hinein. Pellkartoffeln und Matjes, irgend so etwas, und ich erzähle ihm von meinem Tag, von der Probefahrt mit dem allerersten Audi 100, in seiner Straßenlage ein Traum.

Es stellt sich heraus, er ist ein Autonarr wie so viele, und wir reden uns ein wenig warm.

»Nun«, sagt Hellmann beim Kaffee, wie zum Abschied schon, »Sie haben das kritische Thema ja nicht berührt, aber Sie wollten doch unbedingt, dass wir uns sehen. Aus reiner Freundschaft sind Sie nicht da.«

Ein Nordlicht mit hellblauen Augen, die lächeln, dich direkt mustern. Ein verständiger Mann.

»Also, Pen, bevor wir nun gehen. Spucken Sie's aus.«

Ich geb's ihm direkt. Auf einen Herzschlag kommt's mir nicht an.

»ICH WILL EINE ZWEITE CHANCE.«

Eine Bombe. Sie schüttelt ihn regelrecht durch.

»PEN! Sie sind ja verrückt!«

»Ich weiß. Ich weiß. Die Agentur hat es nicht gebracht. Und es bringt mich um, weil es unnötig war. Und ich nehm es nicht hin.«

»PEN!«

»HELLMANN!«

»Das ist eine Sache zwischen uns. Mir egal, was Ihre Herrschaften denken. Sie sind der Erste Vorsitzende des Unternehmers und Sie entscheiden. Die Agentur hat ihren Auftritt geschmissen. Aber, Herr HELLMANN, ich habe wohl doch Verdienste an Ihrem Haus. Und, altmodisch genug, Sie können gern lachen, ich will wenigstens den letzten kleinen Rest von meinem ramponierten Ruf zurück.«

Ich weiß nicht, wie lang die Suada noch ging. Kann sein, dass er geschrien hat, »genug«, kann sein, dass ich geschrien hab »aber Sie müssen«.

– Hellmann heute: »Ich bitte Sie, Pen, wir beide, wir hätten uns doch nie angeschrien.« Aber, er stimmt mir zu, dass wir am Ende wohl so dagesessen haben, aufgebracht und echauffiert, und dass er von dieser unverschämten Zumutung, von diesem Commitment auch für sein Haus, so gegen alle fertige Entscheidung, gegen seinen Willen, gegen jede Regel dennoch aufgemischt, wohl auch gegenwillig beeindruckt war, dass er, noch in Empörung, Schock schon fast, und erschöpft, ungläubig nur noch diese eine unfassliche Frage herausbrachte, die eben fast schon ein Statement war:

»Sie meinen das ernst.«

Ich lasse ihn denken. Nehm einen dringenden Schluck und sage:

»Sie können das machen. Und, ich kann das machen. Ich brauche nur diese Chance. Durch Sie.«

»Der Etat ist vergeben.«

»Ich weiß.«

Hellmann, ich sag's dir, der erkennt ein großes Gefühl. Er weiß wohl auch, was ich kann. Er weiß wohl auch, dass er es am Ende tun kann, ohne Not.

Ich sage dir nochmals und nochmals, das Einzige, was einem Klienten wirklich wichtig ist, ist Commitment. Leidenschaft.

Und, Hellmann bestätigt das. Damals wie heute noch.

Auch er nimmt einen tiefen Schluck. Nun steht es Herz gegen Herz. Dann sagt er es, wider jedes Gesetz:

»WIE SCHNELL KÖNNEN SIE ES MACHEN?«
Ich denke, das muss ein Hörsturz sein. Dieses Gefühl.

»In drei Wochen. Das Artwork im Original. Druckfertig.«
Auge in Auge. Es vergeht eine Zeit. Ein Seufzer:

»Also, in Gottes Namen. OKAY. Nur Ihretwegen. Sie sind ein Halunke, Pen …«, und lacht breit, irgendwie nun auch gelöst und mit sich zufrieden, mit seiner Klugheit und Einsicht, und zu verlieren hat er nichts.

Ich sage: »Ich schulde Ihnen etwas. Und, es ist jederzeit einlösbar.«

»Ich komme womöglich darauf zurück.«
Am nächsten Tag in der Agentur. Roundtable, Brainstorm und Aspirin. Die »Challenge«, die ist eine heiße Nummer. Und du stakst wie on High Heels.

Die besten Köpfe sind dran. Ad führt Regie. Ich weiß, es rettet uns nur ein Coup. Die große Anlage, die hab ich im Kopf. Das ist so. Du siehst es vor dir, doch es ist noch nicht da. Nur trial and error hilft.

Also brauchst du zu deiner Sicherheit, nachdem du die Richtung angezeigt hast, ganz einfach eine Masse von Zeug. Schrubben, bis sich was zeigt. Vergleichende Anschauung. Sie alleine pusht dir das Level hoch.

Einer unserer Allerbesten, ein Partner und Creative Executive, ein wunderbarer, ein besessener Kerl – den Audi Quattro die Sprungschanze hoch –, er pusht sich über die Blätter und schreibt sich die Finger wund, durch alle Nacht.

Der beste visuelle Kopf ist schon in Paris, die erste Adresse für »Still life« ist grad gut genug. Auch die Bilder, sie müssen in die exemplarische Qualität. Ich hab zehn, fünfzehn Leute dran. Ich schulde dem Hellmann was. Und eben uns.

Bist du nicht vom Fach, bleibt dir wohl vieles fremd. Du denkst vielleicht, na ja, man sucht nach irgendeiner tollen Idee. So was wie »Nichts ist unmöglich«. Toyota. Das ist ja gut. Die Marke darangeklebt und jahrelang eingebläut, dann gehört es irgendwann dir.

Aber, bei allem Respekt, diese Art Slogan ist zunächst einmal doch ganz allgemein. Wie so viele, austauschbar.

Nichts ist unmöglich, Telekom? Das ginge doch auch? Oder: Nichts ist unmöglich, Lehman Brothers. Nein? Na, du hast es ja wohl gesehen.

Wir suchen woanders. Bei der unverwechselbaren Identität. Bei dem, was nur wir haben und keiner sonst. So wie Ad es mal formuliert hat, in der einfachsten Art, die er sucht. »Das bin ich. Das nicht«.

Das alte Haus Oetker, es kommt vom Kuchen, von der Geling-Garantie. Vom Backin und vom Pudding, vom immer gelingenden Rezept. Zur Freude der Hausfrau. Alles wird gut. Dort suchst du. Nicht nach irgendeiner flüchtig sprühenden, nein, nach der einen, der einzig möglichen »selbstähnlichen« Idee. Dem Hause zugehörig und nur ihm.

Durchgeschrieben, Alternativen en masse. Das klassische »Screening«, die Spreu vom Weizen getrennt. Gute Sachen, aber dennoch müssen sie weg. Am Ende bleiben ein paar. Ich will keine »Line«, wie das bei uns heißt, ich will gleichzeitig ein großes Konzept.

Und zwischen den ganzen ausgebreiteten Blättern, da liegt's. Das Entscheidende ist nicht allein, dass du es hast. Entscheidend ist, dass du es erkennst. Und dann dafür stehst.

Ich weiß es noch wie heute, meine Leute, die Partnerfreunde, sie machen zunächst einen großen Bogen darum. Präferieren hier, präferieren da, sind willig, doch gleichzeitig noch das gebrannte Kind. Kennen »den Kunden« zu gut. Das oder das, das nimmt der nicht. Besonders nicht das, was Ad sieht.

Es liegt an mir. Die Einschätzung und die Verantwortung mit. Entschieden muss sein, also sage ich, wir nehmen dies und sonst nichts. Die Freunde sind einig, das ist Suizid. Das Risiko einfach zu groß. Ich sage, es gibt kein Risiko mehr. Nur eine Chance. Und nehm es auf mich.

Liest du es heute, ist das Gewicht einer solchen Sache wohl kaum zu verstehen. Doch damals, bevor es so etwas gab, da war's total neu. Im Auftritt und Ton und anders als alles, was vorher war.

»Wir ziehen das durch. Mit aller Konsequenz.« Es ist mutig. Und gehört allein uns. Kein kleinlicher Spruch. Ein absoluter, ein eigener Anspruch. Ansage an den Markt:
»MAN NEHME DR. OETKER.«
»Qualität ist das beste Rezept.«

Oetker, das ist das berühmte Geling-Rezept, das immer mit »Man nehme ...« beginnt. Das bindet es an unsere Marke, in schöner Selbstbehauptung gegen den Markt. Man nehme uns. Nicht dies.

Konzept im Ideal der »Selbstähnlichkeit«. Die Positionierung allein aus der eigenen Art. Das, was du immer suchst. Die Alleinstellung.

»Qualität ist das beste Rezept«, das rundet bewiesen, bestätigend ab. Mit unserem Kurfürsten schon: »Charakter ist die beste Strategie.«

Kuchen im Close-up, flächenfüllend im Großplakat. »Man nehme Dr. Oetker«, darüber, führend die Marken-Line. Crème fraîche, Pudding, Close-up, ebenso riesig Nasi-Goreng und auch die Pizza, fürs plakative, das strotzende Sortiment.

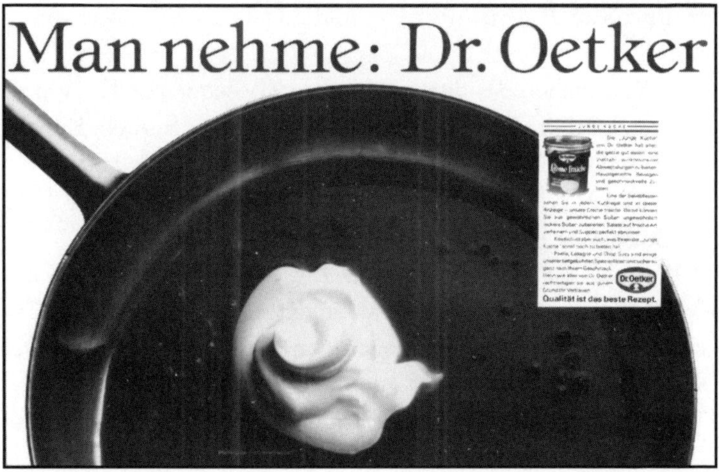

Doppelseiten, nie dagewesen (»machen die nie«), ganz so wie das Plakat. Integrierter Markenauftritt, stringent bis ins Kleinste, das Kleinste, einander immer entsprechend, da im Markenstile gestaltet und somit als Ganzes geführt.

Nicht nur stringent, nicht nur selbstähnlich und fast aggressiv, auch – es geht um Geschmack – ein großzügiger, absoluter, ästhetischer »Look«.

Aufgereiht auf dem langen Flur, meterlang gestaffelt, das ganze auffällig mutige Zeug, groß aufgerissen, groß aufgereiht an der Wand. Und alle kommen, die Food-Revolution zu sehen. Und alle finden es toll. Ziemlich irre, das auch. Wenn wir denn untergehen, dann bitte mit etwas Geschmack.

Präsentation. In Baden-Baden. Gewohnt wird bei Oetkers im »Brenner's Park Hotel«. Der alte, sparsame Herr, er hatte nur ein einziges Laster, den privaten, den luxuriösen, den weltmännisch sicheren Stil. Du weißt es, wenn du im feinen »Bristol« warst, in Paris. Oder im »Eden Roc«, am Cap d'Antibes, am Pool Mr. Clooney oder Mrs. Stone. Bielefelds »Vanity Fair«.

Im Brenner's, da wird denn auch präsentiert. Der weitblickend unternehmerische Herr Hellmann allein, nur noch ein ausgewiesener Markenberater, den ich kenne und schätze, sitzt ihm bei. Ein Mann von Ausgleich und Vernunft. Das stimmt eher gut.

Also, soll ich dir etwa irgendwas von Spannung erzählen, von dem exemplarischen Druck einer solchen Situation? Ersparen wir uns das.

Ich trage vor. Kaum Fragen. Wenn, dann professionell. Und das war's.

> Hellmann: »Unglaublich. Unglaublich. Fast bin ich sprachlos, Herr Pen«, zu seinem Berater: »Was sagen Sie?«

Der ist von gerader Art und reagiert entsprechend direkt:

> »Ich kann tatsächlich nur gratulieren. Ich habe wirklich sehr, sehr selten eine derart geschlossene Markenarbeit gesehen. Es ist Oetker, das ist das Wichtigste. Es hat Kraft. Und es kommt wirklich phantastisch daher. In der Lebensmittel-Werbung habe ich so etwas noch nie auch nur annähernd gesehen. Herr Hellmann, was soll ich sagen. Das ist ohne Zweifel ein Wurf.
>
> Ich weiß nicht, was das Haus sagen wird, aber ich gratuliere der Agentur, Herr Pen.«
>
> »Pen«, sagt Hellmann, einfach bedacht, »ich nehme das so, ohne weitere Diskussion. Ich zeige es dem Unternehmer und der Geschäftsführung. Ist das okay?«
>
> »Mehr als fair.«

Beim Abschied, vertraulich, zu mir:

> »NICHT ZU GLAUBEN, Menschenskind, Pen. Einfach nicht zu glauben. Erst diese Blässe und dann dieser Wurf. Vielleicht war es ja doch nicht umsonst. Unser Abend-Komplott. Ich höre mich um bei uns. Vielleicht rufe ich Sie morgen schon an.« Schüttelt den Kopf, hin und wieder her.
>
> »Ich fasse es nicht. Jedenfalls aber, danke. Bis dann also. Bis dann.«
>
> »DANKE.« Ich sehe ihn an. Er nickt. Und lächelt. Dann ist er weg.

Wie wir weg sind, weiß ich nicht mehr. Wir waren wohl weg.

Anderntags bin ich Gilbert Bécaud. Monsieur 100.000 Volt. Meine Freunde mit mir.

»Herr Pen, ich verbinde Sie mit Herrn Hellmann.« Irgendwie bin ich ruhig.

»Pen, kommen Sie gleich nach Bielefeld. Hier ist der Teufel los. Der Unternehmer und seine Leute, auch Dr. Sandler, sie sind alle im Boot. Sie glauben nicht, was Sie, was wir da angerichtet haben. Die neue Agentur ist schon gekündigt. Ich habe sie selber angerufen. Das war nicht leicht. Die sind natürlich im Schock. Also, wann kommen Sie?«

»Im Schock bin ich, glaube ich, auch. Ich reise noch heute Abend an. Sagen wir, morgen früh? Gleich um acht?«

»Okay. Morgen, um acht.«

»Herr Hellmann …«

»Ja?«

»Was soll ich sagen?«

»Sagen Sie nichts.«

Atmen wir, wenn du einverstanden bist, gemeinsam ein wenig durch.

Ein oft schon bizarres, ein komplex sich klärendes wie verwirrendes Geschäft. Ein Geschäft aus Produktionsdruck, Imponier-Inszenierung, Interpretationsbehauptung, Eigensicherung, Powerpoint-Schema, Drohgebärdung, Konsensverflachung, Tunnelblick und Sehnsucht nach hoffentlich einem Irgendwo-Horizont. Kluge Vernunft, Weitsicht und Unerschrockenheit auch. Zähe Friedensbemühung im Dauerwettbewerb. Probleme, Probleme bis unters Dach. Bei allen gleich. Komm zurecht, wie du kannst. Trouble is your business, Marlowe. You've got to stay.

Vermarktungsdruck, tonnenschwer auf den Schultern des Marketings. Du solltest ihn respektieren, einfach nur besser verstehen, diesen Druck. Der liegt überall, nicht nur auf dir.

Bielefeld. Besprechung bei Hellmann.

Er hat Axel Andrée dabei, den Marketing-Chef, der freut sich mit mir. Ein Mann von Überblick und immer positivem Einfluss aufs Haus, er hat die gute vermittelnde Art.

Wir legen die nächsten Schritte fest. Als Erstes, am wichtigsten, die Crew, das Produktmanagement, es muss mit an Bord. Sie wissen von nichts, es kommt alles von »Oben«, sie stehen nur Kopf.

Axel schlägt vor, die notwendig wünschenswerte »Wiedervereinigung« zu inszenieren. Präsentation der Kampagne durch ihn und mich, bei uns im Großraum der Agentur, danach ein hoffentlich entspanntes »Get together«, irgendwo in der Stadt.

Dr. Sandler, der Chefstratege, kommt und gratuliert, ein kurzer und gleichzeitig sehr freimütiger »Straight Talk« zwischen dem Unternehmer und mir, Charakter ist die beste Verabredung, und so gehen wir's an.

Sie sagen mir, warum Sie nun mit uns sind.

Heute, nach so vielen Jahren, bei mir zu Besuch ein unveränderter Hellmann, erläutert es mir noch mal aus des Unternehmens innerer Sicht.

Das Haus, zu der Zeit, es war nicht, sagen wir, »unikat«. Vielmehr dezentral. In jeder Hinsicht komplex. Die Markenkraft, praktisch zerlegt. Der Unternehmer und seine engste Führung, sie haben die Konsequenzen einer »Zusammenführung« strategisch bereits fest definiert. Im Auftritt der einen, der führenden Marke im Markt spiegelt sich davon nichts. Und nun, wie aus dem Boden gestampft, ist da plötzlich die ganze Strategie sichtbar umgesetzt, die Markenführung im Bild. Wir sind mit der gedachten Vorstellung im Sichtbarsten kongruent.

Wie man so sagt, wir haben es auf den Punkt gebracht. Also nochmals. Charakter ist das gerade Denken, und so gehen wir's an.

Für die erneute »Verbrüderung« suchen wir uns einen nostalgischen Pott am Rhein. Zuvor die Präsentation in der Agentur. Sie kommen mit dem Bus. So circa mit vierzig Mann. Doch der Raum wird empfindlich kühl. Oh, Freund. Du kannst es nicht wiedergeben, dieses Geschäft.

Axel mit Engelszungen:

»Wir haben es so entschieden, aber, wir brauchen euch

dazu. So, wie wir einen großen Schritt für unsere Marke brauchen. Und ich bitte euch, diesen großen Schritt mit uns zu gehen.«

Die Herrschaften sitzen regungslos, die Arme überkreuz. Rede nur, was immer du willst.

»Die Agentur stellt euch nun ihre Arbeit vor. Pen, übernehmen Sie.«

Vor Ad, der versammelte Widerstand. Total unterkühlt. Eis zu brechen ist auch eine Kunst. Den Brand löschen, auf andere Art.

Ich tanze vor, probier es mit Leidenschaft, aber sie sehen durch die Sachen hindurch. In ihrer fachlichen Ehre verletzt. Vogel friss oder stirb. Am Ende, vielsagend, nichts als verstockte Stille als überdeutliche Reaktion.

Axel, neben mir, er fragt: »Bitte, gibt es noch einen Kommentar?«

Es kommt nur einer. Der's in sich hat. Frech:

»Dann können wir ja wohl gehen.«

Ungefragt und daher tief gekränkt. Die Marke hoch, die eigene, die »Sub-Brand« platt. Mein Einzugsbereich arrondiert, eingeebnet, mein Einfluss beschnitten, wer bin ich denn noch? Also gut, lasst uns gehen.

Zu Axel, dem Freund: »Da steht uns noch viel Arbeit ins Haus.«

Er nickt: »Das ist nicht gut.«

Kaum auf dem Boot, steh'n wir allein. Seine Leute, mürrisch grad noch die Suppe löffelnd, stecken die Köpfe zusammen. Verabreden sich. Ein störrischer Botschafter stolziert kurz herüber zu uns.

»Vielen Dank, das war's. Wir fahren jetzt alle zurück.«

Axel, brüskiert, Meuterei auf der Bounty, sie fahren dem Kapitän hart vor den Bug. Boykottieren die Entscheidung, die Arbeit, die Agentur ohnehin, das Haus und dessen Marke gleich mit. Insubordination. Ihr könnt uns mal. Wir fahren. Adieu.

Maulend, provokativ die Hände in den Taschen, wortlos, trotten sie, einer nach dem anderen, über den Steg, hinüber zum Bus.

Ich denke, Qualität ist das beste Rezept.

»Axel, Mensch, du musst etwas tun. Das ist doch Arbeitsverweigerung. Total illoyal. Stell sie zur Rede. Du musst hinterher!«

Axel schüttelt den Kopf: »Lass sie nur machen. Das gibt sich schon.«

Ich sage: »Axel! Das geht gegen dich. Gegen das Haus. Wenn du mich fragst, alle morgen ganz früh zum Gebet! Du lässt jeden Einzelnen von dieser sturen Bande auf die Bibel schwören. Auf die Marke. Und wer nicht will, der geht!«

Er ist ein Mann des Ausgleichs, so etwas ist nicht seine Art. Geht am nächsten Tag in Urlaub, man wird schon sehen. Nun gut. Er ist das Haus.

Dennoch, Ad hat's befürchtet, so bekam Mrs. Thatcher ihr endlich unabweisliches Recht: »Konsensus ist die Liquidation der Entschlusskraft.«

Noch Jahre gab's den Disput über die Gewichtung von Dachmarke und Submarke, im täglichen Nahkampf und oft eben allzu aufreibend, nur kontra, gegenproduktiv. Gegen alles, ich hab's dir beschrieben, gegen alles, was die eine, die bündige Markenstrategie des eigenen Hauses will.

Im ersten »neuen« Jahr war Ad zu achtzig gezählten Meetings in Bielefeld. Sachdiskussion und Fight. Natürlich die nötige Ausarbeitung, die Vertiefung des Konzepts, Realität wirft immer ganz unerwartet neue, offene Fragen auf. Disziplin ist oberstes Gebot. Entscheidend, der feste Stand.

Gezerre über ein Jahr. Die Nerven blank. Nun soll dem Ganzen ein Ende sein. Durch die vanillegetränkten Flure weht das Gerücht, das Marketing-Management will definitiv und geschlossen von der Fahne, ein Befreiungsschlag, ein überrumpelnder Umsturz ist angesagt.

Wir erfahren es rechtzeitig. Gamblerglück. Und sie haben die

Rechnung ohne den großen Kurfürsten gemacht. Ein Fehler, der sich für einige rächen wird.

Charakter ist die beste Strategie.

Der Unternehmer, seine ersten Führungsleute und Ad, die Marken-Musketiere, wir sind uns eins. Wir stehen zusammen, Rücken an Rücken und Hand über Hand, das ist beschlossen, wir lassen den Herrschaften keinen Stich.

Herrlich. Da sitzen sie, den Aufstand schon dreist und sicher im Blick. Aber als sie uns sehen, »die Verschworenen«, fixierend und grimmig zugleich, da wissen sie in dem Momente, was die Stunde geschlagen hat. Und bevor noch ein einziges Wort gefallen ist, ein einziger Funken geschlagen, da ist das Feuer schon kläglich aus.

Das war, von niemandem bemerkt, »der Westfälische Krieg von Bielefeld«, das historische Markengemetzel, das nie stattgefunden hat. Weil das Unternehmen nicht mit sich spaßen ließ.

Eine Lernstunde war es auch, und eben ein selten großer Moment. Eine deutliche Warnung zudem, vor Treulosigkeit.

Markentheoretiker, verbrennt eure Bücher. Ohne das Unternehmerische läuft nichts.

Es sind seitdem wohl gut fünfundzwanzig Jahre vergangen. Für stringente Markenführung in einer sich immer rascher wandelnden Markenwelt, eine kaum glaubliche Zeit. Ergebnis eines verrückten Komplotts. Was haben wir da gemacht, Hellmann, mein Freund? Hellmann, er lacht.

»Man nehme Dr. Oetker«, immer noch jung. Baden-Baden, ganz lebendig. Hoch präsent, durch zügig aktuelle Produktinnovation, tüchtiges Sub-Branding in feinster selbstverkäuflicher Handelsmanier, »Crème légère«, das snackige »Intermezzo«, der »Süße Moment« bis hin zum »Wölkchen«, verführerisch selbst für die Politesse. Und seit Oetkers und des verrückten Ads Coup, im »Ristorante« begleitet Caruso, schmelzend, den noch immer anhaltend schönen Erfolg. Seit damals, als der Grundstein des alten Kaufmannshauses wieder ausgegraben war, vom Management ermutigt, vom Unternehmer befestigt gehalten und, heute, von verständigen Erfindern weiter in die Zeit getrieben.

Eine Kampagne, durch unternehmerische Weitsicht und den geraden Mut eines ersten Mannes erkannt und zum Leben gebracht. Doch auch, ganz so wie ich es dir geschildert habe, über Jahre auf den Bajonetten der Agentur hochgehalten, verteidigt, am Ende erfindungsreich ausgepriesen. »Wölkchen« am Himmel.

Der Westfälische Krieg, nun befriedet. In voller Aktion.

»Charakter ist die beste Strategie.« Wille, der auch.

Erklärt es sich dir, das Geschäft?

»Life is a negotiation.« Was zu beweisen war.

»All in«

Leg alles hinein

In Germany, Trouble with »Pizza Hut«. Ein McDonald's der Pizzas nach American-Country-Art. Unter dem großen Dache von PepsiCo.

Unser weltweiter Laden und Pepsi, eine Familie. Gut ein halbes Jahrhundert lang die engste Beziehung, die's geben kann. Verschworen durch die Zeiten der Cola Wars, gegen die magische, süße Globalmixtur, der beharrliche Stachel des Pepsi-Tests, der schmerzende Dorn in der Überalterung: »Choice of a new Generation«. Mit der Jugend, so wie heute Obama, so haben wir's schon damals gemacht. Der Feldzug, er hat Markengeschichte geschrieben, »New Coke«, einen der blamabelsten Flops provoziert, und werblich, in Cannes ständig prämiert, waren wir immer ganz weit voraus. Willst du mehr davon wissen, frag nach bei Amazon, nach dem Buch von Barton, »The Cola Wars«. Und frag auch gleich nach dem Buch von Phil, meinem verstorbenen Freund und hoch dekorierten kreativen Kollegen, Phil Dusenberry, Chairman BBDO New York, der den »American Way of Advertising« fundiert und episodisch wie kein anderer beschrieb in »Then We Set His Hair on Fire«. Da erfährst du eben auch alles über Pepsi und uns.

Enger kann eine Klient- und Dienstleisterbindung nicht sein, fester Vertrauen nicht, größer, beständiger kann ein Etat nicht sein, und alles in allem eben kaum größer der uneingeschränkte Einfluss auf das Verhalten der Agentur. Abhängigkeit in der besten Freundschaft, auch sie bleibt nichts anderes als Macht.

Du siehst, worauf es hinausgeht. Wie immer: Die Macht bricht sich Bahn, und nie gibt es Gleichmaß auf ewige Zeit. Und so, in den späten Achtzigern, auf einmal, ganz unerwartet, im braven Deutschland, da überflutet sie uns, die Limonade der Macht.

Shit happens. How come?

Nun, wenn Pepsi nur niest, dann bröckelt das Haus. Unsere »Shrinks« aus New York, sie fliegen über Nacht ein und stutzen dich in die Mäßigung, wenn nötig, eben mit Druck.

»Ad«, kein Bitte, »du regelst das und sag uns nicht, dass es nicht geht.« Alle zutiefst besorgt. It's about PEPSI! You understand?

Ich erzähl dir, worum es geht. Warum es so plötzlich diesen heftigen Durchzug gibt, in den uns nun schon so bekannten, den berühmten Korridoren der Macht.

Die Sache ist die: Pizza Hut, die vertraute Family-Brand Amerikas, nach Germany kommt sie zu spät. Nicht wegen ihrer unbezweifelten Qualität. Allein, weil die besten Plätze vergeben sind. Von McDonald's, von Burger King, von Mövenpick, von Tchibo, dort, wo es »Traffic« gibt, den natürlichen Tagesverkehr, den Besucherstrom, der hungrig vorbeiflaniert: Alles belegt.

Das kleine Sträßchen, gleich neben der Kö, dem Ku'damm vielleicht, es ist daneben und nicht dabei. Da ist weder Flair noch Verkehr. Das Unbelebte hat keine Anziehungskraft, zieht kaum einen Umsatz. Woher denn? Halbleer. Die Standortsuche wird der Pizza-Kette zur Qual. Die Agentur, sie soll mithelfen. Ein Königreich für eine Idee. Von Wunschdenken ist auch ein Weltladen nicht frei. Dennoch sollen, so Pizza Hut, die Besten heran. Egal, wofür. Es muss das Headquarter sein, in Düsseldorf, wo Ad sitzt. Damit alles getan wird, was eben geht.

Wir kennen den Plan seit einiger Zeit und verhandeln schon längst mit Bielefeld. Konkurrenzausschluss! Du kennst die Geschichte. Wir haben zwar Goodwill und sie hören uns zu, möchten gern hilfreich sein, doch es wird schwer. Ihr Pizza-Geschäft ist bereits zu groß, als dass es nur Teil-Sortiment wäre.

Darum ist Pizza Hut ein direkter Konkurrent. Und bei aller Freundschaft, das geht zu weit, so ist die Ausschließlichkeit, Freunde. Die Konkurrenz, bei euch im Haus? Bei bestem Willen, wir machen nicht mit.

Wir bieten ihnen jede Form von Sicherheit an, getrennte Etagen, gesicherte Türen und derlei, aber am Ende schließen sie alle Möglichkeit aus. »Entweder – oder. Es tut uns leid. Es liegt nun alleine bei euch.«

Bielefeld, du erinnerst dich, das ist Dr. Oetker, uns nah und eben beileibe kein unbedeutendes Haus. Der Etat, zudem, ist in den letzten Jahren mächtig gewachsen. Oetker, ein Asset, wirtschaftlich ein zentrales Gewicht, und so wichtig das auch ist, Freundschaft, Loyalität zählen ebenso, wenn nicht mehr. Das Dilemma, es steht uns ins Haus.

Nicht Pizza Hut, nein, PepsiCo gegen Dr. Oetker, New York versus Düsseldorf. Verdrängungskampf auf der Lichtung der beidseitigen Loyalität.

Die Sache muss getan werden. Hat Ad selbst so gesagt. Das hast du davon. Dann entscheide dich, Philosoph. Klug reden kann jeder. Mach was daraus. Alexander, Knotenauflöser, hilf.

»Charakter ist die beste Strategie.« Die Entscheidung ist schon gefasst, bevor du sie denkst. Ich entscheide für Oetker. Bieg oder brich.

Die deutsche Pizza-Führung sitzt noch in Mülheim, im provisorischen Hauptquartier, auf Kisten noch, die Pizza-Leute, sie zitieren mich. Ihr Vorsitzender, ein verbindlicher Mann aus Österreich, den ich aus anderen Umständen kenne, empfängt mich allein, um die brisante Chose in Ruhe durchzusprechen. Er selbst, unaufgeregt, erklärt sich als eher neutral, aber, so eröffnet er mir, im Nebenzimmer säßen drei Leute vom Headquarter Pepsi, um mich »persönlich« – und ich weiß, was das heißt – zu sehen. Bei allem, was du schon so erlebt hast, ein starkes Stück. Sie fahren das schwere Geschütz auf. Damit ich es endlich kapier. Ich sage okay. Was sein muss, muss sein.

Die Türe vom Nebenzimmer geht auf, sie kommen herein, groß und alert, wie die Marines. Blauer Anzug, weißes Hemd, Grand Corporate Allure. Clooney, Pitt, und ich staune, Mensch, ist das nicht Gere?

Wir stehen. Nicht genug Kisten zum Sitzen. Die reine Konfrontation. Die Uniform aller Macht. So ist es, wenn so ein Flugzeugträger vor deiner Küste vor Anker geht. In schöner Reichweite. Ganz wie hier. Viel Umstände machen sie nicht.

»We are from PepsiCo.«

»I understand«.

»And we want to hear how you plan to clean up the mess.«

»Gentlemen, you are from PepsiCo and I assure you, I understand only too well what that means. In order to be entirely frank, if you are going to play the Pepsi card, you've already won. Period. That's it.«

Wie die Leibgarde des Präsidenten, so stehen sie da. Unbeweglich. Starren mich an. Die schwarzen Schuhe auf Hochglanz poliert. Sagen nichts.

»Yet, there's another point. Which you might take into account. If you insist to be placed in our Düsseldorf Headquarters, your Pizza Hut agency will loose one of its largest accounts, a client which it handles for twenty years.

Having said that, you gentlemen, please decide whether you will stay in an agency deeply hit financially, being humiliated by being forced to break loyalty and at the inevitable end, being seriously demotivated to work for a client who has brought such misfortune over the agency.«

Ad, Ivanhoe. Nun, trotz meiner Lanze stehen sie noch, inwieweit ich es treffe, dieses gepanzerte Limonade-Kommando, das weiß der Herr.

»That's one aspect, Gentlemen. With due respect. The other

is that I haven't come here with empty hands. I'm offering our first-class full service agency in Hamburg, in fact with more retail-competence than we would be able to provide by Düsseldorf, and you have my word that I will personally take over leadership and responsibility concerning the importance of handling your account as intensively as it deserves it.«

Stille. Die schnelle Eingreiftruppe, sie reagiert nur slow-motion, somehow. Er kommt wohl zu unerwartet, der entschiedene, rhetorische Überfall.

»Let me summarize, Sir«, sagt der Clooney dann, in so einem schönen, dunkel gurgelnden Slang, »you say, for reasons which you've explained, that it won't be Düsseldorf. It would be Hamburg, but you will personally take over responsibility. Is that correct?«

»That's entirely correct, Sir.«

Ich bin froh, dass es nicht »Ocean's Eleven« sind. Es sind nur »Pepsi's Three«. Und, Wunder genug, offenbar haben sie mir zugehört. Allein das ist erstaunlich genug.

»We'll let you know.« Ernst, unbefriedigt, aber nicht grob. Kein Schussbefehl. Es scheint, sie drehen ab. Pepsi. Choice of a new generation. Ohne einen weiteren Kommentar.

Der Vorsitzende, nun zwischen allen Kisten, sieht mich nachdenklich an und sagt:

»Wissen Sie, ich selbst kann mit dem Vorschlag ohne weiteres leben. Wir müssen jetzt erst einmal abwarten. Ich melde mich dann.«

Als er mir zum Abschied die Hand schüttelt, da sagt er noch, die Augenbrauen beziehungsreich hoch: »A starkes Stück, war des scho.«

Das Ende ist schnell erzählt. Die Pizzeria-Marines zeigen sich einsichtig. Waffenstillstand mit Germany. Wir sind schließlich auch Family, und eine Schwächung, die wollen auch sie für uns nicht. Die wissen es selbst, ihr Etat ist im Verhältnis derart klein, und sie haben, so vermute ich, fast schon einen vorsorglich kalkulierten Rückzug im Plan. Kein Krieg ohne »Way out«. Wozu noch ein Powerplay, ohne Aussicht auf einen Gewinn.

Aber soweit es das Gambling betrifft, war das ohne Abstrich va banque. Also, Ad, pluster dich nicht. Du brauchst zu deinem Unverstand eben auch Glück, jemanden im System, der sich noch einfühlen kann. So war das wohl hier.

Zum Triumph kein Anlass. Bedenke: Knapp gewonnen ist halb verloren. Wer hoch pokert, verliert auch hoch. Ich wusste, ich trage am Ende die Konsequenz. So oder so. Im »All in« gibst du alles. Im Verlust bist du endgültig raus.

Bei uns in New York spricht sich so etwas schnell herum. Bald danach, nach einem Board, gibt's eine Fete auf dem East River, auf einer Art Restaurant-Schiff.

Wir stehen auf Deck, und Lew, der für die Pizza-Hütte als weltweiter Supervisor den Laden schmeißt, geht mich in Rage an. Der trug so fast dreihundert Pfund. Ein Sumo in Fahrt. Ad, halb über der Reling, Lew, alle gestaute Wut:

> »God damn, Ad, how the hell can you bastard take that fuckin' risk?«

Wahrscheinlich habe ich auch geschrien. Ganz bestimmt. Aber sicher um Hilfe, das ging ja vor.

Ich hatte gegambelt, wohl auch um seinen Job. Mensch, um ein Haar hätte der mir fast alle Knochen verbogen. Seine Erregung war zu verstehen. Ich hatte gezockt, aber immerhin doch gewonnen, also machten wir Frieden, so what. Aber gerächt hat er sich doch.

Im Backgammon hat dieser massige Typ, das Harvard-Mathematik-Genie, mich dann bis aufs Hemd abgezogen, der Hurensohn. Fuck on you, ich habe gründlich dafür bezahlt. Und überlebt. Das ist ja nicht schlecht. Eben dieser Hasard der Macht.

New York Hold'em. »All in.«

Freund, bitte, nur auf einen Moment noch. Mich befällt da so ein Gefühl. Als erzählte sich das alles einfach so leicht. Unbeeindruckt, von Erfolg zu Erfolg. Nun, wenn Ad kaum etwas von

Anstrengung durchblicken lässt, nichts von der buchstäblichen Luftnot im Stress, dann aus dem Vorsatz der Disziplin heraus. Steck's weg. Muss keiner seh'n.

Wenn der Gaukler zu lamentieren beginnt, dann fällt ihm das Lachen aus dem Gesicht. Behalt es besser für dich.

Nur eines und nur einmal will ich's zu der Gelegenheit sagen. Nur unter uns. Nach fünfzig Jahren im Trommelfeuer, glaubst du, da bleibt so einer ohne Blessur? Wenn wir, wenn meine Leute Verluste hatten, dann war es an mir, Fasson zu bewahren. Und, nun ja, den Schmerz abzufangen. In mir. Da bleiben dann eben Narben am Herzen, so wie die Kerben am Griff eines Colts. Heute nennt man sie Stents. Aber, vergiss das bloß wieder. Alles nur Spiel. So ist das nun mal. Immer geht's um »All in«.

The Big Sleep

Wo Michael, Anton und Ad ihren Meister fanden

Die Weiber fliegen auf ihn. Herrgott, was kann so ein Typ dafür? Ein unverschämt lässiger Typ à la Hugh Grant, mit dem saloppen Mundwerk von Marlowe dazu. Filmfreak, selbst wie dem Film entstiegen.

Michael, sprich's Englisch aus, »Maickel«. Passt besser zu ihm. Ein halbes Leben arbeitete Michael Hausberger mit mir, vom Texter zum Partner, von der Team zu BBDO. Das kreative Gewissen, der ständige Aufrieb, das nur zu oft geschundene Herz.

Der geborene Copywriter. Mit dem Anspruch der Abbotts und der McCabes und dem von Phil.

Er hat sich's nie einfach gemacht, machen können. Er trug Casablanca in sich. Die Trauer der Regennacht. Michael, sieh es mir nach.

Treffpunkte auf dem Flur.

»Adver, du hier?«

»Mike, du siehst wieder blendend aus.«

»Findest du?«

Weiß nicht, ob er es glauben soll. Doch er strahlt.

»Mach's gut, Ad, altes Haus.«

Und im Zweifel hatte Michael zudem immer den passendsten Spruch zur Hand.

»Ad, wir mögen nicht schön sein. Aber, wir sehen verdammt gut aus.«

Michael. Schnell und präzise mit der Feder. Niemals ein Wort zu viel. Bis heute habe ich nicht vergessen, wie die »Line« für Aral entstand, im Fernsehen, an den Tankstationen kannst du sie heute noch sehen. Ist Jahre her, so sind nur die guten Lines.

Es war in seinem Büro. »Eine Minute, ich muss zum Flug«, ich war zufällig bei ihm, als in letzter Sekunde sein Team hereingestürmt kam, mit Papieren, randvoll beschrieben mit Sprüchen, Slogans und Lines, »Eine Minute nur, bitte, schauen Sie drauf.« Er sitzt an der Tischkante, ist schon halb weg und überfliegt konzentriert das Zeug. Blickt hoch. Nimmt einen Zettel, schreibt groß was drauf, »Hier«, und rauscht ab ohne weiteren Kommentar.

Ich hab mir den Zettel genommen und hab es gesehen. Da stand's. Nicht nur so eine Line. Nein, *die* Line. Nämlich alle Identität.

Du denkst vielleicht, weil ja die Rede von der lausigen Gauklerei und dem Gambling ist, das war halt eben mal so eine Idee, eine Zufallserleuchtung, na schön, das kommt vor, aber, Verehrter, Verehrteste, da täuscht euch nicht.

Du hast nicht mal so eine Idee aus dem Blauen heraus. Das hier, das ist der Sekundenextrakt deiner verdammten, deiner ganzen komprimierten Professionalität. Nichts anderes:

»Aral. Alles super.«

Profund. Weil ganz im Markenkern.

Wenn du es weißt, erschließt es sich dir gleich.

Das »Super« nämlich, das haben die seinerzeit erfunden, die Arals, das ist Besitzstand. Und der Rest in dem Satz, der spielt an auf den berechtigten blauweißen Stolz der reinen Pflege und Perfektion, für die Aral nun mal steht. Alles in einem.

Gewiss, die Hilfe der Götter ist dem Kreativen wohl auch willkommen, aber so oft entsteigt der Phoenix der Asche nicht.

»Client meetings«, die waren mit Michael in aller Regel ein spicy dish. Sein Witz hat sie hingerissen, doch oft auch nur so lange, bis es zu den nie ausbleibenden kontroversen Diskussionen kam. Da wurde es dann schon einmal eng.

Wenn du, immerhin als Klient, die scharfe Replik nicht »wechseln« konntest. Wer will denn schon gern eine »lame duck« sein, vorgeführt, einfach nicht rasant genug gegenüber dem dartschnellen Wort.

Der Durchschnitt, er hasst die bloßstellende Eleganz. Mike hatte zu kämpfen damit, wie manche von uns, Ad auch.

Du kämpfst eben viele Leben. In dem scheinbar so lockeren Gewerbe-Casino aller Verführungs-Amüsements, wo ständig der Jackpot klingelt und begehrliche Girlies die Drinks servieren. Come to where the »One Show« is. The »Clio«, the »Effie« and the »Golden Lions« at the Croisette in Cannes. Yet. Don't get mistaken, brother. We are only the heartbeat. Of Biz. Of Marketing. Mit den geschriebenen und ungeschriebenen Gesetzen aus marktgesättigter Realität.

Michael war eben schon zu sehr New York. Ich bitte dich, was weiß so ein Produktmanager schon, im Diskurs mit einer mehrschichtigen Existenz, die sich immer auspendeln muss zwischen Weltstadt und Aldi-Discount, in dem stets überspannten Zerreißspagat zwischen »Profit and Pride.«

Dann kamen die »Laws«.

Als dieser ungeschminkte, fast schon unverschämt ungeschönte, dieser befreiende Rundumschlag in das kopflastige Theoriegrau der Gewerbeliteratur einschlug wie ein Komet – nämlich die nachgelebten, die »22 unumstößlichen Gebote des Marketing« von den fabelhaften Herrschaften Al Ries und Jack Trout, »The 22 immutable Laws of Marketing« –, da war das für Ad, den Lancelot der Einfachheit, wie ein reinigender Sturzbach endlich frischen Wassers. Klartext, down to earth, ein unerschrockener Schlag Wahrheit in die trüben, stummen Teiche des Gewerbes.

Endlich wieder Grund unter den Füßen. So hab ich's gesehen.

»It is better to be first than it is to be better.«

Ich hab das Buch gleich dutzendweise an alle möglichen Leute verschickt und für mich selbst hab ich es in feinstes bibelbraunes Ziegenleder binden lassen, das Gebot in der klassischen Trajan, blind tief geprägt, auf der Stirnseite nur »LAWS«. Aber, dabei hab ich es nicht belassen.

Ad, schließlich ein Kommunikateur von Berufe, hat, wie oft schon, auch gleich reagiert. Ich wollte mal sehen, wer und wie die so sind und ob man mit denen vielleicht etwas machen kann. Also hab ich, kaum dass dieses eine besondere Buch ihrer Bücher heraus war, gleich bei denen angerufen und gefragt, ob wir uns nicht mal sehen könnten.

»Fine«, haben die geantwortet, »simply pop by.«

An einem warmen Junitag, 1995 etwa, da sind wir also mal simply hin. Anton Hildmann, The Tall, unser nationaler »Konzernarchitekt«, und Michael, the Writing Elegant, sie waren mit dabei, wir hatten ohnehin in New York zu tun, also passte es gut.

Es ging nach Connecticut, wo die Revolutionäre der praktischen Marketingvernunft ihre Zelte aufgeschlagen hatten, und wir gondelten mit Chauffeur in der Hitze des Tages in der schön herabgekühlten Big Limousine auf das Bequemste dahin, da hin, wo die Raketensilos explosiver Radikalvernunft des Gewerbes stehen sollten, in Old Greenwich, Connecticut.

America, the beautiful. Ein Sinatra-Song steigt in mir auf, Frank ist Ads großes Idol. Unhörbar, in mein Polster gelehnt, singe ich in meinem Kopf, nur für mich, einen Vers aus diesem einen großen, nostalgischen Song »It was a very good year«.

»When I was thirty-five
It was a very good year
It was a very good year
For blue-blooded girls
Of independent means
We ride in limousines
Their chauffeurs would drive
When I was thirty-five.«

Anton und Michael, sie waren es nicht, die mich inspirierten, so viel kann ich sicher sagen, sondern das alte nostalgische Amerika, wenn du es träumst, wenn es noch daliegt wie in jenem Augenblick.

Da, wo es so aussieht wie damals. Da, wo es wohlhabend ist. Da, wo zwei wohl doch total ausgetrimmte Jungs das erschlaffte Weltmarketing mal kurz aufgemischt hatten mit ganz neuen Songs. Vielleicht, dachte ich, steht ja auch schon ein Denkmal dort.

Am frühen Nachmittag, so etwa um zwei, schätze ich, waren wir da. In einem kleinen, all-beigen, verschlafenen Wohlbürger-Nest, noble Ol' Greenwich. Ein jedes Haus dem anderen nahezu gleich, auf den leeren Straßen kein lebendes Wesen, nicht mal ein Hund, schon gar kein Cop.

Draußen, die stehende große Hitze. Ich denke an Chandler, »The Big Sleep«. Die hübsche Adresse, sie hilft uns nicht recht. 8 Wahneta Road. Ein »Navi« gibt es noch nicht. Wir kurven langsam im schläfrigen Labyrinth. Kein Lenin, kein Aufruhr. Nichts. Das Institut aller Marketingweisheit, es hält sich bedeckt.

Ein kühles Coke bei McDonald's weckt frischen Mut. Und eine nette »Betty«, »How are you doin'?«, sie endlich weist uns den Weg.

Langsame, sorgsame Gondelei um die kleinen, so gleichartigen Blocks. Schließlich Wahneta, die Road, die Nummer 8, sie finden sich.

Das Gebäude, in communitybeige wie alle, es sieht so ein wenig aus wie ein Amtsbüro, irgendwo finden die deutschen Tölpel tatsächlich eine unverschlossene Tür.

Der Himmel strahlt unbarmherzig. Wir sind mitten im Paradies. Da, wo man nichts mehr braucht, keine Beschilderung, keinen Hinweis, kein Irgendwas. Der einzige Laut kommt von unserem flüsternden Schritt auf leeren Fluren, und siehe da, Anton, ganz hinten durch, er winkt, es hallt, als er uns ruft: »Kommt her, ich glaub', es ist hier.«

Wir tappen folgsam dahin, und da steht's, auf einem winzigen Schildchen, wie an einer Krankenhaustür. Tatsächlich, wir lesen: »Ries & Trout.« Marvellous. Wir sind da. Im Olymp.

Und klopfen. Erst lange nichts. Dann, noch mal, ein wenig lauter, »halloo?«

Und, tatsächlich, die Höhle von Ali Baba, sie öffnet sich. Von Zauberhand offenbar. Slow motion, sanft, still. Und da steht ein zerknautschter, irgendwie verschlafener Typ, in T-Shirt, Sneakers und Jeans.

Ein Assistent.

»Hi«, sagt der Assistent.

»I'm Jack Trout.«

Dann grinst der Typ, glaube ich jedenfalls. Ganz langsam. Und so etwas wie Verständnis gleitet von weit her über sein Knautschgesicht:

»You guys, you must be from Germany?«

Wir drei, dunkler Anzug, wir nicken. Wie Schüler, erwartungsvoll und nicht abgeholt.

»Why don't you come in?« Tatsächlich. Eine gute Idee.

Wir trotten folgsam herein. Ich denke, Marx wohnt hier nicht.

Jack geht lässig vor, wir nach. Nichts als ein nüchterner, natürlich auch beiger, länglicher Raum. Keine Plakate von Umsturz. Kein Fusel. Kein Bild. Kein Mensch. Nur unser allzu sichtlich erfreuter Gastgeber. Jack.

Das Ding ist ein Archiv. Was sonst? Was hast du dir denn gedacht? Bloß ein langer offener Schlauch, immerhin angenehm heruntergekühlt.

In der Mitte, ganz durchgehend, wie an den Wänden auch, nur lange Tische, vollgepackt mit Material, Karteien, Kisten, Schubern, Rechnern, Büchern, Papierstößen vor allem, eben so gestapeltes Zeug. Notizblöcke, spitze Bleistifte in Bechern, Hefter, lose Notizen allüberall.

Keine Designspielerei à la Starck. Kein Empfangsballyhoo. Keine eiligen Brillenträger von Harvard, noch nicht mal eine coffee machine. Keine lästigen telephone calls, no blue-blooded girls, no pomp and circumstance. Simply: Nichts.

Nur Jack. Auf seinen lautlosen Sneakers, von außen kein Laut, hinter den halb geschlossenen Jalousien das so heruntergedunkelte Sonnenlicht. Ich denke, wenn da ein Bett ist, haust du dich hin und schläfst.

Sprechen ist offenbar anstrengend, außer ein paar Floskeln ist noch nichts gesagt.

Du hast schon viel gesehen. Aber so einen Typen wie Jack wohl kaum.

So unglaublich gelangweilt entspannt. Er macht gar kein Hehl daraus. Natürlich stören wir nur. Und Smalltalk stört auch, der nimmt ja nur Zeit. Aber, so klar ist der schon, so ein wenig höflich muss er schon tun.

Also zieht er von irgendwoher, ich weiß nicht, wie er das macht, ein paar hölzerne Hocker heraus, damit wir wenigstens sitzen können. Steife Sache das, so um ihn herum, den gelangweilten Star mit dem Rücken zu seinem Arbeitstisch. Im Wortsinn, leaned back. Noch nicht einmal eine Fliege summt.

Jack sagt nichts, kostet ihn nur Energie. Ein träger, ein ausgekochter, ökonomischer Sack, strahlt aus, wenn überhaupt: Wir stehlen ihm Zeit. Die Zeit offensichtlich, die er fürs Mußetun braucht. Ökonomie.

> »Ach, ja, wollt Ihr ein bisschen Wasser, das hab ich zufällig da.« Winzige, kleine Papiertütchen, wie man's gerade hat.

Ich bin schon verdammt amüsiert. Junge, denke ich, wann hast du je so einen ausgeschlafenen, unausgeschlafenen Hundesohn gesehen?

> »Schwer zu finden, euer Laden, Jack.«
>
> »Ach, wir leben gerne ganz unauffällig. Wir machen nicht viel herum.«
>
> »Al ist nicht da?«

Jack, auf das Natürlichste cool:

> »Ach ja, nein, wisst ihr, Al ist mal gerade auf dem See. Se-

geln, versteht ihr? Weiß nicht. Vielleicht schaut der ja noch mal rein.«

Pause.

Wir sitzen höflich herum.

Dann, was soll ich tun, rück ich noch einmal mit so einer dummen Frage heraus.

»Jack, da wir nun schon mal da sind«, ich plinse, ob er nicht grinst, »Jack, ihr habt doch jetzt diesen verdienten, diesen phantastischen Bucherfolg. Was habt ihr eigentlich vorher gemacht?«

»Ach, weißt du, so Agentur. In New York. Als Copywriter, na ja. Aber das war eine mühsame Zeit. Hat uns einfach nicht mehr gepasst.« Er hebt lakonisch die Hand.

»Und dann? Dann hattet ihr diese Idee?«

»Nun ja«, Jack räuspert sich, »die Idee war schon lange da. Wir haben schon früh alles gesammelt, was uns unter die Finger kam. Über die Zeit wurde das so ein Monsterarchiv. Ihr seht's ja. Steht alles hier.
Dokumentation bis in das kleinste Detail. Alles. Die ganzen Unternehmensgeschichten. Von hier, vor allem. Von draußen, ein bisschen auch. Über Jahre, versteht ihr?«

Er sieht uns an. Wir versteh'n.

»Und als wir am Ende dann alles hatten, haben Al und ich einfach zwei und zwei zusammengezählt. Und aufgeschrieben. Versteht ihr?«

Jack kommt nun, ob er will oder nicht, doch so ein bisschen in Fahrt.

»Du stellst es zusammen und es erklärt sich wie von allein. Aus den Zahlen. Und aus dem Rest, den du ja selber kennst. Weil du dabei warst.«

»Sehr clever. Wirklich toll. Gratulation.«

»Ja. Vielen Dank.« Lakonisch. Das spart viel Zeit.

Michael, dem's langsam reicht, versucht es auf die sarkastische Art.

»Also, Jack, sag mal, wenn ihr nun mal nicht segeln geht

oder Golf spielt oder so etwas in der Art, was macht ihr denn dann? Ihr zählt doch nicht nur die Erbsen, oder? Ihr seid Consultants für Unternehmen?«

Jack verdreht die Augen.

»Oder etwa nicht?«

Jack gähnt. Bei dem verfängt nichts.

»Guys, ihr habt sie doch wohl noch alle? Wir sind doch nicht verrückt? Wir haben doch nicht vor, für den ganzen Kram, den wir den Companies erzählen, am Ende noch verantwortlich gemacht zu werden. Das hatten wir schließlich schon. Nonsense. Wer glaubt denn so was? Wir verdienen mit Reden. Neben dem, was durch die Bücher hereinkommt. Wir kriegen Einladungen aus der ganzen Welt. Unter uns, damit machen wir das ganz große Geld.«

Jetzt, da die Katze endlich aus dem Sack ist, da ist Jack gänzlich entspannt. Schön zu sehen. Er rückt sogar noch ein wenig Wasser heraus. Mehr gibt der Laden nicht her.

»Passt auf«, sagt Jack, jetzt nun doch so ein wenig aufgeräumt, »passt auf, ihr müsst euch das so vorstellen. Also«, er holt ein wenig aus, »also, wenn wir so eine schöne Einladung haben, versteht ihr, dann reiten wir in die entsprechende Stadt, okay?, wir liefern unseren Vortrag ab und reiten auf dem schnellsten, dem allerschnellsten Weg, und zwar rückwärts wieder heraus. Wir haben es nicht gern, wenn hinter uns hergeschossen wird.«

Er grinst tatsächlich ein bisschen. Zum ersten Mal. Bei mehr berechnet er sicher was.

»Wisst ihr«, du hörst am Tonfall schon die Verabschiedung, wir haben ihn schon reichlich genug gekostet, »wisst ihr, wir sind jetzt endlich raus aus diesem ganzen Stress.« Pause. Er dehnt sich ein wenig.

»Ich glaub, ich geh auch noch mal kurz an den See. War schön, euch zu sehen, guys. Ladet mich ein, und ich mache euch auch eine super Speech.«

»Zum Vorzugspreis«, sagt Anton. Jack kriegt einen Lachanfall.

Nun gibt's am Ende doch so ein wenig Hallo, wir sagen: »Wir danken dir, Jack, wahrscheinlich machen wir das sogar.« Jack schenkt uns sein breitestes Grinsen und schließt, slow motion, hinter uns lautlos die Tür. Vorbei, die Audienz. Berechnet, oh Wunder, hat er uns nichts.

Im Übrigen, von Al keine Spur. Schon zu weit abgedriftet. Wer weiß?

Wir drei, wir sehen uns wortlos an. Und später im gondelnden Automobile, heraus aus dem Very Old Greenwich, dem Ruhesitz des etablierten Amerika, da tauschen wir dann die Eindrücke aus. Kriegen uns kaum noch ein. Greenhorns im banalen Schweiße des Business.

Da hat uns ein anderer, ein coolst amüsierter Gaukler und Gambler, nach Punkten ungerührt ausgezählt. Flachgelegt. À la bonheur. Verdient ist verdient.

So schaukeln wir langsam und etwas benommen aus dem trügerisch selbstgenügsamen Paradies in das hektische, das wunderbare, niemals träge New York zurück. Dahin, wo unser Headquarter ist.

Wir haben Jack später tatsächlich mal eingeladen, unsere großen Klienten dazu. Er war so gut, wie man nur gut sein kann. Und jeden verdammten Cent war er wert. Ich war erinnert an unsere Fahrt nach Rich Old Greenwich und dachte, ja, du musst eben einfach immer direkt an die Quelle gehen, Junge, immer direkt an die Quelle, verstehst du? Sonst lernst du das Reiten nicht.

»Rückwärts«, sagt Michael und grinst. Mann, wie mächtig haben wir uns schon amüsiert. Beim Pool-Billard um schweren, fetten, unsagbar köstlichen Kirsch-Käse-Kuchen gespielt. Beide schon wie in Trance.

Jack und Al, Verkünder der reinen Lehre. Anton, Landvermesser der Strategie. Ad, Wahrnehmungs-Compositeur. Mike, Observateur.

Wir sind dann noch spät zu Gallagher's, auf ein Steak. Und ein kräftiges Bud. Auf Jack. And, for a Big Sleep. Zutiefst amüsiert. Ad, in den Kissen, Frankie nostalgisch leise im Ohr:

»But now the days grow short
I'm in the autumn of the year
And now I think of my life …
It was a … very good … day …«

Spice of Life

»Some like it hot«

Aus dem internen Nähkästchen einmal ganz buchstäblich. Ein Memo von Ad an die Kompanie. Du sitzt ja nicht einfach herum, und die Truppe, sie tut was sie will. Die Agentur, so willst du es, sie soll ein Produkt von eigener Art sein. Also, wenn nötig, mischst du dich mutwillig auch mal ein. Ein Einblick in konzeptionelle Arbeit also, Innenansichten, wenn du magst.

---

22. 09. 1987
Betr.: Tabasco-Präsentation
An: Beratung und Kreation
Von: Adver D. Pen

Unverbesserlicherweise, ergo mit der heiteren Bitte um Nachsicht – einige Hinweise möglicher Relevanz zu unserer kleinen Tabasco-Kür im Oktober.

1. Mit der Bitte um selbstlose Großzügigkeit:
   Setzen wir eine dieser engen, um Atem ringenden Positionierungen doch einfach aus. Tabasco ist einer der seltenen

Fälle, in denen das Produkt, die Marke und die Positionierung eins sind, nämlich Tabasco. Tabasco ist als Tabasco positioniert. Das ist ein Idealfall. Machen wir es also einfach.

2. Das uns überlassene lakonische und deshalb gescheite Briefing fragt vor allem nach einer marktwirksamen Strategie. Allerdings einer Strategie mit erheblichem Handicap: leeren Taschen.

   Eine allgemeine Strategie wäre einfach. Eine Strategie für leere Taschen ist nicht einfach. Diese denkt weniger in Kampagnenroutine als in eher honorigen professionellen Kategorien.
3. Aus der Entfernung kann man in einer Push-Strategie wenig Sinn entdecken. So verwirft man denn auch – trotz erheblicher Skrupel – Verkaufsförderung, weil diese, in unserem Falle, wohl eher ohnehin nur angestrengte Beschäftigungstherapie auf kleinen Kriegsschauplätzen ist, und auch, weil man uns dazu nicht braucht. Das kann der Klient auch allein.
4. Man kommt zu der dem Budget glücklicherweise nicht zuwiderlaufenden Überzeugung, dass dieses Produkt nicht gepusht werden sollte, denn man wird nicht mehr davon gebrauchen, nur, weil man dazu aufgefordert wird. Gleichgültig, ob im Gulasch oder im Tomatensaft. Wir leben im gemäßigten Klima Europas. Tägliches Feuerwerk zündet nicht. Was dann?
5. »Advertising follows product character«. Vielleicht. Dieses ungewöhnlich temperamentvolle Produkt ist kein Müsli. Es ist keine regelmäßige Zutat zum Frühstück. Willkommen eher von Zeit zu Zeit. In schöner Unregelmäßigkeit.

   Bei gutwilliger Denkungsart ließe sich aus dieser Überlegung denn auch möglicherweise die folgende Strategie ableiten: »Daran erinnern, sich unregelmäßig zu verhalten.«
6. Nicht pushen, nicht zwingen, nicht massiv Mengenlehre betreiben, nichts Unmögliches. Nur erinnern. Ich glaube, das könnten wir vorschlagen: Erinnerungswerbung.

   Zur Steigerung der Unregelmäßigkeit.

7. Damit wären wir nun beinahe schon bei der kreativen Umsetzung. Auch dazu will ich mich (ganz wie bisher) nur mit gebotener Zurückhaltung äußern. Denn einmal ist sie, die Kreation, in guten Händen und zudem ergibt sich ihre Art aus der dargelegten Strategie: Impact zur Erinnerung.
   Impact wegen der geringen Streuung und der wiederum daraus resultierenden Konsequenz: »Wenn schon – denn schon«.
   Impact wegen des Produktes, denn es selbst ist nichts anderes als Impact.
   Impact nicht zuletzt auch für uns.
8. So ein Spot (was sonst – nachdem Print für einen Tropfen Tabasco zu fade und Verkaufsförderung so gut wie ausgeschieden ist) wird natürlich nicht Warenkunde sein können, es sei denn, auf irgendeine ungewöhnlichere Art. Etwa so – nehmt alles in allem nur als Beispiel –, wenn denn vielleicht in so einem Commercial ein attraktives rothaariges Wesen in Erwartung seines Besuches den gedeckten Tisch noch einmal überprüft und sich beim ersten Klingeln rasch ein wenig Tabasco hinter das Öhrchen tupft.

Nun. So eine Warenkunde etwa. Es bedarf jedenfalls eines Impacts, der die Explosivität dieses kleinen Fläschchens nahezu so demonstriert wie die in Zeitlupe – choreographisch abgestimmt – zusammenstürzenden Häuserblöcke der darauf spezialisierten amerikanischen Sprengexperten.

Tabasco hat vermutlich mehr Revolutionen freigesetzt und Leidenschaften entzündet, als wir uns – über einen Gulaschteller gebeugt – vorstellen können.

Vielleicht ist Tabasco ja gar der Begründer einer neuen Werbepsychologie: »Spice of life«.

9. Wie wir schon in der Andeutung vorbesprochen haben, geht es mir bei dieser Anbahnung weniger um den Gewinn dieses praktisch nicht vorhandenen Etats als um die un-

gewöhnlichste Präsentation und um die beste Idee, ganz gleichgültig, ob wir den Zuschlag damit auch bekommen. So sollte die Präsentation denn auch kurz und bissig sein. Es wäre mir lieber, der Klient bekäme keine Luft, als dass er um den Pfeffer bäte.

Herzlich, Pen

P.S.: Na, ja. Du ahnst es. Daraus geworden ist nichts. Aber, man hat sich amüsiert.

Auch, weil neben dem Entscheider, Schulter an Schulter, schon ein zufrieden grinsender, stadtbekannter Agentur-Koofmich saß, (»Hallöchen«), das Ding, das war längst ausgeschnapst.

Denkst du an Boyd? Gut. Trau niemandem nie.

Aber, okay. Ad hat's immer so gehalten: Besser triumphal verlieren, als jämmerlich gewinnen.

(Wir sind dann gutgelaunt auf einen Drink gegangen. So Kumpeldeals, so richtig waren die nie unser Ding.)

Die Vagina

Profis unter sich

Anwesend:
Dr. Thoma, die Herren Conrad, Programmdirektor, und Becker, Sender-Design.
Agentur:
Horst Stephan, Managing-Partner, Ralf Neumann, Account.
Ich, Adver D. Pen, inzwischen einschlägig bekannt.
Erkenntlich, ein berühmter Privatsender.
Logo-Besprechung Nr. 2. Profis unter sich.

Dr. Thoma:	(sieht sich um)
	Gemma?
Stephan:	Dürfen wir?
Dr. Thoma:	No ja, sowieso.
Pen:	(stellt neuen Entwurf vor)
	Hier. Ich hab's weicher gemacht. Erkennbarer.
	Es hat mehr Gefühl jetzt, glaube ich.
Dr. Thoma:	Ja, vü mehr.
Pen:	(stellt ersten Entwurf daneben)
	Hm?

Dr. Thoma: Des is die Vagina. Net?
Natürlich hat's a Gefühl.

Conrad: (doziert)
Das sieht ja jeder. Eine Vagina. Ich kann doch eine Vagina erkennen, wenn ich sie sehe.

Becker: Ich hab das ja überall im Haus herumgezeigt. Keiner hat irgendwas vom Löwen gesagt, aber die Vagina, die sehen sie alle.

Nix da! Nichts als ein
unschuldiger Löwe! Nicht wahr?
Aber, vielleicht fehlt es Ad ja am Nötigsten:
Am professionell durchtriebenen Blick.
Das wäre natürlich fatal.

Dr. Thoma,
Conrad, Becker
unisono: A Vagina-Symbol.

Neumann: (ringt um Fassung)

Stephan: Aber, meine Herren …

Dr. Thoma: Was wolln'S, Stephan, des is ja gut.
A Vagina, des is gut.

Pen: Horst, was für einen Kunden haben Sie da?

Dr. Thoma: A gehn's. Des is doch a starkes Symbol.
Des hat doch eine Macht.

Pen: Ein Löwe ist es nicht.

Becker: Den sieht keiner.

Dr. Thoma: Is ja wurscht. Den Löwen kennen'S eh vergessen.
Die Leute wer'n ja nicht sagen, des is a Vagina, aber wann sie's fühlen, des is entscheidend.

Stephan: Aber …

Dr. Thoma: Schaun'S. Des is a verdammt starkes Symbol. A Urtyp.
Und, wann's so was hast, a international, dann bist stark.
A Löwe, gehn'S, des is a Schmarrn. Wann die Leute das sehen, was wir sehen …

Conrad: (hochdeutsch)
Eine Vagina ….

Dr. Thoma: … dann ham'as. Pen, des is doch a starkes Zeichen?

Pen: Erotisch …

Dr. Thoma: … na, mia wollten ja immer a erotischer Sender sein.
Des hat a archaische Power.

Becker: (sachlich)
Wir müssen ja auch generelle Tauglichkeit untersuchen. Zum Beispiel, ob's gut auf der Seite von einem Karnevalshütchen steht.

Dr. Thoma: (um Fassung bemüht)

Pen: (höflich)
Als ultimativer Test, Herr Becker.

Conrad: Hast du sie noch alle?

Pause.

Neumann:	(noch immer um Fassung bemüht)
Dr. Thoma:	(konstruktiv) Na, könnt'ma des net untersuchen? Wann die Leute des auch spüren, Vagina, wern's net sagen, aber wann's spüren, was drinsteckt, dann hama a starkes Zeichen.
Stephan:	(erleichtert) Also, gut. Wir untersuchen das.
Dr. Thoma:	(grinst) Ja, untersuchen'S des. A starkes Zeichen. (schüttelt Pen anerkennend die Hand. Abgang.)

Doch. Ja. Gleich nach dem Meeting, so, wörtlich notiert.

Du bist mir doch nicht schockiert? Ah, geh.

Und, falls du dich fragst, ob aus dem Ganzen am Ende etwas geworden ist, dann merke dir eins: Wenn ein Klient dir am Ende so eines Meetings sagt: »Na, mir können's ja untersuchen«, dann tut er das, wie hier, nur aus Höflichkeit und meistens auch höchst amüsiert. Bis auf sehr wenige Ausnahmen ist die Sache dann damit »gestorben«. (Fachausdruck.) Ein jeder weiß es. Und nichts ist geschehen. Du musst es als Gambler sehen. Du verstehst?)

Die Uni

Auf Intensivstation

Du hast die Kabine noch kaum betreten, da bist du schon ausgepfiffen. Als Outsider. Gleich, ohne die Ochsentour ins Allerheiligste. Noch hast du den akademischen Ball nicht berührt, da sind die Wände der Hochschule schon gesprayt:

»Die Universität ist kein Trainingscamp für die Praxis.«

Gegen wen geht das wohl? Also, ich hab nur gelacht.

Du siehst halt, das Akademische ist auch nur ein Dorf. Man bleibt auf das Sprödeste doch gern unter sich. Amerika, wie bist du fern. Lamento. Lass uns doch lieber zur Sache gehen. Auf Station.

Klären wir erst einmal, was »Kommunikationsdesign« nun eigentlich ist. Vielleicht wird es ein bisschen professoral. Dann, entschuldige. Wenn ich es reduziere, lautet es so:

Das Kommunikationsdesign ist das Handwerk der Orientierung. Einfach gesagt. Ist das okay?

Meinen Leuten, den späteren Kommunikationsdesignern, denen habe ich immer gepredigt, am Ende werdet ihr »Lotsen« sein.

Ich wollte nämlich nie Spezialisten erziehen. Bei aller Begabung, die haben für mich den eher verengten Blick. Auch da denke ich, wie's die Japaner sagen: »Specialization is the breed of weakness.«

Ich wollte eben von Anfang an den Gestalter als einen Berater sehen.

Und deshalb erklärt es sich, warum für mich im Zentrum der Lehre die Übersicht stand. Die Übersicht, die das übergreifende Verständnis des Designers erst ausmacht. Also: Inhalt vor Form: Form für Inhalt. Klärung der Orientierung.

Weniger Design für mehr Design.

Es war Bill Gates, der in seinen Anfängen schon von der »New Technology« als dem Begegnungsort der Welt gesprochen hat. Von daher war und bin auch ich überzeugt, dass dem Designer in den Überfluss-Gesellschaften der Hoch-Kommunikation von heute eine doch wohl ebenso hoch umfassende Steuerungsfunktion zukommt.

Akademie, pah, muss eben auch sein. Aber Ad, Professor, ich war verdammt kein theoretisch blässlicher Kopf, Ad hat es auch immer bildhaft gemacht.

Projekt Stadtkommunikation, Korrekturgespräch. 1993.
Foto: Tilo Karl

Passt auf, unter dem Blatt Papier vor euch, so hab ich es meinen Leuten gesagt, da liegen, wenngleich für euch unsichtbar, aber dennoch vorgegeben, alle Formen des getreulichen Stils. Ihr müsst nur den genetischen Code an der richtigen Stelle treffen.

Dann wächst eure Idee wie von selbst in die ihr stilgesetzlich vorgegebene Form.

»Ha«, haben die gesagt, »gut und schön, Professor Pen, dann her mit Ihrem Papier.«

Die von Natur aus so leicht verletzliche Künstlerseele, sie reagiert zunächst wohl eher erschreckt. Über das sichtbare Wachsen der Kraft ihrer Arbeit aber kannst du sie stärken.

Wenn du am Beispiel den einfühlenden Sachverstand demonstrierst. Wenn du am Überblick arbeitest. Wenn du sie an das verführende Schreiben heranführst. Schreiben, oh Mann, so unverzichtbar wie Reden. Reden, im Ideal, für deine Sache, die Lösung ausstrahlend, die du kommunizierst.

Und wozu das alles, mein Lotsen-Artist?

Um Glaubhaftigkeit zu hinterlassen, ohne die all deine hübsche Bemühung verloren ist.

Die Uni ist eine Intensivstation. So hat Ad sie gesehen. An seiner Seite, Fachlotse Alfred. Ohne den nichts geht.

Wir haben eine schöne Menge recht bemerkenswerter Dinge gemacht. Alle zeigen kann ich hier nicht.

Viel beachtet und ausgezeichnet, die Essener Stadtkampagne im City-Plakat komprimiert. Stadt-typisch, in wiedererkennbarer Form-Disziplin. Thematisch, kreativ immer neu. Im Stadtmarketing, national ein viel beneidetes Unikat. Seit zwanzig Jahren konstant.

Ich sage dir, Freund, meine Leute, die haben die reinsten Fabelsachen gemacht. Zum Beispiel war da ein illuster illustratives »Duftbuch« von Kathrin Hufen über Patrick Süskinds »Parfum«. Zwar fand sich sogleich ein Verleger, doch des exzentrischen Autors Plazet bei seinem Versteckspiele nicht.

Carsten Bolk und Andreas Pawlitzki, in einer Teamarbeit, die haben ein komplettes TV-Corporate-Design auf die Scheibe gebracht, für »Eurosport«.

Ad hat es mit beiden in Paris vor dem gesamten Board und vor allen Gestaltern vorgestellt, auf offener Szene gab es Applaus. Das war schon très impressionant, und danach gab es noch ein hoch angeregtes Déjeuner im Fouquet's. Langweilig hatten wir's nicht.

Gaukler, Gambler und hier vor allem Gestalter. Wir haben uns eben Mühe gemacht.

Siehst du die Arbeit von Bernward Kraft, da merkst du's genau, weil's dir voll auf den Solarplexus geht, was die Absicht ist. Der Kraft, der Typ, ist schon auf Meilen als ein Kraftwerk pastosen Auftrags und vitalen Zuschnittes auszumachen. In seiner Examensarbeit, aus der später ein mächtiger Impact von Buch entsteht, reduziert er die ganze Energie seiner Phantasie in plakativ hochgradig reduzierte Schnittbilder und stellt sie für einen Dialog mit der Stadt in 180 Originalen öffentlich aus.

Damit integriert er Auftrag und die Person durch Stil. Definiert so »integrierte Kommunikation« aus sich selbst.

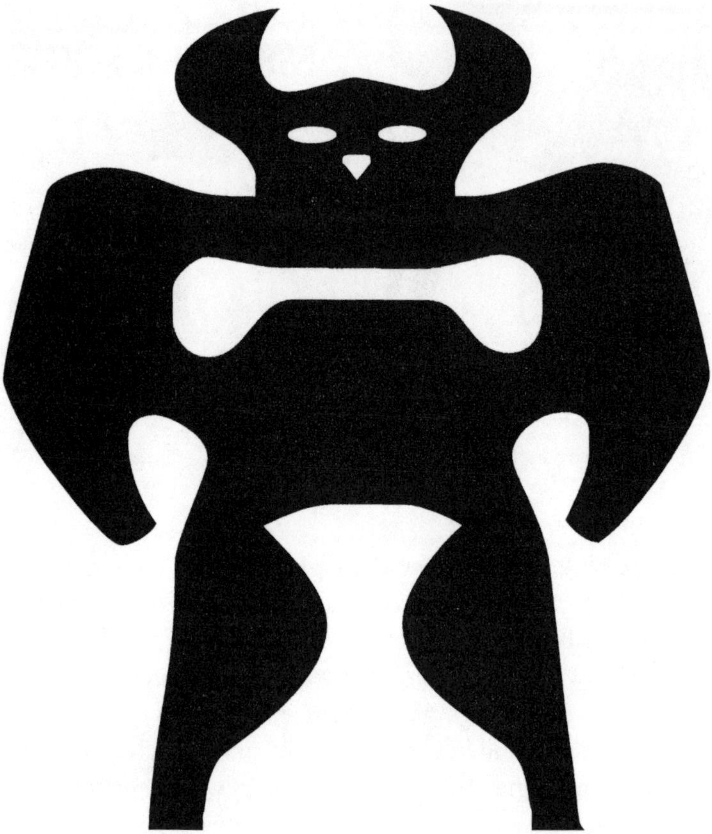

In seinem Buch »Cuts« hat Ad als ein Konzeptionist zur Erläuterung noch ein paar der Gesichtspunkte beigefügt. Falls du sie hören willst:

»Bildschnitte. Wetteifernder Geist aller Kunst. Keith Haring. Seine Metaphern der Konfrontation. Das Weltkind, die Predigt seiner Logos. Dann, Nó. Das Ritual vom Spiel der Menschen. Sharaku natürlich. Holz, derb zum Leben geschnitten … Schneide in die Wahrheit und ihre Drachen treten hervor … Blumen des Schreckens, Notdurft und dreiste Prahlerei, Spreizerei, Stößerei und schließlich Augen ohne Licht. Bannkraft der Logos durch Schnitte aus dem Schwarz … Ausschnitte vom Zeitgeist.«

Hier, hier hast du's verdichtet. Design, Bildsprache eher, Kommunikation, elementar.

Intensivstation. Fleißarbeit, klar. Pflichtauftritte, Reden. Mit einem verständigen Rektorat die lange schon beispielhaften »Unikate« erfunden, gestaltet, geführt und gemacht. Vorlesungen, sicher, mal hier, mal da. Aspen, Köln, Leipzig, Zagreb et cetera.

Und immerhin hat der Professor Pen seiner Uni-Stadt eine ganze Corporate-Arbeit verkauft. Das ganze Kompendium. Ungeschminkt: »Grau, aber immerhin«. Da hat das ganze Rathaus lauthals gelacht. Sie zitieren es heute noch.

In einem Interview, zu der Zeit habe ich noch gelehrt, da hat mich ein Journalist mal gefragt:

»Sagen Sie, was müssen junge Leute Ihrer Meinung nach heute mitbringen, um in der Kommunikation erfolgreich zu sein?«

Und, ohne nachzudenken, hab ich gesagt:

»Gestaltungswillen. Dann, ständige Lernbereitschaft. Umfassendes Interesse. Also eine Menge Dinge, die aber alle mit der ganzen Person zu tun haben. Ich meine das nicht physisch, aber doch ist es fast wie beim Boxen. Am Ende musst du den ganzen Körper in den Schlag legen.«

Ich denke, ich hätte es hier nicht wiederholt, wenn ich nicht noch heute der Meinung wäre. »Gestaltungswillen«. Ja, Mensch, was denn sonst. Frag Obama. »Yes, we can.« Obama, der Medien-President. Ein Netze-Knüpfer, ein Net-Worker, ein Net-User par excellence.

Ad ist Gestalter. Ich ruf nicht gern die Maschine ab. Hab schon vor fünfzehn Jahren, anfangs also, dazu meine Meinung gesagt. Und mich bei den klügeren Herrschaften umgesehen, die mir womöglich zuspielen würden. Wie etwa bei dem überaus klugen Jean Guitton, dem französischen Philosophen, der mir dann doch erfreulich genau entsprach:

»Als Philosoph verkehrt man die Gegebenheiten des Profanen

in ihr Gegenteil: Man glaubt, dass das Ganze vor den Teilen da war. Dass das Ziel vor den Mitteln existiert.«

Das hat meinem Grundgefühl gegenüber dem Mythenmonster »IT« doch recht entsprochen.

Zu meiner Sicherheit und heute für dich vielleicht, hab ich noch andere Experten zum Thema IT befragt. So auch meinen Enkel Philipp, der damals noch fünfzehn war, Früheinsteiger aller Neutechnologie, Japanisch lernend auf der Anglo-American School, Schwarzer Gürtel – jedenfalls in Nintendo. Damals. Heute ist er allround. Hier ist, was Philipp zum Thema zu sagen hatte.

»Pao«, so nennt er mich, als seinen Großvater, »Pao, ich sage dir, wie ich es sehe. Meinem Gefühl nach ist die Geschwindigkeit, mit der wir uns entwickeln, phantastisch. Aber ich finde sie auch beängstigend. Ich denke, das Übermaß an Information könnte uns auch bald überfordern. Wir sind doch Menschen, keine Maschinen.«

Das hat mein Enkel Philipp vor fünfzehn Jahren gesagt. Den Engländer Forster hatte er wohl noch nicht gelesen, E. M. Forster, der schon 1909 in seinem hellsichtigen Buche »The Machine Stops« seinen Helden gegen die Netzgesellschaft rebellieren lässt:

> »Die Maschine wächst, aber nicht nach unseren Vorgaben. Die Maschine entscheidet, aber nicht nach unseren Zielen.«

Mein Enkel Philipp, erst fünfzehn, er hat dann noch gesagt und Ad, seinen Pao, doch sehr berührt:

»Wo bliebe die Phantasie? Wenn wir alles wüssten, wüssten wir praktisch nichts.« Ich denke, er hat gemeint, dass die Arbeit getan werden muss. Und, damit hatte er recht.

Denn kein Gaukler ist je ohne tägliche Übung vorangekommen. Frag Sloterdijk. Kein Gambler ohne Verlust. Kein Gestalter ohne vergleichende Anschauung. Keiner ohne stete Veränderung. »Du musst dein Leben ändern«, hat Rilke angesichts eines Schöpfungsaktes gesagt. Das Leben ist nichts als ein großes Gym, so resümiert daraus Sloterdijk.

Um das zu wissen, muss keiner Professor sein. Doch wenn er es ist, so muss er stetig damit heraus. Die Welt ist zu haltlos, ohne geführt zu sein.

Yeats: »Things fall apart, the centre cannot hold.«

Ach, genug von der Theorie. Sind wohl alles noch Unarten aus der Uni. Es wird mal wieder höchste Zeit für ein Spiel.

Apropos: Ad, Professor Pen, also ich, ich spiele Schach, Poker, Malefiz, ja, das auch, Skat, davon auch eine eigens erfundene Hasard-Version, und natürlich Backgammon. Roulette und Black Jack. Erlaube die Frage: Was spielst denn du?

Wie bitte? Ach so. Klavier. Na, fabelhaft. Wirklich. Doch das ist hier nicht gemeint. Verstehst du? Schlag nach bei Schiller. Werd Mensch.

Der Ruf nach mehr Bildung, verehrter Freund, der ist ja gut. Aber bildet sie auch Verständigkeit? Lachen, Gewitztheit und das kosmopolitische Herz?

Drum prüfe, wer sich ewig bildet!

Zur Bildung gehört die umfassende Wahrnehmung.

Zur Bildung gehören Hand, Auge und der Verstand. Denn Bildung ist eine Kunst.

Lächelst du?

Gut.

Danke. Bist mir ein Freund.

Die Uni, sie bleibt Intensivstation.

Cui bono?

Antworte selbst.

Blauer Zinnober

Hasard, Hürden und High Heels

Lies nach bei Boyd, William Boyd, in seinem Buche »Ruhelos«. Lies nach an der Stelle, an der Romer seine neue Favoritin, Eva Delectorskaya, für den britischen Geheimdienst anwirbt und sie mit den ungeschriebenen Gesetzen seines Gewerbes vertraut macht.

> »Romers Regeln«, sagte sie. »Haben Sie noch mehr davon?«
>
> »Oh, jede Menge«, erwiderte er, »aber am besten nenne ich Ihnen die wichtigste Regel, Regel Nummer eins, die man nie vergessen darf.«
>
> »Welche wäre?«
>
> »Traue niemandem«, sagte er. »Die Regel der Regeln. Trauen Sie keinem, nicht mal dem Menschen, dem Sie am allermeisten trauen würden.«

Er lächelte, aber es war nicht sein warmes Lächeln.

> »Dann sind Sie immer auf der sicheren Seite.«
>
> »Ich werd's mir merken.«

Nun, das solltest du wohl auch. Selbst, wenn dir alles vollkommen harmlos erscheint. Bist arglos. Doch das ist nur nett. Darum lies vielleicht nach, auch bei Pen. Adver D. Pen: »Im

Harmlosen birgt sich die größte Gefahr.« Das lernt jeder Feuerwehrmann.

Business as usual. Ein Meeting. Ich bin eingeladen als Gast. Ad, schon fast ein Teil der Familie, deren einige Unternehmen er berät, als Sekundant für die Diskussion. Für das Übliche eben. Normal.

Getagt wird im Tiroler hauseigenen Hotel, Zirbelstube, Wandgeweih, alles vertraut und schön kommod.

Kommod auch die Agenda für den nächsten Tag um neun. Auf der Tagesordnung nur ein einziger Punkt. Strategie und Positionierung et cetera von »Blues«, so will ich die Handelskette hier zu ihrer Bedeckung nennen, das Partner-Unternehmen der Herrschaften, die ich berate und deren Fachgast ich bin.

»Blues«, nur so irgendein ausgedachtes Pseudonym eben. Weil es sich so gehört. Ihr wirklicher Markenname hat fröhlichen Klang, und in seiner Art hat er überhaupt kein Problem. Nun, bis auf eine, wir kommen noch darauf, sagen wir, fachliche Implikation, die uns, bei dem Kampfspiel, das folgt, als Einziges interessiert.

Denn, wir verfolgen die überraschenden Routen eines verwirrenden Gewerbes, die Strategien des ewigen Markenspiels, die Taktik der Offensiven, in Wirklichkeit die menschliche Kondition. So etwa ist es. Wenn du verstehst.

Blues, die kenn ich von Chelsea. Aber, die hier, die kenne ich nicht. Noch nicht. Weiß nur, die gehören zu dem großen Ganzen, das wohl zur Hälfte beteiligt ist, aber viel gehört hab ich von denen bisher nicht. Ich lerne, eine »Bekleidungs«-Kette offenbar, mit Superniedrig-Preis jedenfalls. Auf den Labels, klein und schamhaft, unleserlich fast: »Diskont«. Fach-Chinesisch, macht nicht viel her. Einladend ist das nicht, find ich. Aber, was soll's. Ich bin ja damit nicht befasst. Sei nett, Ad, du bist bloß dabei. Und erst einmal wird jetzt gegessen.

Eindeckt is', doch erst mal große Vorstellung. Der Junior-Unternehmer, der die Platten auflegt, sagen wir DJ, dann »Con«, sein »beratender Konfident«, aber weit mehr, die eigentliche, die ruhende Kraft. Mit Con versteh ich mich blind. Außerdem der Holding CFO – Finanzen –, klar, der ist immer dabei, und noch einer aus dem Haus.

Und dann DJ: »Darf ich vorstellen, die Geschäftsführung unseres Partners ›Blues‹«. So Stücker fünf. Grauer Anzug. Wenig Gesicht. Abwartende Neugier. Unverbindliches »Hallo«. Was macht der hier?

Der große Baum von einem Kerl, kurzgeschoren, ein Zähneblecker vor dem Herrn, T-Shirt, schwere Leder-Jacke, im Folgenden LJ unter uns, ein strahlender Macher, wie er im Buche steht, zerquetscht mir mit seiner Pranke begeistert die Hand.

»Mein Partner«, sagt DJ mit Besitzerstolz, »Herr Wucht«. Das spüre ich noch an der Hand. »Wie schön.« Anmerken lass ich mir nichts.

LJ, der Herr Wucht, mächtig body-dominant, der legt gleich unbekümmert los. »Professor«, immer sind sie davon irgendwie irritiert, »Professor, wissen Sie, ich bin zum Händler gekommen wie die Jungfrau zum Kind. Ich war ja mal der jüngste Torwart in der zweiten Liga, wussten Sie das?« Vertraulicher Bodycheck. »Aber, aufgestiegen bin ich erst hier. Als Autodidakt, gar nicht schlecht, oder?« Lacht, bleckt, ich bin wie geblendet, DJ, er sagt, »ja, wir haben große Freude an ihm«. Alle lachen. Nur einer nicht.

»Das glaub ich«, sagt LJ zu mir, »die Arbeit, die mache ja ich.«

Mein lieber Freund, du denkst doch nicht gleich an Schwelbrand, nein? An Boyd? Sei nicht so misstrauisch. Alles normal. Geh'n wir doch einfach zu Tisch.

Und tun aufgekratzt. Nichts ist schlimmer als Gänsebraten und zuvor Consommé. Ochsenschwanz. Immer dasselbe, wie mein Freund Bruce sagt, und damit das Leben selbst meint. Kaum sitzt du, bringt keiner mehr als Bla und Bla, »Wie geht es denn so?« Sonderbar blass. »Gute Reise gehabt?«, und schon ist aller Esprit erschöpft. »Na, schmeckt's?« Ochsenschwanz.

Mir gegenüber das Team. Die »Blues«. Sie spielen nur unter sich, ab und zu nur ein kühler Blick. Professor Besserwisser. So einen brauchen wir noch. Niemand, niemand versteht das Geschäft so wie wir. UNSER Geschäft. Damit das mal klar ist. Und weißt du, Gewerbebruder, seufze es mit, irgendwie haben sie recht. Ihren Stallgeruch, den hast du nicht. Du kannst sie höchstens grad mal verstehen. Dazugehören kannst du wohl nie. »Darf ich Ihnen nachschenken?« »O ja, bitte, sehr gern.« Nur durchtrinken hilft.

Es kommt immer, wie's kommt. Und ausgerechnet, als mir der schöne Kloß zur Gänsebrust im Halse steckt, da sucht die grinsende Wucht ihr erstes taktisches Foul. Weil ihm, wie eingespielt, DJ die Steilvorlage gibt. Nur eine liebenswerte Marotte, ein einfach untrügliches Gefühl eben für eine unpassende Zeit und den Kommentar gleich dazu.

Aufmunternd, wie ein alerter Unternehmer sein muss, »Herr Wucht«, du spürst die Zügel in der Hand, »Herr Wucht, wir sind alle schon sehr neugierig auf morgen, auf das, was Sie uns über Ihre Markenführung, die Marke, erzählen werden.« Er meint es nett, aber Wucht ist Wucht, Gesellschafter ist Gesellschafter und das Thema, basta, wird selbst bestimmt.

LJ, kaltbleckend:

»Ich bitte Sie, über die Marke können wir doch gleich jetzt schon alles erfahren«, zeigt mit dem Messer auf mich, »ALLES«, laut, mein Gott, sind die schon provoziert, »hier sitzt doch Ihr Markenprofessor.« Er räkelt sich leicht zurück, seine Blauen, sie amüsieren sich, mein Freund Con, na was, der kennt mich ja, der grinst. Wucht weiter:

»Pen, Sie haben das doch alles drauf«, Mund geputzt, wie's die Fußballer machen, wenn sie geputzt worden sind, »wissen Sie, Pen, ich bin doch bloß so'n grober Händlertyp, ich hab das noch nie richtig kapiert. Sagen Sie mir, ganz einfach und klar, was ist das überhaupt, eine Marke, sagen Sie's mir. Na, los doch, Professor, sagen Sie's mir.«

Alle Gläschen klirren schadenfroh. Die heiße Schokolade auf meinem Eis verfriert. Der Schuss, er schießt ihn unvermittelt scharf, wie der Butt. Wucht denkt, den hält Ad, der Bücherwurm, nicht. Die pflaumenblaue Bande hat ihren Spaß. Mit Blue sind die eingefärbt bis aufs Hemd. Yeah!

Soll'n sie ihn haben, ihren Spaß. Was die nicht wissen, Ad hat ihn auch. Keiner glaubt's, aber Fußball, Herrschaften, hab ich mehr gespielt als die. Erst Verteidiger, so hieß das damals, was mir noch heute hilft, dann Mittelstürmer. Hab alle Elfmeter geschossen, alle versenkt. Und ich stopp dir noch heute den Ball aus der Luft. Na ja. Wenn ich mich halten kann.

Ad, Serviette weggelegt, ganz ausgemachte Höflichkeit.

»Einfach und klar, Herr Wucht?«

»Ja.«

»Eine Marke ist eine Beziehung. Eine Beziehung auf Dauer. Klar genug?«

Wucht denkt, ist perplex.

»Mensch, … jaa.«

Ball gehalten. Tor geschossen. Die Blues in Trance. Mein Freund Con, er zwinkert mir zu. Ad, verbindlich:

»Wissen Sie, Herr Wucht, wir haben hierzulande ja auch große Markenleute herausgebracht, die waren die Gründer der Markentechnik, so wie der berühmte alte Hans Domizlaff. Alles noch heute gültig. Von ihm gehört?«

LJ schüttelt den Kopf. Plötzlich hören sie dann doch zu. Notgedrungen.

»Gewinnung des öffentlichen Vertrauens«, so hat er die Grundlage für das Marketing beschrieben.« LJ nickt.

»Das ist die andere einfache Antwort auf Ihre Frage.« LJ nickt.

»Na, und Sie wissen ja, die Amis, die bringen so Sachen immer total auf den Punkt. Bei der Marke auch.« LJ, ganz Ohr.

»A brand is a relationship. Falls es einer besser sagen kann, soll er's sagen. Ich glaub aber, das ist es.«

Ich seh LJ an, »Zufrieden, na?«, und toaste ihm beruhigend zu. Entgegenkommen ist auch ein starkes Argument.

LJ staunt so ziemlich, glaube ich. Aber, immerhin, fair ist fair, er hebt sportlich sein Glas:

»Na, das hat er ja grad noch gebracht.« Er lacht und nun, na ja, die Blues, gequält lachen sie dann doch auch mit.

»Nicht schlecht.«

Ich nehme noch einen Löffel Eis, dann hebt DJ die Tafel auf. Wer will, geht noch zur Bar. Der Rest zu Bett.

»Spende dem Handel Deinen Segen, oh HERR.« Im Universum, alles normal.

Am Morgen um neun. »Hallo, allerseits.«

Ein riesig kalter weißer OP, weißer U-Tisch für 'ne Kompanie, die kleine Gruppe abständig versprengt, ein ganzer U-Schenkel allein für mich. Isoliert?

Mir, so zehn Meter gegenüber, die drei Herren vom Board, die Stirnkante reserviert für das Team von den Blues, LJ und seine Jungs. Und Ad, gänzlich ungebrieft und sehr allein. Mein guter Con, von weitem, er grient. Oh Nachtigall. Ich mache mich warm.

LJ himself, präsentiert. Schlicht, auf Pappe, kein Powerpoint, nichts. Diskont, der spart. Und wer prostituiert sich schon gern vor seinem Gesellschafter? Das Mindeste ist mehr als genug. Eine halbe Stunde und LJ ist durch. Von Positionierung nichts. Umsatz, na was schon, im Hoch, Margen, ganz unerheblich stagnant, neue Läden aufgezogen en masse, Bekanntheit, nun, doch ziemlich blass, die Entwicklung wuchtig, was denkst du, vielversprechend rasant, Ad amüsiert, relativ geschickt aufgehübschter Banalreport, so wie man's hat, es läuft und läuft. Wer sind wir denn. LJ, blendend bleckend, hechtet geübt ein paar harmlose Fragen aus. So. Danke. Das war's. Marketing liebt er wohl nicht.

Ad, der Naive. Warum bin ich hier?

DJ, wie ungläubig, ja, ham'mer denn scho Weihnachten? Und was macht die Tagung? Is scho vorbei? Die Herren sitzen stumm, um das große U herum.

LJ befriedigt, nickt seiner Truppe zu. Schon rascheln Papiere, zum Aufbruch bereit. Ich sitze und rühre mich nicht. Ich beobachte, wie mein guter Freund, der Con, mit dem DJ etwas beflüstert, mir dann ein gemeines Vergnügen-Grinsen herüberendet, und ich höre den Unternehmer-Junior, wie er sich an LJ, seinen Geschäftspartner, wendet. Ihm herzlich dankt und schließlich sagt:

»Ich selbst habe keine weiteren Fragen, aber da wir doch durch die zügige Präsentation recht viel Zeit gewonnen haben, Herr Wucht, meine Herren, denke ich, dass Sie nichts dagegen haben, wenn wir zu Ihrem Thema, zu den Fragen der Marke, so wie sie mein Kollege, Herr Wucht, ja auch schon gestern Abend gestellt hat«, ich sehe aus den Augenwinkeln, wie LJ sich wieder ergeben in seinen Sessel zurücksinken lässt, »wenn wir unseren Gast, Professor Pen, bitten, uns mit seinen eigenen Gesichtspunkten zur Präsentation vertraut zu machen, die er, wie ich ihn kenne, vermutlich hat.«

Er schaut zu mir herüber, ich geb mit der Hand grünes Licht.

> »Meine Herren, Herr Wucht?«
>
> LJ: »Natürlich, natürlich, gute Idee. Schießen Sie los, Professor, ich bin ganz Ohr. Bin neugierig, was Sie uns da INTERESSANTES zu erzählen haben, INTERESSANTES, Herr Pen ...« (Fast höre ich im Wortlaut den originalen D.U. Du erinnerst dich, den vom Niederrhein.
>
> »Vielleicht können wir ja noch was von Ihnen lernen, LERNEN, Herr Pen«, nachsetzend: »Über UNSER Geschäft.«
>
> Du siehst, alles normal.

Er blendet mich an. Anstoß, das Spiel läuft. Der Ball liegt bei mir. Und eines weiß ich, nur schneller Antritt hilft. In die gegnerische Hälfte hinein, ohne Übergang. Eine Sekunde Zögerlichkeit, und der Gegner, im Pressing hat er den Ball.

> »Meine Herren, ich habe zwei Fragen. Im Wesentlichen. Wenn Sie erlauben, Herr Wucht. Vielleicht irre ich mich, dann, bitte, korrigieren Sie mich. Aber ich kann mich

wirklich nicht recht erinnern, dass die Positionierung Ihres Hauses, wenn überhaupt, deutlich herausgekommen ist. Deutlich genug, meine ich. Ich weiß es nicht. Tut mir leid.«

Irgendwie sind sie jetzt alle wach. DJ und mein Con, sie nicken. LJ, er starrt nur. Die Blues sind erstarrt, wie blauer Stahl.

Con: »Positionierung ist das A und O.«

Ad, Ball am Fuß:

»Meine Herren, mit Positionierung meine ich das, was man das alleinstellende Merkmal nennt, das, wofür Sie stehen. Für alle verständlich. Verstehen Sie? Meinetwegen können wir es auch den guten, alten USP nennen. Den kennen Sie ja. Das heißt ja nur: einzigartiger verkaufender Anspruch«.

Stille. Blue Squad, hab Acht.

Ad gegen Wucht. Ich sehe ihn an.

»Kernkompetenz, verstehen Sie? Aber wofür? WOFÜR?«

Unruhe. Tuschelei.

»Sie werden vielleicht sagen, wir differenzieren uns doch über den Preis! Nur, ich bitte Sie! Das sagt doch ein jeder, wenn er nichts Besonderes hat.«

Ich seh, das geht LJ wie ein Ellbogen-Check an den Hals. Er rückt laut seinen Stuhl. Egal.

»Die Herren Ries und Trout, die Sie ja sicher gelesen haben«, haben sie nicht, das weiß ich, aber einen Denkzettel hat diese total eingebildete Mannschaft verdient, LJ, der wuchtet schon wieder zum Pressing hoch, Ad, weiter am Ball:

»Diese Herren haben es ja längst schmerzlich deutlich gesagt: ›If you don't have a good selling idea, you better have a good price‹, das heißt, wenn du nichts Besonderes zu bieten hast, solltest du wenigstens einen ordentlichen Preis haben. Mit anderen Worten, Herr Wucht, ich bitte Sie, dass Sie ein ›Diskont‹ sind, das ist doch wohl noch keine Alleinstellung. Oder?« Das sitzt. Ich setz noch mal nach. Sanft: »Keine Alleinstellung. Als Marke jedenfalls.«

DJ: »Da gebe ich dem Professor recht.«

Uuh.

LJ: »Moment …«, er steht auf. Nein, den Ballkontakt geb ich ihm nicht.

Ad: »Ich bin gleich durch, Herr Wucht, eine weitere Frage, bitte, die steht noch aus.«

LJ, Arme aufgestützt, er steht noch und starrt, will den Ball, trabt dann aber ins Tor zurück. Handzeichen. Unwirsch. Okay. Dann mach.

Mein Con grinst mir unmerklich zu. Alles nur Sport.

»Zweite Frage. Mir ist doch als einigermaßen eigenartig aufgefallen, bitte, korrigieren Sie mich, dass trotz all Ihrer doch erstaunlich dynamischen Marktentwicklung der Bekanntheitsgrad von »Blues« sich kaum mitentwickelt. Und Bekanntheit, das wissen Sie ja, die bedeutet eben auch immer ein ziemliches Stück an Marktanteil, nicht?«

Stille im OP. Es wird operiert.

»Meine Herren, ich mag mich ja irren, aber so wie ich es sehe, haben Sie da vermutlich, nun ja, ein ziemliches Defizit? Oder nicht?«, und rede nun wie am Band. »Was Ihre Marktplanung dazu betrifft, so erinnere ich mich jedenfalls nicht, dass Sie zu dieser doch deutlich wichtigen Frage nachdrücklich Stellung bezogen haben. Hätten Sie aber müssen, finde ich. Wenn Sie erlauben.« Stille. »Ich frage ja nur.«

Ja, für einen Beisitzer schon ziemlich direkt. Vorstandsprache. Ich frag mich, bin ich ihr Aufsichtsrat? Aber da sitzt die Holding. Klartext, den liebt sie. So wie Ad seinen Ball.

Bei den Blues, Rudelbildung. Tumult. DJ und Con stecken die Köpfe zusammen. LJ, das sehe ich, hebt schon irgendwie an zu einer Replik, also lass ich mein Band besser gleich weiterlaufen. Lauter, eindrücklich laut, es hallt im OP:

»Meine Herren, ich rede hier nicht von Markenwerbung, nicht dass Sie mich für allzu naiv halten. In Ihrem Diskontgewerbe geben die Margen das nicht her«, einvernehmliches Nicken, na immerhin, »und trotzdem brauchen Sie mit Sicherheit weit mehr Beachtung. Herr Wucht, meine Herren, ich fürchte eben, Sie werden das nicht so einfach aussitzen können.«

Und bevor sich die blauen Vögel noch aufplustern können: »Herr Wucht, ich will es überhaupt nicht akademisch machen. Aber heutzutage bedeutet nach Ansicht aller Experten, dass die »Wahrnehmung« das wichtigste, vielleicht das einzige Kapital eines Unternehmens ist. Hören Sie, Sie fragen mich immerhin. Heute reden wir von der »Ökonomie der Aufmerksamkeit. Ihr blaues ›BLUES‹ leistet das nicht allein, höchstens doch, wenn da jemand zufällig bei Ihnen vorbeispaziert. Das kleine, angeklebte »Textil-Diskont«, was tut das schon? Die Leute, die wissen doch kaum, was das heißt. Und bitte, was heißt denn schon ›BLUES‹? So allein«.

Im Strafraum, heftig lauter Protest.

»Bitte, regen Sie sich nicht gleich auf. Die Marke, die ist ja nett, aber die Ökonomie der Wahrnehmung hat etwas mit SELBSTERKLÄRUNG zu tun«, Selbsterklärung!, und nun, so was passiert halt manchmal, gehen eben auch Ad mal die Gäule durch, »wenn du das Unterzeilchen nicht mitbekommst, was sagt dir dann ›BLUES‹? Außer, dass es vielleicht nett und eben farbig ist«, die aufkommende Unruhe überlauf ich einfach, »›Blues, Blues‹, ein Fahrradladen vielleicht.«

LJ, hoch, brüllt: »Das verbitte ich mir.«

Ad, ungerührt: »Oder ein Pharmaladen, warum nicht Elektronik, ›Blues, Blues‹, auch …«

LJ: »Genug, genug, was erlauben Sie sich, wir sind doch kein Fahrradladen hier …«

Ad: »Spielautomaten?«

DJ, urplötzlich aufgemischt. »Aber vielleicht hat Pen recht.«

Con. »Ja, denke ich auch.«

LJ steht, kampfnasses Trikot. Ich nicke den Herren gegenüber dankend zu und komme LJ, aus reinem Sport, nochmals zuvor, mit eben dieser »fachlichen Implikation«:

> »Hören Sie, Herr Wucht, bitte, vielleicht setzen Sie einfach zu Ihrem ›BLUES‹ so eine aufmerksamkeitsstarke Selbsterklärung dazu. Verstehen Sie? Einen sich selbst erklärenden Begriff. Weithin sichtbar. Um Ihre Marke geht es doch nicht, verstehen Sie bitte, es geht allein um Ihre volksnahe Position. Ihre Alleinstellung im Wettbewerb. Verstehen Sie? Dann haben Sie, wofür Sie stehen. Sofort. Und Ihre Reklame gleich mit dazu. Einladend auch. Herrschaften! Bitte! Das wär 'ne Wucht.« Ich deute Wucht ein vermittelndes Lächeln an.
>
> »Da Sie mich schon gefragt haben. Menschenskinder. Das wär ein mächtiger Weg. Herr Wucht. Das wäre was.«

Randale und Palaver, was denkst du. Chefarzt gegen Chefarzt im OP. Auf dem Spielfeld Sanitäter, Sprüheis gegen Unterstellung, den selbst gemachten Schmerz. Die meiste Zeit geht drauf für das Positioning. Es findet sich die Kinderwäsche. Was auch immer, immerhin. Berglandbeben. Con ist schwer amüsiert.

Bei dieser Selbsterklärungs-Markenfrage von »BLUES«, da aber gehen die Lawinen ab.

> LJ: »Professor, bilden Sie sich nichts ein! Gehen Sie hier nicht zu weit!
>
> Blues bleibt Blues. So wie es ist. Irgendwann lernen die Leute, wer wir sind. Ich versteh ja ungefähr, was Sie meinen, aber, wie soll das gehen? Davon haben Sie ja nichts gesagt.«

Er fühlt sich von mir unfair gerempelt, wie im Sanctum des Torwarts, dem Fünf-Meter-Raum, wo er sicher ist. Also macht er mich an. Ich versteh ihn, Mensch, nur zu gut.

> »Sie können leicht reden, HERR Pen, stellen hier Thesen auf. So ungefähr versteh ich, was Sie meinen, ungefähr, aber nicht ganz. Vielleicht geben Sie uns mal ein Beispiel, wenn Sie schon solche Thesen aufstellen. Herr Pen, wenn

Sie's können, eine Idee«, schnauft wuchtig durch, der Herr Wucht, »Fahrradladen, unglaublich. Wenn Sie uns hier belehren wollen, dann sollten Sie gefälligst auch sagen, wie's geht.«

Sie sind wund gelaufen. Rote Flecken auf bläulicher Haut. Und nun denken sie, sie haben mich. Ich weiß. Ein Zögern und du bist platt. Ein geschwätziges Weichei. Rote Karte. Vom Platz gestellt. Ausgebuht und das war's. Die in Blue getauchte Fankurve im schunkelnden Triumph. Ad, aus dem Stand:

»KLAMOTTEN«.

»BLUES. KLAMOTTEN«.

Totenstille im OP. Ich hoffe, sie atmen noch. Con sieht DJ an und grient. Dann, langsam, ganz langsam, bewegt sich LJ und fragt leise, ungläubig und gedehnt:

»Bitte?«

»Klamotten.«

Kein Mucks.

»Ich kann's Ihnen gerne erklären.«

LJ, er schüttelt nur den Kopf. Irgendetwas gleitet ihm aus der Hand. Der Ball. Ich führe aus. Sachlich:

»Sie wollten doch eine Idee. Also, hier ist sie. ›Klamotten.‹ Klamotten, meine Herren, das ist Luther. Dem Volk aufs Maul geschaut. Blues Klamotten. Da weiß man, was man kriegt. Und billig noch dazu. Meine Herren, bitte, Klamotten, das ist, wenn Sie so wollen, nichts anderes als der liebevolle Begriff für all das Zeug, was man gerne am Leibe trägt. Volksmund. ›Ich brauch mal ein paar neue Klamotten.‹ Sagen alle. Frau Müller wie Frau Klum.«

Kein Zwischenruf. Kein Widerspruch. Ad, weiter. Vielleicht beruhigen sie sich.

»Klamotten sind schick. Nicht übertrieben. Immer praktisch. Mal eben zu haben. Ohne Umweg, ein permanentes Kaufsignal«, ich laufe zu Form auf. »Stellen Sie es sich doch vor. Sie sehen schon von weitem Ihre BLUES-›Klamotten‹ leuchten, so deutlich wie McDonald's, dann wissen Sie sofort, was es bei diesem ›BLUES‹, was ja alles sein kann, für Sie gibt. Klamotten eben. Die ganze Ausstattung für hundert Mäuse. Die Socke, die Wäsche, das Hemd, den Anzug oder das Kleid und den winterfesten Mantel noch dazu. Klamotten von BLUES. BLUES, Textil-Diskont oder so, es tut mir leid, das ist dagegen ja doch wohl ein ziemlich lustloses Label, finden Sie nicht? Passt auch gar nicht zu Ihnen, finde ich. Macht auch nicht an. BLUES Klamotten, die wären dagegen doch der totale Kleiderspaß. Für jeden, für mich, für alle, fürs Volk. Finden Sie nicht? Nein? Hmm? Also, ich hab's Ihnen so gut erklärt, wie ich kann. Das muss genügen. So ein Ding muss sich am Ende ja sowieso selbst erklären. Herr Wucht, nichts für ungut. Ich denke in Ihrem Sinne.«

Ad, Ballbesitz. Ungebrieft. Den Seinen gibt's der Herr nicht nur im Schlaf. »Ich habe fertig.« Na ja, nun lachen sie beinahe mit.

Es gibt noch ein wenig Wortgefecht, obschon es doch nur um ein Ideenbeispiel geht, völligen Unsinn auch. »Weiß denn ein jeder, was Klamotten sind?«, so etwa in der Art. Immer wieder verblüffend, wie eine Idee polarisiert und dabei Gestalt gewinnt. Was sie hier offenbar tatsächlich tut.

»Klamotten oder nicht«, sagt DJ, »ich jedenfalls finde, da ist etwas dran. Con?«

Con ist ruhig, gelassen, strahlt immer Sicherheit aus: »Mein Bauchgefühl sagt mir, das hat etwas. Wie auch immer. Jedenfalls ist so etwas in meinen Augen eine vitale Marktidee. Auch etwas, was die Marke neu, aber stark definieren kann. Natürlich muss am Ende das Unternehmen selbst entscheiden, wie es dazu steht, zu einem solchen Vorgehen, wenn es überhaupt will.« Er sieht LJ an, grinst: »It's up to you, Sir.«

LJ, Ende der Sitzung, er versachlicht sich: »Ich muss ehrlich sagen, dass die Präsentation hier eine Wendung genommen hat, die wahrscheinlich keiner von uns so erwartet hat«, und zu mir gewandt: »Ich habe das nicht geglaubt, Herr Pen, aber, um ehrlich zu sein, ich muss schon zugeben, dass Sie mich zumindest nachdenklich gemacht haben.«

Zu DJ: »Wir müssen sehen. Ich denke, wir ziehen uns zurück und beraten uns.«

Nochmals zu mir: »Das mit dem Fahrradladen, Professor, das kriegen Sie aber noch mal zurück!« Wucht, er muss doch fast ein wenig grinsen dabei. Sportler. Fairplay. Immerhin.

»Aber wegen dieser Klamotte, die Sie da abgezogen haben, rufe ich Sie wahrscheinlich bald an.«

»Gerne, Herr Wucht. Es wird mir ein Vergnügen sein.«

Auschecken, Abschied.

Les Bleus, das blaue Team, nichts für ungut, Messieurs, es geht so irgendwie Slow Motion, ein ganz wenig versteift, die Flügel etwas verspannt, nach vorn. Wie die Bayern damals, nach dem Bochum-Debakel. Sie kommen so recht nicht klar, sind aber nicht unfreundlich, eher neugierig, irgendwie. Aber irgendwas ist scheiße gelaufen. Bloß, was?

Con umarmt mich und flüstert mir ins Ohr: »Hurensohn.« (Wir stehlen Pferde miteinander.)

DJ: »Pen, Pen. Da haben Sie ja aus dieser langweiligen Tagung noch was gemacht. Fabelhaft. Vorbereitet?« Ich grinse, schüttle nur den Kopf. Er, anerkennend und vertraulich auch:

»Sprechen Sie mit Wucht. Der ist kein übler Kerl. Wer weiß, vielleicht wird sogar was draus, aus Ihrer Idee. Ich bin positiv. Aber ich überlass es natürlich ihm.« DJ, das kreative Risiko, das mag er, das bewundert er irgendwie.

LJ baut sich wuchtig vor mir auf. Kunststück.

»Professor. Ganz unter uns: Ich kann das doch überhaupt nicht beurteilen. Ging alles viel zu schnell«, er geht nah an mich ran, Ad, vorsichtshalber, einen Schritt zurück, »und ziemlich dreist, was Sie da abgezogen haben. Aber, ich nehm's mal sportlich«, er lockert sich, »weil, irgendwie hat es ja vielleicht was. Das spür ich auch. Hören Sie, ich komm einfach vorbei und wir reden das durch. Wie finden Sie das? Ich muss ja auch mal sehen, was meine Leute sagen. Aber das verstehen Sie ja. Also, ich komm'? Okay?« Den Händedruck spür ich bis heute noch.

»Prima. Wär wirklich schön«, und mein's auch so. »Also, bis bald.«

Markentechnik, Wundertüte. Du lernst nie aus. In dem Business, in dem du sie alle triffst, triffst du auf Männer ganz eigener Art. Und ein jeder hat Recht auf Gesicht. Manche außen Gulliver, innen Zwerg. Das Fass der Geltung, Geltung!, riesig, ohne Boden, niemals ganz gefüllt. Glücklich, wer Eier hat, forgive my French.

Die Analogie, die ist nun mal da. Dazu ist sie noch amüsant. Die köstliche Geschichte, die ich aus »Mind Set«, dem Buch von John Naisbitt habe, ist zu schön, um sie nicht nachzuerzählen, und sagt eben auch etwas über »Wucht«.

Die Episode, sie handelt von dem seinerzeit schon alten, berühmten Bildhauer Jacques Lipchitz und einer Arbeit für den amerikanischen Präsidenten, Lyndon B. Johnson, dessen Berater Naisbitt damals war. Es ging um ein Relief für das Porträt des Präsidenten auf einer Medaille.

Lipchitz wird berufen, aber es dauert eine geschlagene Woche Wartezeit im Weißen Haus, bevor Lipchitz und Naisbitt in das Oval Office vorgelassen werden, den Präsidenten zu sehen.

Johnson, im absoluten Arbeitsstress und zutiefst uninteressiert, nimmt so gut wie keine Notiz von Lipchitz, immerhin einem der größten Bildhauer des 20. Jahrhunderts. Der, ungeachtet der Nichtachtung, arbeitet sofort, nicht faul, Lehmklümpchen nach Lehmklümpchen ein Porträt des Präsidenten voller Energie heraus.

Naisbitt, im Original: »Als wir auf dem Rückweg zum Hay Adams waren, war Lipchitz noch immer sehr aufgeregt, den Präsidenten persönlich getroffen zu haben. ›Er ist ein so stattlicher, mächtiger Mann‹, sagte Lipchitz, selbst eine Wucht von einem Mann. ›Er ..., er ..., er hat Eier‹, und er rang nach den richtigen Worten und sagte schließlich: ›Vielleicht drei!‹«

Also. LJ, er kommt zu Pen und betritt eine für ihn fremde Welt. Es wirft ihn glatt um. Nun, es ist nichts Besonderes, bloß alles in der einfachsten Proportion, ein wenig japanisch, das schon, aber nur kräftig und ruhig, keine Kälte, kein Firlefanz. Vielleicht mehr so eine Mischung aus Büro und Atelier. Irgendwie entwaffnet es ihn. Mir gefällt, dass er es sieht.

Die Lederjacke haben wir draußen gelassen, ein blauer Pullover genügt. LJ bekommt Tee und dann reden wir. Die Aufregung, die ist weg.

»Hier merke ich erst, in was für einer Welt ich lebe« Er wird ganz ruhig, »bei uns ist der Teufel los.«

»Kann ich mir denken.«

»Wie sind Sie bloß so schnell auf die Idee gekommen?« Klamotten! Irre! Wie geht so was?

»Training. In dem Moment kommt alles zusammen, wissen Sie. Ich versuche, Ihnen das bestmögliche Beispiel zu geben, und in der Sekunde, in der ich es ausspreche, merke ich, es ist womöglich sogar die Idee.« Er begreift offenbar und nickt. »Dann, Sie waren ja dabei, dann führst du sie aus, die Idee, so ausführlich und einfach du eben kannst, und plötzlich macht sich das Ding selbstständig. Ich weiß, es ist verrückt. Aber offenbar hat es ja was. Sonst wären Sie nicht hier. Herr Wucht. Schön, dass Sie da sind. Im Übrigen: Was sagen denn Ihre Leute dazu?«

LJ ist sachlich. Nimmt einen Schluck Tee.

»Das geht total durcheinander. Ein paar verstehen es gar nicht, die fragen sich natürlich, was das überhaupt soll. Die anderen sind nicht dagegen, aber auch noch nicht ausgesprochen dafür. Wie das so ist.

Pen, Sie kennen das doch.«

»Das ist wohl wahr. Und Sie selbst?«

»Also, ich bin eher unsicher. Ganz ehrlich. Andererseits find ich es spannend. Irgendwie toll. Wir reden ja jetzt hier, damit ich ein Gefühl dafür kriege, ob ich mich dafür starkmachen kann.«

»Fair enough.« Er ist wenigstens offen. Das ist ja schon viel.

Wir reden also, und er ist ganz Ohr. Er begreift, es ist riskant – eine solche Innovation ist das immer –, dafür aber bekommt er wohl auf einen Schlag Präsenz, ganz ohne Werbung unerhörte Resonanz und am Ende, wenn alles vorbei ist, die solide Redundanz. Dann ist er da, praktisch über Nacht. Freche Wahrnehmung als bares Kapital.

Ich erklär's ihm nur. Sachlich. Die Sache, die muss ihn überreden, ich nicht. Schließlich kann er tun und lassen, was er will.

Es ist wirklich verrückt. Aus einem Beispiel wird plötzlich Möglichkeit. »Brand Repair«. Diskussion.

Aber am Ende ist er wirklich immer noch dabei. Im Grunde ist er der Typ für ein großes Ding. Er denkt und klärt. Dann sagt er, und vielleicht ist er selbst überrascht:

»Professor, passen Sie auf. Wollen Sie mal rüberkommen zu uns? Dabei lernen Sie auch unseren Laden kennen. Wir setzen uns mit der GF zusammen, und Sie gehen das mit denen noch mal so durch, wie jetzt hier mit mir. Meine Leute bekommen vielleicht ein besseres Gefühl. Und wir können dann immer noch entscheiden, ob wir was machen oder nicht. Sollen wir das so machen?«

Ich sage: »Es ist wohl die einzige Möglichkeit. Abgemacht. So machen wir das.«

»Ob wir was machen.«

Ad, von allen Wassern gebrüht, unschuldig bis an sein schwarzes Herz, Ad, von hellem Staunen ganz übermannt. Da läuft wohl plötzlich ein Spiel. Der Torwart des Hauses, auf dem Rücken die Nr. 1, er läuft sich warm. Und, Ad, doch vollkommen außen vor, ein Wunder, Ad ist noch immer am Ball.

»Klamotten.«

Chuzpe for business. Nichts ist unmöglich. Fortuna.

Da, wo sie sind, versinkst du in Pflaumenblau. Logistik-Kästen, Hangars, riesig, straßenweit, himmelhoch alles Azur, in der Verwaltung, die Fenster und Jalousien gleich identisch getaucht.

Eine Wucht. Corporate. Kaum kriegst du noch Luft. Die paar hundert Läden, klar, auch die, ganz knallig, nur Blau. Einfach toll. Marktuniform.

Zur Begrüßung sag ich's ihm, aber ganz traut er mir nicht. »Zu schrill für Sie, Professor?« Hat wohl mein Büro noch im Kopf. Die andere Welt. Und unseren weisen Goethe nicht dabei: »Es bedarf der ganzen Fülle der Gesichte, um eine ganze Welt zu sein.«

Großraum, eine Voliere voller Stahlenergie. Masse Vögel, glasgeteilt, Orwell-Discont, mittendrin der »Konfi«, schallgedämpft. »Hallo, hallo, Herr Pen«, verbindlich, »hier, nehmen Sie doch Platz.«

Versteh mich recht. Um abzuheben, gibt es keinen Grund. Realität ist Realität. Respektier sie. Immer gleich Bewertung ist immer auch ausnahmslos blöd. Nimm's, wie es ist. Hier ist hot scrambled egg. Der Sex von Marge und Diskont. Hier bist DU der Alien. Mach's besser gut.

Schau dich nur um, alles normal. LJ, freundlich und aufgemischt, alle anderen haben ihre natürliche Skepsis in ein gezwungenes Lächeln gepresst. Eine irgendwie jung augengeränderte, doch ausstrahlend sichere »Tante« (Slang) sitzt ihrem CEO bei. Oho. Hmm.

Ich nehme mir eine Tasse Kaffee und denk, ich hab alles gesehen. In den Augen hat sie alle die Kerle im Griff, vom Leben hat sie schon alles gesehen, durch Ad blickt sie durch. Egal wie, dieses Business ist immer auch irgendwie attraktiv.

Nun, Wucht hat das Sagen, das wird schnell klar, und er führt gut durch das Gespräch. Die Herren fragen viel.

»Tante«, für die Reklame zuständig, lässt nur so unmerklich patzig die aufgeklebten Wimperchen spielen, steht ohne zu blinzeln Rede, Antwort, Begründung und Auffassung, will ihn nicht drängen, den blauen Schwarm, belehren schon gar nicht, also hält Ad die Sache entschieden, doch offen, dann bleibt sie entspannt.

Em Ende steht's pari, so denke ich.

Die Sache, tot ist sie nicht. Und immerhin, der allgemeine »Klamotten«-Status: »Wir sollten das testen.« Das ist unter den Umständen doch ein Schritt, danach, Herr Pen, danach wird man sehen.

Nichts ist unmöglich. Arbeitsstatus. Wunderbar.

Ich schreibe, wie's nötig ist, nach Absprache mit der Feldforschung, ein auf Verständigung abzielendes Testkonzept, die Marken-Wiedererkennungstheorie und alle Begründung natürlich für meine »Klamotten«-Idee.

Ziehen die Leute mit oder nicht? Reicht ihre Vorstellung aus? Verstehen sie die Idee, und zwar schnell? Sind sie überhaupt positiv?

Ad, mit Hilfe verständiger Leute vom Fach, er hat selbst Erfahrung damit und arbeitet es höchst sorgfältig aus.

Natürlich, so Testanlagen haben manche Überraschung parat, aber, um es vorweg zu nehmen, die Sache, sie geht gut aus.

Das Testergebnis, es macht eindeutig Mut. Ich rufe Wucht an, und er kommt zu mir. Danach geht alles, oh Wunder, ganz schnell.

> »Wie viel?« Ich geb ihm Diskont, er zuckt trotzdem, aber gibt sein Okay. »Ist DJ mit im Boot?«
>
> »Ja, ja, der will was sehen. Wie lange?«
>
> »Mit allem, umgesetzt?«
>
> »Ja, das ganze Konzept.«
>
> »Sechs Wochen. Dann eine letzte Abstimmung hier bei mir. Danach ist die Roadmap komplett.«

Handschlag. Oh, Mann. Hole in one. Brand Repair.

Und weit weg die Tiroler Scharade. Die Disziplin der Arbeit, sie übernimmt. Das Professionelle ist schnell erzählt. Du denkst es eben durch. Das Handgemenge, weit weg. Du konzentrierst dich, und zwar auf das Wesentliche. Du tust allein, was die Sache fordert, du fokussierst die Disziplin.

Heraus kommt, mit allen nur erdenklichen Details, den strategischen und den taktischen Schritten, heraus kommt, wie Ad es nun mal auf seine radikale Weise für sich will, die »Roadmap«.

Alles drin. Kompakt in Pacific-Blue, Unmittelbarkeit, Anziehungskraft, Alleinstellung, vor allem die »Selbsterklärung«, Selbsterklärung, seitenlang. Zur Anschauung, als ein Beispiel geb ich's dir einmal wörtlich:

> »Selbsterklärung legt die Markenposition im Markt in größter Einfachheit offen. Wenn es der Marke gelingt, durch einen einzigen Begriff nicht nur ihre Positionierung deutlich und unmittelbar zu signalisieren, sondern simultan auch ihr Marktniveau, dann wird der Begriff der Selbsterklärung gleichzeitig zur Kampagne.«

Du bist vielleicht kein Profi der Markentechnik. Dann erlaubst du vielleicht, dass Ad das noch näher erklärt. Also:

Was wir da so diskutieren, das läuft heute unter dem modernsten Gesetz von allen, dem Gesetz für das überlebenssichernde Marketing, dem, was die meisten noch gar nicht draufhaben, dem Gesetz von der »Ökonomie der Aufmerksamkeit«. Dieses Gesetz nämlich sagt dir, was Sache ist.

Die wahre Größenordnung des Kapitals eines Unternehmens, die liegt in seinem »Gegenwartswert«, das heißt, in seiner wahrgenommenen Marktpräsenz. Die »Ökonomie der Aufmerksamkeit« ist heute das erste Gesetz. Es verlangt die Radikalität und die Einprägsamkeit vollkommen einfacher Mittel. Ohne Präsenz, kein Gegenwartswert. Grundlagen. Du verstehst.

Grundlagen für meine Blues, für die Roadmap, die damit eben alles schön einfach offenlegt. Für die »Kompetenz-Klamotten«. Für den »Markt-Durchriss«. Für das »Sofortbild«, für das Selbstverständnis, für die Eigenwelt, für den angestachelten Kaufspaß, für das Momentum, das Momentum, was die meisten Briefings überhaupt nicht drauf haben, schließlich die gesamte Kampagne in einem Wort.

»Radical Brand« und eben den womöglich möglichen Kaufkult als dringliche Vorstellung noch dazu. Also, du siehst, durch

Potemkin führt Ads Roadmap nicht. Und alles ist durchgearbeitet, mit Text und mit Bild, weil Ad Anschauung liefern will.

Anschauung davon, wie und womit die Durchsetzung der »Preis-Leistungs-Qualifikation« von so einem durchwachsenen Textil-Hard-Diskonter geht. Anschauung selbst in der visuellen Positionierung durch ein simples Leitsymbol für deren Kinderwäsche, ein weißes Smiley-Shirt, was dir, so verdichtet, eben schnellstens alles übers Stammhirn sagt. Dazu die sparsam knappen Stopperfilme und natürlich, bis zum allerletzten Schild, die Anpreisung im Shop, das ganze volle Ladenleben in Aktion. Und alles eben, hoffentlich, wie Ad es nun mal ganz unbedingt und radikal will: Einfach. Einfach, direkt. In einem Punch. Das Ultra-Marin.

Fünf Minuten reichen da nicht. Denn, du hast es vielleicht gemerkt, da steckt nun mal 'ne Menge von diesem sogenannten »Effort« drin. Ich denke, die Sache ist dicht. Finito. Ich zeig's LJ vorab, und wirklich, er ist doch recht hin. Wer, in Tirol, hätte das damals gedacht.

»Meine Leute müssen das natürlich erst schlucken, Pen, das wissen Sie ja. Aber das kriegen wir hin.« Ein bisschen Macho, ein bisschen Muffensausen. Das nimmt doch ein. Perfekt ist ja so langweilig.

Tatsächlich – nichts läuft von selbst –, tatsächlich sind sie zwischendurch noch mal angerückt. LJ, die blauen Matrosen und Tante Lola, anzüglich an mir vorbeigestöckelt, ich denke, warum grinst Wucht so. Er schickt sie vor, die Dame Spielfigur, mir von der Zweifelssuppe einzuschenken, die sie ja doch wohl schön am Köcheln hält. Man weiß es nicht.

Und am Besprechungstisch, da plaziert er sie mir vis-à-vis. Wie auch immer, er hat sie gebrieft fürs Gespräch, mich vorzuführen, an seiner Statt. Ach, mein lieber LJ, doch nicht so durchsichtig.

Die ist ja so sicher, dünkt sich ja so raffiniert, weil sie wohl jeden kriegt, wenn sie will. Heute halt mich. Oh, baby. Ein Kinderspiel.

Lola, nur ein Pseudonym natürlich, viel Drumherum macht sie nicht. Ich lasse es sowieso weg. Hohe Stimme, leicht angeraucht. Nicht schlecht:

»Herr Pen, ICH bin zuständig für das ganze Marketing. Vielleicht wissen Sie das.« Ad weiß das, sagt aber nichts, wartet ab.

»ICH finde diese Selbstwerbung, oder wie Sie das nennen, diesen KLAMOTTEN-Spruch ganz einfach zu schwach. Finde ICH.« Überheblicher Oberton. Auch bemüht süffisant.

»Hier«, rot lackierte Nägel, sie dreht die weiße Pappe, die vor ihr liegt, und schiebt sie ein Stück herüber zu mir. »MIR gefällt diese Positionierung viel, viel besser. Also bitte, was sagen Sie dazu, Herr Pen?«

Herr Pen sieht kurz seitlich herüber zu seinem Freund LJ, der spreizt gottergeben seine Finger. Was soll er machen? So ist das, mein Freund. Meine Hände in Unschuld. Sie spricht fürs Haus.

Ich verstehe. Sag's ihm aber trotzdem, Kabale und Liebe, das hab ich gern:

»Herr Wucht, Sie wollen, dass Ihre Dame mit mir das so …?«

»Bei uns soll jeder seine Meinung sagen können, Professor. Nehmen Sie's hin.«

Ich seh auf das Blatt. Und, wenn du es liest, ich bin sicher, dass auch dir wie schlagartig alles klar wird, dieses eigene, dieses andere, dieses knallfarbige, schon irgendwie rohe Händler-Leben. Dieser unüberbrückbare Grand Canyon der Empfindungswelten, der Abgrund der Verständigung. Also bitte, lies es einfach mal mit:

»NUR NACKT IST BILLIGER.«

Gut, gut. Sag einfach nichts. Sollen wir hier etwa über die Schwierigkeit räsonieren, wie man die Decken zwischen den sozialen Schichten endlich durchbricht? Ich weiß, auf dem blanken Boden bin ich geschlagen, wegen schlichter Unfähigkeit. Weil, ich könnte so etwas nie. Bin eben nicht wie die. Aber so einfach davon kommt Lola mir nicht.

LJ, er beobachtet. Ad, »Ich seh dir in die Augen, Kleines.« Anzüglich:

»Glaub ich sofort, dass Ihnen das gefällt.« Missy, so cool at heart, weicht mit den Augen nicht aus. Lidschatten, blau. Die rote Lola. Rot wird die nimmermehr.

Ich sehe LJ an, dann wieder zu seiner Madonna light.

»Zu meinem Bedauern, Sie müssen da etwas verwechseln, Madame. Was Sie hier haben, ist nichts als ein Spruch«, ich schiebe ihr den Zettel bedauernd lächelnd zurück, »egal, ob Ihnen so etwas gefällt, es tut mir leid, eine Positionierung jedenfalls, eine Positionierung, rein fachlich gesehen, ist das eindeutig nicht.«

Professor Pen, das will ich ihr nicht ersparen: »Frau Kollegin, sozusagen, ich frage mich, wieso Ihnen das nicht aufgefallen ist? Dieser kleine Unterschied zwischen Slogan und USP?« Feines, ein bisschen gemeines Grinsen. Doch diesmal wirkt es.

Tante Marketing zerbeißt sich die Lippen. So schnell fällt ihr nichts ein. Ich sehe zu LJ. Er schweigt.

»Herr Wucht, worüber reden wir hier?«

Keine Antwort, ich denke, ich muss wohl noch tiefer hinein.

»Herrschaften, ich weiß nicht. Vielleicht ist das alles für Sie doch immer noch zu abstrakt. Aber, ich probier es noch mal, mit einem Versuch. Sie können sich doch draußen die Straßen vorstellen, ja? Dieses irre Durcheinander von Signalen, was da miteinander konkurriert, ja? Was denken Sie, wie soll man sich denn da alleinstellen? Wissen Sie, früher hat man sich wahrscheinlich ganz instinktiv geholfen. So wie seinerzeit ein Maier in Hannover. Ich sag's Ihnen:

›Auswahl hat in reichem Maße, Gummi-Maier, Bahnhofstraße. Der Weg lohnt nach wie vor‹.«

Jetzt lachen sie ein wenig und beginnen wohl auch zu verstehen, worauf ich hinauswill. Ich sage:

»Und außerdem, sehen Sie sich doch Ihre Händlerfreunde an, wie die das machen. Denken Sie mal an den umtriebigen Herrn Toeller mit seinen Tierfutter-Läden. Der hat keine Marke draufgesetzt, die die Leute erst teuer lernen müssen. Der hat gleich ›Fressnapf‹ drauf geschrieben, weil das ja schon ein Hund gleich versteht.

Meine Herren, ich denke doch nur, dass es wahrscheinlich diese Direktheit ist, die Ihnen fehlt. Ich rede gar nicht gegen Ihre Marke, Ihr BLUES! Es fehlt ihr nur das Signal, wofür Sie stehen! Das Signal, das Ihnen Ihre Zuständigkeit gleich mit verkauft.«

Ich denke, dass du es nun ganz verstehst. Blues hört zu, aber ich weiß nicht, ob Blues wirklich versteht.

»Selbsterklärung, ich bitte Sie. Da ist überhaupt nichts Akademisches dran. Es ist nur praktisch. Fragen Sie die Igel in Ihrer Tasche. Sie verstehn's.« Flügelschlagen. Haha. Der spricht ja unsere Sprache? Man lockert sich.

Palaver, Hornberger Schießen, die Flotte verläuft sich, klickediklack. Ein Broadway-Musical fällt mir ein, ein Stück, wo eine so rückwärts tanzt, »you should make it on heels«.

Am Ende, mit LJ allein, beruhigt er mich. Es ist sein Laden, seine Art zu führen.

»Keine Sorge, meine Leute werden das schlucken, Pen, das kriege ich hin.« Und doch, das seh ich, er ist besorgt. Macho mit Muffensausen. Irgendwie auch wieder nett. Aber, du hast leicht reden. Für ihn ist es kein Spiel. Auswärts, das war immer schon schwer.

Am Ende, na endlich, sie ist verabredet, die terminliche, die offizielle Schlusspräsentation. Neun Uhr, bei mir. Wie das Meeting im Hotel in Tirol. Seltsam. Wie das so geht. Oder nicht? Denk doch zurück, wie's dazu kam.

LJs Leute sind da, meine Leute, die mir zugearbeitet haben, sind da. Alle passen so gerade ins Konfi rein.

Ich steht noch einen Moment mit DJ, freundlich und aufgeräumt, und mit dem großen LJ in meinem Büro. Small Talk. Sollen wir gehen?

Der Wucht, der ist die ganze Zeit, ein Bein aufs andere, irgendwie so abwesend, nervös, bleckt nicht rum, dreht und windet sich irgendwie.

»Professor, entschuldigen Sie. Nur 'ne Minute. Ich und mein Partner allein?«

»Aber, natürlich.« Ich geh auf Abstand, es dauert nicht lang, und sie sind wieder da.

DJ, irgendwie blass, er macht den ersten Zug. Ich seh's an der Art: »Houston, wir haben ein Problem.«

»Pen, hören Sie. Ich bin bestürzt, aber wir haben tatsächlich eine neue Situation. Ich bin selbst davon völlig überrascht. Herr Wucht, mein Partner hier, er hat mir gerade eröffnet, dass er …, nun …, dass er zurückzieht. Er sagt, er kann es nicht.«

Ad. Ich sag's dir. Ich sag nicht, ich hab's gewusst. Aber eins kann ich dir noch dazu sagen. Ich bin ungerührt. Romer: »Traue niemandem.« Vor mir, ein beschämter Riesenkerl in Lederjacke, der nicht weiß, wohin. »Eier … vielleicht drei.« Bullshit. Es nimmt ihn eben sehr mit. Für Trouble hab ich jedes Gefühl.

»Professor, wirklich, glauben Sie es mir, ich hab kein Auge zugetan, die Nacht.« Nur nackt ist billiger, denke ich. Weiß sie Bescheid?

»Ich hätt's gemacht. Aber ich hab die Leute einfach nicht hinter mir. Es tut mir leid, Professor, tut mir wirklich aufrichtig leid.«

Jetzt, da es raus ist, da ist er schon wie erlöst. Er sagt:

»Ganz ehrlich, Professor. Ich wollte es. Bis gestern noch. Aber, so schwer es mir auch fällt, ich gebe zu, ich trau mich nicht.«

Die ungespielte Ehrlichkeit, die nimmt ihn für mich ein. Ein Eigentor, irgendwie. Ein »Kahn« wird er sowieso nicht mehr. Ich lege die Hand auf seinen Arm. »Okay. Alles okay.« – Da stehen wir nun.

DJ: »Pen, was machen wir denn jetzt? Helfen Sie uns.«
Was ich mir dabei denke, sage ich nicht. Auch heute nicht. Die Sache muss getan werden. Und wenn, dann sofort.

»Ich mach das für Sie. Kommen Sie. Am besten gehen wir gleich.«

Gesagt, getan. Wir rein.

Ich pflanze mich auf, sehe meiner liebsten Kollegin in die wissenden Augen – Weiß sie es denn? – und sage, was zu sagen ist:

»Herrschaften, die Präsentation heute findet nicht statt. Ich fürchte, wir müssen uns stattdessen gleich wieder verabschieden. Das Unternehmen und ich, wir sind uns einig darüber, dass der Zeitpunkt noch nicht reif ist für eine endgültige Verabschiedung des Konzepts.«

Was noch nicht mal gelogen ist, aber geschleimt, doch offiziell.

Sie sitzen und rühren sich nicht, sind offenbar doch überrascht.

Ad: »Aber bleiben Sie gern noch auf einen Kaffee.« Dialektik. Nur, mit Sahne darauf. So verlangt es die Profession. Keiner verliert Gesicht.

Lola. Ich sehe sie an. Mailer: »Ein Mann kann sich eine Menge Vergnügen verschaffen.« Sie weicht mit den Augen nicht aus. Ich denke, sie kann deine Gedanken lesen. Und ich denke, dieses Gewerbe ist umwerfend, einfach durch nichts zu ersetzen.

Ich gehe zurück in mein Büro. Wo ist der verdammte Ball?

Nachher geh ich in die Stadt, immerhin zahlen sie, ich brauch dringend ein paar neue Klamotten.

P.S.: Das war im November 2001. Nach 7 Jahren genau, im November 2008, lese ich in der »Welt«, wie stets, die immer schöne Rubrik von Frau Inga Griese, der ungekrönten ersten Kennerin des beständig sich wandelnden Lebensstils.

Nun, in der Krise der Krisen, erklärt sie aufs Schönste, »warum Grün nicht ohne Luxus auskommen muss«, und in dem Zusammenhange findet sich in einem Satz der Kolumne doch tatsächlich ein unerhörter, ein einfach so fließender Begriff des »Klamottendiscounters«.

Ich traue meinen Augen nicht und bin so erinnert an Wucht und frage mich, ob er so etwas wohl liest. In seinen Trainingsklamotten fürs Tor.

Aber, wer weiß. Hab ihn lange nicht mehr gesehen. Vielleicht ist er schon ausgemustert und spielt gar nicht mehr. Blues.

The Key

Verschlossene Türen

Das Gewerbe, über dessen Strickmaschen Ad, der Märchenerzähler, hier ein wenig berichtet, es besteht neben so vielem aus Tiefsinn, der letztlich nur Flachsinn ist, aus Gleichgültigkeit (wirklich ganz schlimm) und eben auch aus den labyrinthischen Korridoren der Hierarchien. Du kannst leicht verloren gehen in diesem Geschäft, wenn dir ein Guide fehlt, der sich auskennt und sich für dich bemüht.

Ad, mit 69, nach seinem hartleibig späten Retirement in das Selbstständige hinein, ist vielleicht so ein Guide. Er bemüht sich wenigstens um den zielführenden Weg.

So auch in der Sache, um die es hier geht. Bei der ich allein auf mich selbst gestellt bin. Ohne den großen Agentur-Apparat. Adver, allein zu Haus.

Eines Tages ruft mich Herr Thiel an, bis dahin mir gänzlich unbekannt.

»Herr Thiel? Kennen wir ihn?«

»Nein, nie gehört. Aber er möchte Sie unbedingt sprechen. Ist irgendwie aufgeregt.«

»Dann, geben Sie ihn mir.«

»Professor Pen? Mein Name ist Thiel. Von der Firma OKI. Kennen Sie uns?«

»Offen gestanden, verzeihen Sie, nur sehr peripher.«

»Sehen Sie, das ist das Problem. Professor Pen, ich muss einfach dringend mit Ihnen sprechen. Bitte. Hätten Sie mal eine Stunde Zeit? Möglichst bald? Es ist mir so wichtig. Entschuldigen Sie.«

Probleme sind Ads Geschäft.

»Herr Thiel, ich bitte Sie, das ist völlig okay. Zufällig kann ich schon morgen. Passt das bei Ihnen? Bei mir? Gegen elf?«

»Ich komme. Und ich danke Ihnen schon jetzt.«

Thiel, er kommt, so glücklich wie unglücklich, lässt sich erschöpft in einen meiner sitzfesten Sessel nach Mao-Art sinken, kramt aus einer prallgestopften Tasche einen Riesenstapel von Fachkrempelpapier, Fachzeitschriften, Displays und so Zeug heraus und klatscht die ganze Chose, gänzlich entnervt, mitten auf meinen Tisch.

»Ich muss Ihnen sagen, ich kann nicht mehr. Entschuldigen Sie. Es tut mir so leid.«

Der arme Kerl. Ein angenehmer, ein stämmiger, ein fester Mann. Einer, das erkennst du sofort, der nur das Beste will, sein Bestes tut, sich aufreibt für sein Haus. Verantwortlich wohl für dessen Kommunikation. Vor sich, verzweifelt, die Arbeit von sieben Jahren, wie er sagt, und nichts als ein Haufen Mist.

Wie er's so durchwühlt, geb ich ihm recht. Er hat sich über Zeit herumgeschlagen mit irgendwelchen Agenturen, hat nichts bekommen als jedes Mal den alten Aufguss vom selben Tee. Trägt selbst auch mit Schuld daran, leidet schon genug, er konnte es halt nicht besser. Das umfassende klare Briefingschreiben, das hat Thiel nicht gelernt, musste die Experten, Experten!, die »Agenturen«, eben lassen, »ist doch schön«, und kaufte dann so irgendeinen Salat, schließlich brauchte er am Ende doch Futter, halt irgendwas.

Eine Zwischenbetrachtung, verehrter Freund. Ich bin mir allzu bewusst, dass ich hier ein Insider bin. Alt genug. Und ja, ich weiß, da ist immer ein schmaler Grat zwischen Schonung und Offenheit, zwischen Entschiedenheit und Scham.

Doch, fast schon Klischee, in jedem Gewerbe liegt Menschenart. Schlawiner aller Länder, ich stehe euch nah. Nichts gegen den Biedermann, er ist der Kitt der normalen Welt. Sein Gegenstück, der Filou. Ein Dummkopf wäre, der sein altes, sein nährendes Nest beschmutzt.

Und trotzdem, alte Gewerbefreunde, es muss halt heraus, ich hab mich für euch geschämt und sag's hier mal deutlich, warum. Muss einfach sein.

Bloß, weil's eine Fachanzeige ist, rotzt ihr die Sache so runter, ohne ein schönes, klares, einfach gut gedachtes Konzept?

»B to B«, da geht ja nix, was denkt der ADC?

Schon mal was vom alten John Caples gehört, dem Meisterschreiber der Direct-Mail: »They laughed when I sat down at the piano … but, when I played …« Nein?

Oder vielleicht was vom alten Ogilvy, dem intelligenten Zaubertexter der Coupon-Anzeigenkunst? Hm?

Und für den unbedeutenden, undankbaren, beschissen bescheidenen Etat von Herrn Thiel, da habt ihr ausgesetzt?

Der aber, ich sag's euch, der brauchte, der wollte kein weiteres gedankenloses Elementen-Geschiebe in den wüsten Anzeigenfriedhöfen der Fachzeitschriften. Der brauchte unternehmerischen Rat, denn der, verehrte Gewerbe-Herrschaft, der ist eure verdammte Pflicht-Profession, der Rat, egal wie groß das Budget, egal, wie scheinbar minimal das Problem.

Ihr könnt ja gerne die Achseln zucken, aber, Ad regt sich noch heute wie damals auf. Seht wenigstens einmal nur und bitte weit über euer verwüstetes Werbeland. Mit Audis tut ihr euch groß. Das Kleinzeug macht das Büro. Das Zeug, was ich da vor mir sehe, ich wette, es ist von der günstigen Schreibkraft gemacht.

Die Headline machst du im Taxi, fix, schickst ihr 'ne SMS, den Rest macht der Computer ja eh allein, Helvetica mager, linksbündig, »Ja, Susi, machst du mir das? Schick's ihm gleich rüber, ich schau es mir später an. Bin bei Robert's zum Lunch. Also, ciao.«

Allgemein gilt Ad als verbindlich. Doch, ohne Pardon, bei der Schluderei nun gerne mal nicht, die da vor mir liegt, auf dem Tisch.

Thiel, er hat beide Hände vor sein Gesicht geschlagen. Er ist so erschöpft. Ich soll seine Tränen nicht sehen. Ich lasse ihm Zeit. Und, langsam, ganz langsam, wird er dann ruhig.

Ich mach mich nicht lustig. Aber, manchmal bist du der Freud. Er muss sich mal aussprechen. Das ist eben so. Und ich weiß ja noch nichts, bis auf das Drama. Das schon.

Seit Jahren bereits hier in Deutschland und praktisch so gut wie ganz unbekannt.

»OKI.«

Wer? Was?

Der Siemens von Japan, sagt Thiel. Und Ad staunt. High-End-Technologie. Unter Fachleuten der Geheimtipp. Die OKI-Komponenten, sie werden als Marke nicht sichtbar, durch die Marke des Verwenders ganz überdeckt. Anonyme Verpflanzung von technischem Know-how. Business-Strategie. Auch das ein Grund, so unerkannt zu sein. Allgemein, in der Welt.

> »Doch nicht, was Deutschland betrifft«, sagt Thiel. »Wir sind ganz einfach ein Großkopierer- und Druckerbusiness. IT-Equipment für die großen Läden, umfassend und exzeptionell in der Qualität. In Farbenbrillanz, zum Beispiel, wirklich ganz unerreicht. Wir haben geschaltet, wir haben gemacht, aber durchgedrungen, das sind wir nicht. Professor, sehen Sie es sich an. Ein Wirrwarr, ein Sammelsurium an Information. Sonst nichts.«

Ich lasse ihn reden. Es muss alles heraus.

»Ich weiß einfach nicht weiter. Deshalb bin ich jetzt hier. Ich habe mich oft gefragt, Herrgott, was habe ich falsch gemacht, aber das allein war es wohl nicht.«

Natürlich nicht. So allein. Thiel ist die eine operationale Ebene unterhalb der Geschäftsführung, die sein japanischer Manager innehat. Thiel ist zuständig für die Marken-, sagen wir richtiger, Verkaufskommunikation. Kommunikation, das sei dazu gesagt, der westlichen Art, da hilft ihm auch sein Vorsitzender nicht, Japanisch, so wie der ist. Und was die notwendige Selbsterklärung, die Positionierung im Markte betrifft, auch die weltweit verbindliche Vorgabe der Zentrale in Tokio nicht.

»People to People Technology«

So allgemein und wohlklingend austauschbar, wie man's eben hat. Man will doch so glänzend sein, wie alle die Großen von hier.

»People to People Technology«. Anständig und natürlich auch gut gemeint. Doch ein Gemeinplatz wie viele. Auch hier ist man eben davon nicht frei. Die Beispiele zeigen es dir:

»People to People Tours«.

»People to People Marketing«.

»People to People Sports«.

Der Westen so unergründlich wie Japan für uns. Ich frage mich, wer in der Tiefe, von außen, versteht einen solchen Konzern. Wer berät ihn, wenn überhaupt? Wem und durch was – wenn nicht allein durch Vertrauen, das über Jahre wachsen muss – kann ein solcher eigenkultureller Konzern sein Vertrauen so gänzlich in die Hände legen? Wem? Einem verständigen Vermittler vielleicht, jedoch immer von fremdem Geist?

Was kann mein unglücklicher Freund Thiel dafür, dass die Vorgabe, so nichtssagend allgemein, nicht wirklich hilft, sein Geschäft so beachtlich voranzutreiben, wie sich's gehört?

»Ich muss damit leben«, sagt er, bewundernswert diszipliniert und vollkommen loyal, »so ist eben unser Gesetz.«

OKI, sie meinen natürlich die ihnen eigene überragende Technologie. Doch sie funktioniert ungewohnt anders als die praxisübliche Art.

OKI nennt es die Belichtung des »LED«, deren Nutzen die Schnelligkeit ist, gegenüber dem gewohnten Laserdrucker etwa, der mit nur einem Druckwerk funktioniert, das ganze vier Trommelumdrehungen braucht, um die vier Grundfarben auf ein Blatt zu bringen. So erzählt es mir Thiel.

Verglichen damit, druckt »OKI-LED« belichtungstechnisch alle vier Farben in einem einzigen Drucklauf aus. 21 farbige Seiten in nur einer Minute. Mit ihren Druckern, Faxgeräten und Voice-over-Lösungen, so erklärt es mir Thiel, steht OKI für High-end-Technologie. Doch, das wird klar, die Bekanntheit und vor allem die Durchsetzung fehlen.

»Ich stehe vor mindestens zwei Problemen, Professor«, sagt Thiel, »grundsätzlich habe ich keine Konzeption und praktisch keine Idee für die wichtige Messe, die vor uns liegt.«

»Keine Idee, keine Zeit«, und fügt vertraulich hinzu, »wissen Sie, ich habe vor zwei Tagen Ihr Buch gelesen, ›Radical Brand‹, praktisch verschlungen über die Nacht, nun ja, und da habe ich mir ein Herz gefasst, den Kontakt zu Ihnen zu suchen. Ich dachte, der Typ, der hilft dir vielleicht. Professor, ich will ja nicht aufdringlich sein, aber, könnten Sie denn etwas tun?«

Ad, trouble is my business. Und wenn einer »in trouble« ist, dann ist es Thiel.

»Sie brauchen es schnell?«

»Ja, sehr, sehr schnell. Praktisch sofort. Da ist der Messetermin. Tut mir leid.«

»Erzählen Sie mir erst noch alles, was ich wissen muss über das Unternehmen und Ihr direktes Geschäft.«

Wir sitzen eine Stunde. Thiel erklärt mir OKI, worldwide, und das ganze Organigramm. Ein Head-Center, klar, für die USA, das Europa-Center in London, die Länder von dort aus zentral geführt, nach den Vorgaben direkt aus Tokio. Die Länder, Thiel ebenso, sie reporten nach London, wo man prüft, genehmigt oder, das auch, verwirft.

Es geht um Business to Business, B to B, also interessiert zentral der Vertrieb. Die Produkte, gewiss auch, doch mehr noch der Service um das Ganze herum. Ich insistiere da sehr. Du fragst vielleicht, was soll denn ein Kreativer machen aus so einem Zeug, aber ich denke, ich bin schon im Kern. Du wirst es gleich sehen.

Also, da sitzen wir und sehen uns nachdenklich an.

»Was glauben Sie?«, fragt mich Herr Thiel. »Kann es irgendwie gehen?«

Ich antworte ihm nicht sofort. Es geht ja nicht nur allein um den guten Willen oder, wie hier auch, um Sympathie. Probleme sind wie ein Sog, Koks für das Hirn. Die Verantwortung aber bleibt.

Ich weiß, ich kann's ihm nicht abschlagen, will es auch nicht. Aber der Karren steckt fest. Ob ich ihn rausziehen kann, steht noch dahin.

Ich lege ihm meine Hand auf den Arm.

»Herr Thiel, ich versuch's. Ich weiß, es ist eilig, aber so genau weißt du nie, wie lange es braucht bis zur letzten Durchdringung. Bis zu der einen, der einfach ausschließlichen Idee. Sobald ich was habe, melde ich mich. Vielleicht haben wir Glück.«

Dem fällt ein Stein vom Herzen. Das ist der, der nun auf mir liegt.

Vielleicht glaubst du es mir, ich bin ziemlich schnell. Die Richtung hab ich oft schon im Gespräch, taste die Herrschaften und ihr Problem unmerklich daraufhin ab. Für die spätere Übereinstimmung, ohne die nun einmal nichts geht.

Am nächsten Tag vor dem Blatt Papier. Denkendes Schreiben, das hilft.

Ich schreibe: Aufgabe 1, Bekanntheit OKI.

Ich schreibe: Aufgabe 2, Bekanntheit OKI, Technologie.

Ich schreibe: Aufgabe 3, Full Service.

Ich schreibe: Aufgabe 4, Service-Verlässlichkeit.

Ich schreibe: Aufgabe 5, Kundenbindung. In Person.

Ich schreibe: Aufgabe 6, Momentum.

Ich schreibe: Aufgabe 7, Alles auf einmal.

Märchenerfinder Ad. Ansprüche noch und noch. Gleich »Sieben auf einen Streich«. Du musst ein »Ace« schlagen. Hole in One.

Ich schreib alles runter, auf ein Blatt Papier, mit der Hand. In zwei Tagen bin ich damit durch und ruf Thiel an: »Ich denke, ich hab's.«

Er kommt. Ich erzähl's ihm so, wie's da steht.

> »Herr Thiel, sagen Sie mir, was ein Japaner als Erstes tut, wenn er Ihnen begegnet. Und auch, was Sie sogleich tun, wenn Sie ihm begegnen?«
>
> »Wir verbeugen uns voreinander?«
>
> »Sie verbeugen sich. Und dann?«
>
> Thiel denkt. Ich sage: »Mensch, Thiel. Ihr tauscht eure Visitenkarten aus. Nicht?« Thiel nickt, lächelt, ich denke, so langsam stimmt er sich ein. Andere Art von Denkansatz. Ungewohnt.
>
> »Sie wissen doch, jede Geste ist wichtig für die japanische Art. Der Mann überreicht Ihnen seine Karte, sich selbst, mit beiden Händen.«

Thiel nickt.

> »Sehen Sie, Sie operieren global, Sie gerieren sich westlich und so bleiben Sie, sagen wir wie Toyota, ein japanisches Haus. Nehmen Sie Sony. Die haben den Nimbus geschaffen für intelligente japanische Technologie. Herr Thiel, ich denke, ich bitte Sie, es ist überfällig, dass Sie sich endlich vorstellen. Dass ihr ein Bild von euch macht. Als ein bedeutendes Haus von eigener, führender Technologie, LED, der schnellsten, die's gibt.
>
> Als Erstes eine Visitenkarte, stimmen Sie mir zu?«
>
> »Ja natürlich, Sie haben recht, aber …«
>
> »Herr Thiel, Sie verstehen ja, die Visitenkarte ist bloß eine Analogie. Ich mein doch nicht so ein Kärtchen, bitte. Aber,

persönlich überreicht, das meine ich, B to B, eine ganzheitliche Vorstellung eurer selbst. Um es vorweg zu sagen, Herr Thiel, bitte, ihr braucht doch keine teuren Anzeigen zu schalten, die dann kein Mensch wirklich liest, in denen euch keiner entdeckt. Vielleicht sogar, aber nur wenn ihr Glück habt, mit Respekt.
Eure Visitenkarte muss eine ganzheitliche und richtig beachtliche Selbstdarstellung sein. Etwas, was man als seine Karte bei seinem Partner mit gutem Gewissen hinterlassen kann. Eine ›Karte‹, die alles gleichzeitig sagt.« Thiel, er hört mir ganz konzentriert zu.
»Herr Thiel, die Zeiten der gedankenlosen Verschwendung, die sind dahin. Verstehen Sie? Die Agenturen machen euch Anzeigen, weil es ihr Geschäft ist. Aber die Zeiten großer Imagewerbung, auch die sind vorbei. Die Marken werben und keiner geht hin. Die moderne, die tüchtige und sparsame Art ist, Image und Verkauf in eines zu packen: ›Boost the image, while you boost the sales‹.
Wie groß und für Sie greifbar ist Ihre potentielle Klientel, Herr Thiel?«
»Professor, die Liste, die liegt uns vor. Das sind so etwa 200 bis 300 Unternehmen.«
»Die ihr nicht bewerben müsst, nicht wahr? Die ihr selbst, als geschäftsführender Außendienst, höchstpersönlich also, aufsuchen könnt. Praktisch alle, in einem halben Jahr.«
»Ja.«
»Mit Ihrer Selbstdarstellung in der Hand. Mit Verbeugung und Visitenkarte.«
»Ja.«
»Eine Image-Broschüre von Glanz, Herr Thiel. Eine komplette, eine glitzernd moderne Vorstellung des Unternehmens, seiner Technologie, seiner Servicekraft und seiner Produkte in farbigster Qualität. Alles in einem. Hören Sie! Alles in einem. The power to be yourself. Fürs Überleben nötig, Herr Thiel, ich verweise Sie dringend auf meinen

Passus Numero vier. Das ist Service-Verlässlichkeit. Und eben noch mehr. Nämlich, die Zusicherung von sicher bleibender Beständigkeit.

Sehen Sie. Das ist wie seinerzeit der Technologie-Wettstreit zwischen den beiden Systemen Betamax und VHS. Marktgesetz. Es kann nur einen geben. Also geht es doch um weit mehr als das Produkt. Es geht um die überlebensfähige LED-Technologie, um das OKI-System.«

Ich denke, ich spreche nicht umsonst zu ihm. Dieser Herr Thiel sucht die Substanz. Von Werbezeug hatte er mehr als genug. Es geht um Grundlagenarbeit. Ich sehe, wie er ernst und nachdrücklich nickt.

Das ist mein erster, mein sozusagen gebundener Vorschlag, Herr Thiel. Eine Imagebroschüre, ich bitte Sie, die ist ja nicht neu. Aber Image und Sales, Service und Kompetenz, alles in einem, das schon. Und wenn wir schnell machen, kriegen wir das noch hin in der Zeit.

Macht das für Sie einen Sinn?

»Absolut.«

»Gut. Also, wir brauchen dazu noch Bekanntheit in der Öffentlichkeit, egal ob B to B. Die Leute in den Büros, die gehen doch schließlich mit eurem Zeug um. OKI, who? Oder nicht?«

»Ja, natürlich. Aber das ist seit Jahren unser Problem. ›People to People …‹ Und, das war's.«

»Die Corporate-Line, die Sie nun einmal haben, da sind wir uns einig, die nützt uns zwar nicht, aber sie richtet auch keinen Schaden an. Die können wir unterbringen, wo immer wir wollen. Sonst bekommen Sie selbst womöglich noch ein Problem.«

Wir lachen und nehmen noch einen Schluck Tee.

»Aber, darum sind Sie ja nun da, Herr Thiel, womöglich, wenn Sie es mögen, habe ich eine Lösung dafür.«

»Ich bin gespannt.«

»Sehen Sie, OKI, ganz wie auch OBI hier, das ist als Wort

bloß ein hübscher, fast niedlicher Klang. Ein inliegender Sinn findet sich nicht. Ein Name, sonst nichts. Aber warum, um ganz eigen zu bleiben, warum verstärken wir nicht den vorhandenen Klang und verbinden ihn lautmalerisch mit unserem Sinn, dem Anspruch unserer Technologie? Es ist etwas kraus-kreativ, Herr Thiel, ich weiß, aber wenn Sie es nachsprechen, dann ergibt sich durch den Klang auch der Sinn und, ebenso wichtig, die Merkfähigkeit.«
Ich sag es ihm vor: »OKI. Key Technology.«
Thiel lächelt. Ich sage, »Sprechen Sie es«, er intoniert.
»OKI. Key Technology.«
»Wie klingt das?«
»Sehr gut.«
»Was sagt es? Dieses onomatopoetische Konstrukt? Als die Positionierung des Hauses? Was sagt es, Herr Thiel?«
»Schlüsseltechnologie.«
»Hat das was?«
»Ja. Irre. Das geht so schnell.«
»Aber ist merkfähig. Und auf dem Punkt?«
»Absolut.«
»Es ist eine Technik, wissen Sie. Der Doppelklang befördert sich selbst. Alliteration als Penetration. Flic Flac, Hip Hop, so in der Art. Lautmalerisch, onomatopoetisch, so wie es im Wörterbuch steht, läuft es dann so: ›Oki ki teknologi‹.«
Thiel: »Oki ki teknologi.« Er schüttelt den Kopf, ist angemacht. Ich freue mich, und das für ihn.
»Sie sehen, mit den wenigen Mitteln, die uns zur Verfügung stehen, haben wir keine Kraft für Penetration. Also machen wir die Penetration zum Mittel selbst. Aber eben, Herr Thiel, nicht bloß als Selbstzweck, das wäre fatal. Wir melden vielmehr Anspruch an, mit der uns eigenen, Sie haben's gesagt: ›Schlüsseltechnologie‹. Ein Ohrwurm mit Argument!« Er lacht.
»Key technology«.

»Die Key Technology, die uns gleichzeitig eine Penetrationskraft für unsere Argumentensprache liefert. Etwa so, hören Sie:

›Key factor High-end …‹

›The key for solutions lies in …‹

›Colour is the key …‹

Verstehen Sie?«

Ich sehe Thiel an. Der versteht's und setzt es mit glänzenden Augen wahrscheinlich schon um. Ich glaube wirklich, er sieht bereits Land, wie man so sagt.

»Ich glaub, ich verstehe«, sagt mein Freund. Weißt du, wenn es so weit kommt, dann geht es dir immer noch runter wie Öl. Dem Mann ist geholfen. Ich habe fertig. Nix Flasche leer.

Ich schiebe ihm dieses vollgekritzelte Denkblatt herüber, die »Profession«, die macht es ja lieber groß, so auf Powerpoint. Das muss ich zum Glück nicht mehr. Thiel legt seine Hand darauf.

»Was möchten Sie dafür haben? Ich nehm's.«

So nett er auch ist, meine Arbeit, die geb ich nicht weg nur für Appel und Ei, aber der Thiel ist derart entschlossen, der sagt nur »Okay«.

Und weil er wirklich ein Guter ist, aufseufzend: »Mensch, bin ich froh.«

Und nun, »Key Technology«, leg ich ihm noch, na ja, so einen kleinen, silbernen Schlüssel hin, über Nacht gebastelt, mit OKI drauf, für gute Arbeit womöglich in Gold, Spielmaterial für des Hauses innere Motivation und noch viel mehr, etwas fürs Spielerische in jedermanns Herz.

Dann reden wir über Produktion, über Realisierung, über den Weg. Eine kleine Truppe meines Vertrauens, frei für die Sache zusammengestellt, von mir, seinen Leuten und natürlich auch von ihm selbst gebrieft, mein Team, das macht ihm das Ding.

Ad, längst nicht mehr Agentur, er macht allein nur das Konzept, die ganz große Umsetzung nicht mehr. Ohnehin geht das

Business ja im Trend auf die kleineren Teams. So also ging's, und es hat fabelhaft funktioniert.

Bis heute stehen wir uns irgendwie nahe, der Herr Thiel und ich. Seine »Visitenkarte«, sie wird »state of the art«. Und er schafft seine Messe.

Mit OKI, Key Technology.

Für Thiel ein Triumph. Die Amis sind da und die überrumpelte OKI-Welt staunt. So wie auch London, das Headquarter. Aber, aber! Davon haben wir aber nichts gewusst. Was hat denn Germany da gemacht? Ganz ohne uns?

Also, da hast du es. Wie versprochen, führe ich dich durch die labyrinthischen Korridore der Macht. Mein Freund, der unbedacht mutige Thiel, wofür er jedweden »Pour le Mérite« verdient, er verständigt mich. London, es hat sich angesagt, und London möchte zu mir, dem dreisten Berater der deutschen Unbotmäßigkeit, den keiner in London, sprich Tokio, kennt. Who, the heck, is that guy? Professor Pen, who?

OKI. Hoch offiziell. Der Europachef, ein Schwede. Horch auf. Ein Brite und ein Däne, glaub ich, dazu. Ein Japaner, unbeweglich im Hintergrund. Horch auf.

Da du ja von Berufe aus arglos bist, wird alles höflich und nett. Germany, well, es sei doch hoch interessant. Und aus schwedischer Sicht: »Is it really true that you can manage image and sales in one step? Amazing. Really. Never heard of.« Originalton, professionell.

> »And, just by the way, wussten Sie, dass wir, das Headquarter, mit Hilfe einer ersten (britischen) Adresse von Forschungsgesellschaft seit einem Jahr eine Studie, auf drei Jahre angelegt, in über zwanzig Ländern laufen haben?« Horch auf, »You understand, professor, dass es dadurch einfach zu früh ist, sich bereits an den bestgemeinten Aktivitäten eines einzigen Landes zu orientieren.« Horch auf, was Ole, der Schwede, entschlossen ist, dir, dem gefährlichen Quertreiber, auf das Verbindlichste zu vermitteln. Höre, zwischen den Zeilen, dass ich verdammter Bastard, ich

mich besser aus ihren längst gewinnbringend angeleierten Sachen, gefälligst bitte, Professor, heraushalten soll. Was ihr German Client da so macht, das ist gemacht ohne sie und damit ohne jeden Verstand (was sie so direkt nicht sagen), und ohne auch nur im Kleinsten autorisiert dazu zu sein (was sie sagen). »You understand?«

Ad, so arglos, einen zum Stumpf gestutzten arglosen Macher von Thiel neben sich, Ad, »Oh, how interesting, really«, er hat es verstanden, von Anbeginn, hatte zu oft mit »London« zu tun. »The war is over. And you lost. You understand?«

Die Sache ist eines. Schwierig oder auch leicht. Doch nichts dringt durch ohne Macht.

Thiel aber, der hat Blut geleckt. »Bitte, Sie müssen es drüben präsentieren, in der Zentrale selbst. In Tokio. Ich arrangiere das. Fahren Sie hin.«

Ich habe Mühe, dem eifrigen Freund zu erklären, warum ich nicht will. Nicht kann. »Selbst wenn Sie es schafften, ich würde nicht gehen, als ein Fremder, unhöflich, barbarisch schon, aufgedrängt.

So etwas braucht seine gründlich durchdachte, seine beständige Zeit. Begegnung, Vorbereitung und womöglich sogar eine Neugier, vielleicht gar Bereitschaft. Ein Klima, von besonderem Misstrauen frei.

Von heute auf morgen, ich bitte Sie. Gänzlich undenkbar. Japan, Herr Thiel. Eine tief innen verborgene Welt.

So wie damals in der Präfektur Shiga könnte ich nur auf Grund einer Einladung gehen. Und bei euch, bei OKI, da ist die so fern wie der Mond, der sich auch noch in der Themse spiegelt. Vor London! Herr Thiel, Sie verstehen?«

Asien. Japan. Tokio. London. Düsseldorf. Verstehst du jetzt so ein wenig mehr? Unternehmensstruktur? Ein globaler Hühnerhof. Entfernt sich ein Ego-Huhn unerlaubt von der Schar, so wird es vom Hahn-Kommandeur gleich gepickt. In Japan gilt immer noch »Hagakure«. Der Moral-Codex der Samurai. Du musst sie lesen können, die Pläne der Korridore, wie auch die Befindlichkeit, am Puls.

Mit unseren japanischen Partnern in Tokio war Ad lang im Geschäft. Fünfzehn, zwanzig Jahre vielleicht. Wie's dazu kam, mit Asatsu, was »aufgehende Sonne« heißt, hab ich dir schon erzählt.

Eine kennzeichnende Episode der japanischen Art, für meinen Freund, den Herrn Thiel speziell, die füge ich hiermit noch eben ein. Man versteht ja niemals genug.

Mit Inagaki-san, dem CEO unserer japanischen Partner-Agentur, verband mich enge Fachlichkeit und eine lange, vertrauensgeprägte Zeit. Inagaki-san, immer auf das Sparsamste zurückgenommen, immer von leiser, höflichster Art, er war, so hab ich's gesehen, ein glänzender Kaufmann und ausgesucht klug, auch wenn er sich stets so unauffällig wie möglich machte. Eine Autorität.

Keines von unseren Gesprächen war jemals banal. Inagakis Anschauung war immer strikt. Dass er mich oft hinzuzog, war mir Ehre. Altmodisch, ja, so etwas sagt man nicht mehr, aber es war so.

Wenn ich in Japan war, es auch privat bereiste, standen sein Wagen, zwei seiner Chefsekretärinnen wie selbstverständlich bereit. Und es war Europa-Ad, der die Festrede hielt, bei der Einweihung seines ersten westlichen Standorts, in Amsterdam.

Anlässlich seines Retirements erfuhr Inagaki-san äußerste Würdigung. Er wurde vom Tenno geehrt. Ich schrieb und sandte ihm eine Kalligraphie. Von meiner Hand. Er antwortete mir, handschriftlich und offenbar recht bewegt, er hätte das kleine Werk in sein Tokonoma gehängt, für eine Zeit. So nahe standen wir uns, dachte ich.

Eines Tages erfahre ich, dass Inagaki-san nach Deutschland

kommen würde, nach Frankfurt. Privat. Zur Gruppe gehörte er damals nicht mehr.

Nun, es war ein Reflex. Ich beschloss, ihm meine Aufwartung zu machen, sorgte für die Arrangements und für ein Dinner in Kronberg, in dem Schlösschen im Park, wo man schön sitzt und gut isst.

Inagaki-san kam und schien sichtlich erfreut, gewiss auch überrascht. Über die persönliche Geste für ihn, der längst nicht mehr der Company angehörte, die einmal unsere gemeinsame war. Dazu noch meine anstrengende Anreise, er fühlte sich allzu beschämt.

Ein schönes Dinner, viel Gelächter und für alle entspannter Spaß. Und für ihn, Inagaki-san, ein spezielles kleines Geschenk.

Du kennst die unverzichtbare Sitte ja wohl, das kleine, zu nichts verpflichtende Ritual, eine Geste der Aufmerksamkeit nur. Doch diesmal, gegen alle Regel, wurde die bescheidene Geste, weil ich es so wollte, zu einem rechten Geschenk.

Inagaki-san, er erkennt die Absicht, sieht mich an und ist nicht beschämt. Vielmehr überrascht, so spüre ich, wenngleich seine Disziplin es nicht zeigt. Und womöglich, wer weiß, womöglich ist er sogar bewegt.

Denn er sagt den Satz, der dir so viel sagt über die japanische Art, über die Vorsicht und tastende Anschauung ihrer Kultur. Freunde, lieber Herr Thiel, – nach all den engen, den guten Jahren unserer vertrauten gemeinsamen Zeit –, sagt er, der immer um Übersetzung gebeten hatte, den Satz, in fließendem Englisch, in den Augen zum ersten Mal lächelnd und nur im Ansatz mit leichter Verbeugung:

»I didn't know that you were a friend.«

Ja. Hör dich noch mal hinein in die Empfindung einer so anderen Welt, in die dir ein Mann, den du zu kennen glaubtest, zum ersten Mal einen Einblick gewährt.

Annäherung.

Was dies mit unserer Geschichte von »Oki ki« zu tun hat? Nun, du wirst es gleich sehen.

Ein-, zweimal hab ich Herrn Thiel noch gesehen, doch eher privat. Nach gut einem Jahr aber ruft er mich an und überrascht mich mit einer Einladung. Yoshihara, sein Chef, ginge nach Japan zurück und würde mich zu seinem Abschied gerne noch sehen. Genau genommen habe ich Yoshihara in der damals so kurzen Zeit nur flüchtig erlebt.

»Er möchte Ihnen gern etwas sagen, Professor. Bitte, sagen Sie zu.«

Treffen in Düsseldorf, im Kikaku, der beste Raum, das beste Sitzen, der Boden schön bequem tief gelegt, Thiel nervös, Yoshihara überdreht, organisiert alles allein, die Küche ist vorgewarnt, ich bekomme ein dickes, riesiges Thunfischsteak, roh. Arigato, gosaimashita. Fabelhaft.

»Yoshihara-san«, ich verbeuge mich, »ich bin sehr geehrt, Sie zu sehen.
Sie gehen wieder nach Japan zurück, so höre ich.«

»Kampai«, ein Schluck Sake, er trinkt hastig, verschluckt sich beinah.

»Professor«, er platzt mit der Sache sogleich heraus, »offen gestanden, ich bin hier, um mich bei Ihnen zu entschuldigen. Es belastet mich sehr.«

Ich falle aus allen Wolken.

»Yoshihara-san, um Himmels willen! Was ist geschehen? Entschuldigen! Bitte, wofür?«

»Ich habe versagt.«

»Ich verstehe nicht?«

»Eine Frage zuvor, Professor«, trinkt, steht derartig unter Spannung, erregt, Thiel, er scheint mir ebenfalls überrascht, »Professor, sagen Sie mir doch bitte, ob Sie auch heute noch an die Qualität Ihrer Idee von damals glauben. Sind Sie immer noch davon überzeugt?«

Die Antwort scheint ihm so überwichtig, aber, ich muss auch nicht lügen, so oder so.

»Ja, Yoshihara-san. Ich bin immer noch von der Idee fest überzeugt.«

»Aah«, ein Schluck, »das beruhigt mich. Sehen Sie, ich habe mich nämlich voll und ganz mit Ihrer Konzeption, Ihrer Idee, identifiziert. Und, das wissen Sie nicht, ich habe seitdem nichts anderes getan, als dafür zu werben. Überall. Ich habe unsere Länder bereist, ich habe mit meinen Freunden dort gesprochen und auch viele Freunde für unsere Idee gewonnen, doch am Ende drang ich nicht durch.«

Ich sage: »London.«

»Ja, London. Das auch.«

»Und Tokio natürlich.« Er blickt zu Boden, dazu will er nichts sagen, immer noch alle Loyalität.

»Professor, ich bin sehr verzweifelt, dass es mir nicht gelungen ist, Ihre Idee durchzusetzen.« Tiefe Verbeugung. »Ich habe versagt. Und ich bitte Sie um Entschuldigung.«

Thiel, auch er ist bestürzt, seinen langjährigen Chef so zu sehen. Vor ihm, vor mir, ein gestrandeter Mann. Das Gesicht verloren, im vergeblichen Kampf. Einer, der wohl tatsächlich, so naiv wie aufrichtig, geglaubt hat, dass Leidenschaft vor Macht geht. Vor Führung. Vor zentralem Konzept. Nun, disziplinarisch abgerufen, der eigensinnige Renegat, zurück in die allein verbindliche Zucht.

Yoshihara. Ohne, dass du es wissen konntest, ein Kämpfer für deine Idee. Ein naiver vielleicht, jedoch ein verwegener Mann. Ich weiß, ich muss alles tun, ihm seine Ehre, sein Gesicht zurückzugeben, und wenn die mich volltrunken hinaustragen müssten.

»Yoshihara-san. Ich stehe tief in Ihrer Schuld. Ich bin es, der sich entschuldigen muss.« Er senkt nur den Kopf.

Und dann rede ich ihm über zwei Stunden lang die Verzweiflung aus, versuch's jedenfalls. Eindringlich, Stück für Stück und einfach mit innerer Überzeugungskraft, möglichst ein jedes Wort, ein jeder Satz auf den äußersten Sinn bedacht.

Die Suada, so dicht es nur geht, sie wird eine Mischung aus warmem Sake und warmem Gefühl, aus Sukiyaki und Tempura, mächtigen Pilzen und kühlem Bier und der klaren Wahrheit des Trosts.

Erinnerst du die Szene während des BBDO-Jubiläums im Waldorf-Astoria, die Szene mit Inagaki-san, am Abend des Dollar-Wars, dieses Board-Eklats? Als Inagaki zu mir wie ein Krieger sprach?

Ich erklärte ihm, er, Yoshihara, hätte so handeln müssen, aus der Pflicht seiner Überzeugung heraus, ganz nach dem inliegenden Erbe der Samurai. Er sei sich selbst treu geblieben, ohne Furcht vor dem Risiko.

»Das gereicht Ihnen zur Ehre, Yoshihara-san, Sie haben gehandelt als Mann.«

Und während sich langsam, nur nach und nach, seine Züge lösten und er mir dann vielleicht doch so ein wenig zu glauben begann, da hab ich den Satz aller Sätze, zwischen Sake und Sake, immer wieder gesagt:

»Sie haben nicht verloren, Yoshihara-san. Sie konnten nur nicht gewinnen, weil das Gesetz der Company gegen Sie stand. Yoshihara-san, ich bitte Sie. Sie dürfen einfach nicht denken, Sie hätten versagt oder verloren. Das haben Sie nicht. Niemand gewinnt einen solchen Kampf. Diesen konnten Sie nicht gewinnen. Doch Ehre gewinnen schon.«

Und wieder und wieder verbeuge ich mich.

»Yoshihara-san. Ich erweise Ihnen meinen tiefen Respekt.«

Nun endlich dankt er mir auch, sitzt wieder aufrecht und sieht mich an.

»Es war ein großer Abend für mich.«

Soweit ich mich erinnern kann, kamen wir beide noch ziemlich aufrecht hinaus. Aber wir nahmen uns Taxis, zur Sicherheit. Und wir verbeugten uns voreinander, ein wenig länger als sonst. Und tief.

Gestaltung ist »Erste Hilfe«, wenn du so willst.

Key Philosophy.

Yoshihara-san übrigens, er kam, so verdient, in Japan wieder zu Amt und Würden. Oyigi. Verbeugung, erneut.

Nichts zu machen

Rien ne va plus

Geschichten vom Scheitern. Obwohl doch alles so scheinbar schön läuft. Die wirklich bittere Medizin. Aus den Glitzercasinos aller Versprechungen. Aus der wirklich realen Realität.

Da kannst du dich auf den Kopf stellen, Akrobat. Da kannst du den Flic Flac machen, Gaukler, einhundert Mal. Gambler, bluffe, soviel du willst. Selbst mit allen Trümpfen in deiner Hand, den Triumph als Gestalter, lernst du es doch irgendwann. Da hilft nichts.

»Herr Pen, ich habe Harrods am Apparat.«

»Harrods? Das Harrods? London?« Ad, recht überrascht.

»Ja. Das Harrods. Ich hab die Sekretärin des Chairmans. Sie sagt, Sie kennen ihn.«

»Gut. Dann geben Sie ihn mir.«

»Ad? It's me. Richard.« Ich erkenne ihn an der Stimme. Sofort.

»Richard, oh, my God. Don't tell me that you're running the Crown Jewel of England«, er lacht und sagt: »You won't believe it«, und gibt mir die ganze Geschichte über sein neues überwältigendes Assignment, die Empfehlung von Bernard Arnault, dem er vorher diente, an Al Fayed, bei einem »petit déjeuner« in Al Fayed's George V in Paris, and so forth …

»Marvellous story, Richard.«

»Ad, I urgently need your help. Would you come over to London? For a talk?«

»Richard, by all means, it's Harrods! And you! How could I possibly say no?«

Du kennst es so gut wie alle. Wie Ad. Ich war lang nicht mehr da. Harrods, eine mächtige Kleinstadt in sich. Mehr Buckingham als ein Department Store, wohl auch durch diese Beziehung, das Drama der ganzen Welt, durch die tragische Lady Di.

Huntingtons »Kampf der Kulturen«, auch er durchzieht den Warenpalast. Die Briten, sie verweigern dem fremden Nabob, dem dreisten Schnäppchenkäufer ihres historischen Warenpalastes, den Pass. Alle drei Monate muss er, fliegt er heraus. The most British High Society, it is a highly closed shop. Kein Gold der Welt erkauft sich Nobility. You know?

»Der Eingang? Oh, natürlich, da hinten, Sir.« We are Empire. Still.

Harrods. Ja, du kennst es. Es gibt Leute, die dafür sparen. Für einen Harrods-Einkaufsurlaub, buchen sich das kleine Familienhotel in der Seitenstraße direkt gegenüber, damit sie's nicht so weit haben, täglich ihre voll bepackten Tüten und Koffer nach Hause zu schleppen. Der Laden ist halt unermesslich, mit einer Woche Shopping reichst du knapp aus.

Die Assistentin von Richard, die blonde Kathy, die mich später so durch das Wichtigste durchgeschleppt hat, erzählte, sie hätte geschlagene fünf Jahre gebraucht, um das Ganze von diesem Monstrum von Haus zumindest einigermaßen zu übersehen.

»Everything, for all people, everywhere« – für vierzigtausend Leute jeden Tag, fünftausend »Harrodians« in dreihundertdreiunddreißig Shops auf sieben Etagen, die du, durch des Ägypters Al Fayed neuen, pharaonischen Rolltreppen-Tempelturm erreichst. Oh, my dear, diese riesenhafte Ali-Baba-Schatzherberge war 1834 noch ein winziger Teeladen in Knightsbridge. Und heute – über sechzehn Hektar

Grund, elftausend Glühbirnen an der Fassade, eine eigene Wasserversorgung und selbst eine Feuerwehr. Und überall in den Türfüllungen der Übergänge zwischen den Departments freundliche, sehr ernsthafte und äußerst wachhabende Herren in Uniform, die ein Auge auf deinen Habitus haben. Es soll ja ein jeder hinein, doch herrscht hier, bei aller Demokratie, »the very Britishness«, »angemessen«, ja, sollst du schon sein, im Benehmen, wie auch im Stil.

Ein Ruf von Harrods. Wenn das nichts ist. Ad, Lieferant für den Hoflieferanten.

Die ägyptischen Treppen hinauf und viel Code-Ritual, um in das Heiligste zu gelangen.

Mit Richard, er kennt meine Arbeitsart, bin ich schnell einig über den Angang für ein zentrales Konzept, welches halt fehlt. Denn, die Riesenmaschine, sie läuft, keiner weiß wie, ganz aus sich. Des Chairmans Marketingdame is not amused. Da ist einer, und auch noch vom Kontinent, so eine hergelaufene Größe, und redet daher. Sie hört es allein schon am Ton, der nimmt ihr das Spielzeug weg. Wie abwesend sitzt sie und hält sich an dem großen Teddy von Harrods fest. Eine Freundin fürs Leben wird sie mir nicht.

Ihre Kollegin fürs »Öffentliche« wohl eher schon. Viel Gestik und ein rasanter Ausschnitt geben deutlichen Einblick in das geschickte Handling ihrer professionellen Allüre. Ich bin sicher, die Presse, sie liebt sie dafür. So wie ich.

Das alles scheint gut zu laufen, ich hab's dir am Anfang gesagt. Wir fixieren Timing, alle Konditionen und so, am Abend geht's weiter, mit Richard im Nobu, Londons ultimate snobbish place, I tell you, with my stiffest lips. And, my friend Richard, when checking the bill, he really wasn't amused at all.

Ich hab mich an die Arbeit gemacht, und sie ging über ein Jahr. Wir stimmten uns ab, in London oder bei mir. Richard sagte mir, er käme mit dem Potentaten gut aus, auch wenn der im Haus dauernd störte. Das sei eben sein Bazar, eine Anlage für die Familie. Jeder Fisch, jeder Schlips, jedes Juwel, jeder

Flakon, alles gehöre ihm, Mohamed Al Fayed, und er mache in seinem Bazar, was er wolle. Er kommandiere die Leute herum, wühle Sachen aus dem Regal, stelle Teebüchsen um. Ob er gar selber verkauft, das erinnere ich leider nicht. Aber zuzutrauen wäre es ihm.

Ich bin nur beruhigt, denn mein Freund, der Chairman, er ist ihm nah:

> »Ad, bei der nächsten Gelegenheit, wenn er auf den Kontinent muss, kommen wir mit seiner Maschine nach Düsseldorf. Wir beide kommen vorbei, und er macht sich ein Bild.« Überzeugender kann man nicht sein.
>
> »Fine«, sage ich und freue mich über den splendid plot, auf diesen Bazarbesitzer aus Tausendundeiner Nacht, den »falschen Pharao«, wie ihn das immer bissige britische Feuilleton nennt, nachdem er das adelnde »Al« seinem Fayed selbst hinzugefügt hatte.

Mehrmals sind Termine avisiert, mehrmals gibt es tausendundeinen Grund, warum er nicht kann. »Ad, der wirbelt im Auge des Hurricans. Aber ich kriege das hin. Bald ist es so weit, ganz sicher. So very sorry, for all the circumstances.«

> »Don't worry, Richard. Any God has a privilege. I entirely understand.«

Kleines Büro, große Welt. Denkst du, ich verstehe das nicht? Du fühlst dich wie ein Digger im Claim. Bald siehst du das Gold.

Doch bevor's dazu kommt, musst du tief graben und heftig sieben. Befolge die Disziplin. Also bestimme die Schwerpunkte. Stufe für Stufe. Schritt für Schritt.

Ich zeig's dir mal auf, was ich meine, wenn du dem Fachlichen folgen willst, mit einem womöglich weittragend entschiedenen Schritt. Der Titel der Ausarbeitung: »The Desire Store«.

Es geht um Wettbewerbspositionierung, sieh nur auf das funkelnde Louis Vuitton in Paris, auf Saks und Bloomingdale's in New York, es geht, wenn du Ad fragst, um nichts als die absolute Alleinstellung, um einen geradezu blendenden Impact weltweit, ein Remake, ein Facelift der gealterten Diva zur großen Show, PR und Marketing, na, das alles doch sowieso.

Mit der Positionierung geht es los, und das liest sich nach meinem Wortlaute so:

See Harrods through the eyes of the world.

Harrods is more than just another sight worth seeing in a beautiful city full of them.

More than just an urban department store like any other, in a district called Knightsbridge, totally unknown in Tokyo and Tallahassee.

Harrods, the brand, rubs shoulders with the world's elite, with the likes of Louis Vuitton-Paris, Gucci-Milan, or Tiffany-New York.

Positioning is the definition of your own performance vis-à-vis the competition.

Positioning is also the benchmark of your own aspiration, the yardstick of your intrinsic quality.

If you are a global brand, you stand head and shoulders above the local competition.

Then your positioning reads:

Harrods. London.

Ich habe Richard die Idee schon am ersten Abend im Nobu gesagt: Knightsbridge, auf dem Label seit dazumal, historisch, nun ja, aber heute nicht mehr in dem Wettbewerbsmaßstab der Welt.

»Ich schenk dir die Idee als Einstand«, habe ich ihm gesagt, und er, der Chairman, war sofort überzeugt. Champagne!

Harrods, London. Just wonderful!

So fing meine Arbeit an. Dies hier ist nicht angelegt, die ganze Bandbreite des Konzeptes en detail darzustellen. Nur eben Beispiele:

Den Hinweis auf das harte Ziel aller Bemühungen: »Eros lies in success«.

Die Definition eines »Harrods style and sales rhythm«. Für die Auflösung der »Harrods dichotomy between tradition and the New Age. Between British culture and world spirit. In the balance between premium demand and the pricing pressure of the trade at large«.

»Be a poster«. Den Hinweis auf alle ökonomische Stringenz. Immediate recognition is your return on investment. Everything has to pay into your brand account.

Alles Sachen, die, wenn du es genau mitliest, für mich jedenfalls unausweichlich zu der einen zwingenden Umsetzung geführt haben, die Richard sogleich »gekauft« hat:

Street smart. Multiply brand awareness. A million fold.

Ein Beispiel nur, du kannst es hier sehen. Auf den millionenfach gedruckten dunkelgrünen Tragetaschen von Harrods – stets auf allen Straßen, in allen Bussen zu sehen, welche die Londoner nicht wegwerfen, weil die schon ein Kult sind. Auf diesem in alle Winkel streuenden Werbemittel sollten die Sales-Events der Waren, der Saisons, der Feierwochen, der Star-Spektakel in immer neuer, überraschender Form auf die Straße entlassen werden, einfach, stupend, kunstvoll. Für ein permanent sich aufladendes Harrods-Momentum.

The street smart Harrods bag ad.

»Be an event.«

Boost the image while you boost the sales.

Public awareness is the key.

»The Art of the Harrods Window.«

Performing PR.

»The Harrods Airport Shop.« The next best thing to flying.

»The Branding and Style of Harrods Packaging.«

Lange Ausführungen dazu, über ein stärker differenzierendes Branding zum Produkt. A vivid sales appeal, without losing any class.

Und vieles mehr, was hier keinen Platz findet. Im Versuch, das grandiose Spektakel-Monster, dieses Traditionsphänomen der Moderne, umfassend mit seinem eigenen Gesetz zu vereinen, bis hin zu seiner physisch realen Architektur. Noch dieses letzte Beispiel vielleicht:

Styles change. Style does not.

Everyone needs to move with the times.

But the stepping stones should be based on a concept which controls the hydra phenomenon.

A concept which respects the undeniable architectural legacy of the establishment, its radiance and splendour.

A concept which possesses the requisite stylistic grace and virtues to create zeitgeist without radically undermining the inner bonds of Harrods' grandeur.

Blind, day-to-day modernism minus a watchful eye can almost imperceptibly mutate Harrods' grand classical heritage into a patchwork of several hundred different styles. In so doing, severely impairing its identity.

Don't change the institution.

Change its component parts.
Styles change. Style never does.
Nor does your commitment. Ads größter Koffer fasst nicht das ganze Zeug. Heute ist Präsentation. Ich hoffe, immer hoffst du noch, alter Narr, Mr. Mohamed, er wäre diesmal dabei.
Check in, ein Anruf, aus meinem Büro.

> »Ah, gut, Sie sind noch nicht weg. London hat abgesagt. Der Chairman ruft Sie später noch an.«
> Ich sage: »Was für ein Glück.«

Zwei Stunden später, ein Anruf in meinem Büro. Richard:

> »So sorry. I've been fired, Ad. It's over. Bad news for you. Even worse for me. See you soon.«

Ad, es war ein schönes Jahr. Mach dir nichts draus. Schick nur die Rechnung raus, und das war's.

Harrods, das peinlich geführte Haus, es antwortet gleich. Und, most British, sehr höflich auch.

> »The Chairman left Harrods employ on 17th January 2005 and therefore had no authority to agree such a payment on Harrods' behalf. Harrods does not agree to make any such payment.
> Yours sincerely, … Director of legal affairs.

Zusage ohne Autorität, du solltest es wissen, Ad, das kommt unter den besten Freunden vor. Hattest du nicht a magnificent year?

»Nichts zu machen«, du weißt trotzdem, nur damit die ganze Sache einen richtigen Abschluss hat, und selbst wenn er es nie zu Gesicht bekommt, du schreibst ihm ein Briefchen, dem Al Fayed – vermutlich gerade auf seiner Yacht –, weil er aus England herausmusste, wütend, so ohne Pass.

Du weißt es doch selbst. Du weißt, es macht keinen Sinn, und doch will es heraus.

Nun, ja. Zur Ehrenrettung aller gedemütigten Gaukler, im Wortlaut, der Brief.

Personal & Confidential

Mr. Mohamed Al Fayed
Harrods Ltd.
87–135 Brompton Road
Knightsbridge
London SW1X 7XL

February 17, 2005

Re: My assignment for the Harrods Identity Concept.
The Unfinished.

Sir,

the handling style of your House definitely could be better, I am afraid.

A lot better. I hope you are open for an open word.

While your CEO has obviously lost his game, I certainly don't want to lose mine. Do you lose gladly? I don't believe.

Sir, in front of me there is a whole pile of undoubtedly great work for your House. Corporate, Image, Positioning, Sales Concept etc. etc. The only thing bad about it is that you haven't seen it. For whatever reason. Bluntly said, it simply would be a rather senseless shame to throw the whole stuff into the dustbin before you were able to have a look at it.

Sir, bluntly again, they all say, just forget about it, he does anyhow what he wants. But to me that also means that all options are always there.

I'm an entrepreneur myself and this is why I know that the true entrepreneur never leaves out an entrepreneurial chance. So, I do allow myself to write you this undoubtedly straight note. Whether you have a sense of humour, that they didn't tell.

So. Perhaps you decide to give your restive, hopefully unvain heart a push and give me a chance to show you what I've done for your House, Harrods, »The Desire Store«, that's how I called it.

Sir, when I look at all what I've done for your House for a whole year, this letter included, I almost have to smile.

It must be the Harrods virus. Once you've got it, it won't leave.

I've done quite a lot of business in my life, that's not it. But, this Harrods Business, I simply want to bring to a good, if not phantastic end. And, you are the only one to make it happen. Sir?

Yours,
Vilim Vasata

No answer. Das ist ja klar. Vielleicht hat sich sein Vorzimmer über die Dreistigkeit eins gegrinst. Aber ihm so etwas vorzulegen, no way.

Vielleicht denkst du ja, es wär doch ohnehin nie gegangen. Vielleicht hat der »Professor Pen«, das wär doch möglich, sich einfach mal zu viel zugetraut, den möglichen Zugang zum Fürstenhof schlichtweg falsch eingeschätzt?

Nun ja. Möglich wär's. Warum soll ich's nicht konzedieren? Man weiß schließlich nie.

Trotzdem, das will ich zu meiner lädierten Ehre doch sagen, ganz unbedacht und einfach so blind vor Begeisterung läuft Ad in eine solche Blue-Chip-Expedition nicht hinein. In aller Regel nämlich denkt Ad die Plots so umfassend durch, wie es halt geht. Dass du dabei auch was übersehen kannst, ich bitte dich, das ist geschenkt.

Eins jedenfalls war ganz klar. Mein Businessfreund, nun Harrods-Chairman, er war nicht zu mir gekommen als Philanthrop. Das war von Anfang an klar. Natürlich brauchte er mich. Nämlich, als sein trojanisches Pferd. Um sich selber zu Geltung zu bringen, in diesem Falle durch Ad, durch, vergib mir, eine europäisch anerkannte Autorität, einen Pro und zudem Professor und eben von nachweislich fachlichem Rang.

Mit einem Konzept womöglich dazu, endlich, für das Basar-Juwel des Fürsten aus Tausendundeiner Nacht, der in Herrscherlaune und mit geborenem Handelsinstinkt selbst Hand anlegte in seinem riesigen Warenzelt – ja, ein Konzept, ein Königreich für ein Konzept. Richard, mein hilflos driftender CEO, Freund, nenne dich Chairman oder sonst irgendwie, was überhaupt kannst du noch sein oder gar tun, wenn das Konzept der Fürst selber ist, der sich in der Welten-Landmark von Londons Knightsbridge, Harrods, ein Denkmal setzt, mit einem glasfensterbunten Monsterkitsch von ägyptischem Lift? Wem außer dem stets geschmacksfremden Plebs imponiert das schon? Im viktorianischen Herzen des Empire ein illuminierter Culture-Clash, man braucht keine »Stiff nose«, um not amused zu sein.

Dann denke ich an die Psychologie. Ich denke, mein Society-Underdog Al Fayed, er muss auf Anhieb erkennen, Ad ist kein windiger Dienstleister à la carte. Er mag es vermutlich hassen, aber anders imponierst du so einem nicht. Ad geht auf die Sache und nicht auf ihn. Ich will die genaue, die ganz harte Augenhöhe, und die unbeirrt. Bis hin, wenn's schon sein muss, bis hin zur zutiefst allerverbindlichsten Aggression.

»Sir.«

Und wichtig genug, lächle nur angedeutet, nie spöttisch, nur vorsichtig und nur, wenn es sich von gleich zu gleich so ergibt. Bedenke, Ad, so hab ich es mir gesagt, in den dunklen Augen, dir gegenüber, flackert unentwegt ein höchst entzündlicher Stolz. Bleib achtungsvoll auch im Widerwort. Die Herrschaften verfügen nun einmal nicht, man mag es bedauern, über Humor.

Für den Fall der Fälle, der dann ja, wie du nun weißt, nicht zustande kam, war auch die Art des Argumentes ins Kleinste vorherbedacht: »If YOU do what WE've got in front of US here, YOU'll be recognized by the British Public as an entrepreneur of farsighted vision and scope«, du verstehst. That sort of thing.

Nun ja, du siehst, so unwahrscheinlich war die Vorstellung nicht. Sie war auch gut gespielt. Ad hat schon viele Handelsherren getroffen, warum denn einen Emir von eigenen Gnaden nicht?

Verehrter Freund, alles in allem, es war zwar schamlos, doch interessant.

Va Va Voom, oriental. And, be always prepared, simply bad luck.

Gewerberisiko, schmucklos gesagt.

Ich bin mit meinem Gauklerfreunde Richard noch immer in gutem Spielerkontakt. Er ging nach Paris, wieder zu einem Warenhaus, doch ohne allen Appeal. Vom Palast zum Discount.

Immerhin haben wir danach noch schön gegessen, im »Duc«, dem allerbesten Fischrestaurant in Paris, wo Monsieur Mitterrand gerne aß. Der Mr. Fayed vermutlich nicht.

»Vielleicht kannst du mir helfen«, hat Richard gesagt, und ich habe lang nicht mehr so gelacht. Filous unter sich.

Die Wahrheit ist, Professionelles hin oder her, er hat dem Ägypterkönig nicht imponiert. Soll ich's ihm vorwerfen? Wer schafft das denn schon? Es gibt eben Sachen, da ist nichts zu machen. That's it.

Verehrter Freund, auch wenn die »Cases«, die Beispiel-Fälle, in Größe und Anspruch so gar nicht vergleichbar sind, wirst du doch sehen, es ist und bleibt ein Nervengeflechtsgeschäft. Im Kleinsten auch. Da gibt es nicht nur die grandiosen Geschichten vom ganz großen Scheitern. Wann hast du es schon einmal mit einem Kronjuwel, mit einem Harrods zu tun?

Ad zeigt's dir am nächsten Fall auf. Denn die vielen, sogenannt kleinen, manche auf ihre eigene, seltsame Weise, sie sind eben auch total aufschlussreich, siehst du nur einmal genauer hin, in ein Unternehmen tiefer hinein, in den Stoffwechsel seiner Identität. Auch da hat der erfahrene Ad ein anderes, kleineres Wunder erlebt.

Ad, damals noch immer bei seiner BBDO, als Logomacher ausgewiesen, Ad, er sollte das »alte«, das »amtlich« anmutende, das klotzige Logo der »LBS«, der bedeutenden Landesbausparkasse, »reformieren«, in die Zeit überführen, was auch immer, es auf neu polieren oder tatsächlich, das müsste man dann eben sehen, gänzlich neu gestalten vielleicht.

Mit der Tradition zu brechen, das von den Leuten Gelernte womöglich ganz zu verlassen, das will und soll ja richtig bedacht sein. Und wenn, dann erfordert es Mut.

Ich mach ein paar ordentliche Sachen, so ein Verband, der ist ein großer Entscheiderkreis, da sind vernünftigerweise ein paar gute Alternativen Pflicht. Vergleichende Anschauung, sie macht deine Urteile sicherer, das Material der Abwägung, das muss einfach sein. Am Ende habe ich eins, ein neues Logo, das hat sie alle mühelos überzeugt. Ich habe noch nie einen besseren Test gesehen. So war alles klar.

Das »LBS« in kräftig gebauter, »fundamentaler« Schrift, darüber eine Schwinge, ein Symbol für ein behütendes Dach und ein freies Leben im Haus zugleich. Du kennst es. Ist heute ja überall draußen zu sehen.

Schön. Ein glücklicher Klient, eine jede Präsentation ein gemeinsames Vergnügen, viel Anerkennung für Ad und die Agentur. Nur, da ist eine Kleinigkeit.

Die Hausfarbe »Rot«. Für Einheitlichkeit. Das ist total okay, so richtig, wie alleine nur »Blau« für Aral.

Aber, missverstehe es nicht, wir reden hier nicht vom »Rot-Irgendwas«. Wir reden vom LBS-Rot. Für alle verbindlich. Festgelegt, wegen der Disziplin. Im Corporate Manual, da steht's: HKS13. Das LBS-Rot.

Vergiss also Marlboro, Campbell's oder auch gleich Coca-Cola, das sind alles kleine Fische, ja schon in Rot, aber das unsere, es steht gegen den Rest aller Welt. Rot gehört uns allein.

Und nun komme ich. Gefeiert und gelobt, es reicht Ad, dem Perfektionisten, nicht. Nicht, dass ich Lila empfohlen hätte. Nein. Nur: Das Rot, das jahrelange, das heimische, das fertige Rot der LBS, HKS13, so ist die Kennung des Einmaligen, des in Farbe definierten Grundbesitzes deines Klienten, der Bausparkasse der

Sparkassen, es sollte nach meiner Vorstellung ein wenig tiefer, ein wenig entschiedener werden. Nun, mit mehr Kraft, für die neue, gegenüber dem »Alten« vergleichbar feinere Form.

»HKS14. HKS14 statt 13, schlage ich vor. In meinen Augen hat's mehr Entschiedenheit, sehen Sie hier.«

Ich zeige an Beispielen einen Vergleich.

Stille, Versteifung. Du spürst ihn fast körperlich, den inneren Aufstand. Die solidarische, die stillschweigende Konter-Revolution.

Der Vorsitzende des Verbandes, ein exzellent vermittelnder Mann, Autorität von Gewicht, er fragt die Manager-Runde ab.

»Meine Herren, Sie haben Herrn Pen gehört. Gibt es dazu einen Kommentar?«

Mehrere Stimmen, gleich simultan:

»Ja. Ohne uns. Wir stimmen keiner Veränderung zu. Das HKS13 ist unser Rot. Und nichts sonst.«

»Wenn wir 13 aufgeben, wer sind wir dann? Ich stimme dem keinesfalls zu.«

»Herr Pen, bei allem Respekt, Sie unterschätzen so einfach, was uns gehört. HKS13 ist unsere Identität. Die können Sie nicht einfach auf 14 stellen. Nur, weil es Ihnen persönlich besser gefällt.«

»Meine Herren ...«, aber sie lassen mich nicht zu Wort. Und wenn, ich krieg keinen Stich. Sie reden von Heimatgefühl, von der heiteren Wärme des Ziegelrot (was Ad, dem Farbenschwafler, zu billig ist), was für sie aber ihr volksnahes Grundgefühl trifft.

Für meine Herren hier, alle doch hoch versachlichte Manager aus dem nüchternen Geschäft des Kreditwesens, kühle Köpfe, solltest du denken, aber nun eine Truppe emotional hoch aufgemischter Männer, die gar nicht aufhören können, sich total aufzuregen darüber, dass hier einer ist, ein Zahlenverdreher, ein Gestaltungsgaukler, der ihnen doch glatt ihre Identität wegnehmen will, die ganze schöne Dreizehner-Seele ihres Aufgehobenseins.

> »Pen, schlagen Sie sich diese verdammte 14 aus dem Kopf, die macht uns doch fremd und kalt, Menschenskind, verstehen Sie das denn nicht?«

So ging das, so fast zwei Stunden. Und ich musste verstehen. Ich musste verstehen, weil das Verstehen immerhin mein Beruf ist, ich musste ihnen endlich zugestehen, dass ich den Unterschied verstehe, zwischen Verstand und Gefühl.

Siehst du es vor dir, da ist kaum ein Unterschied. Oberflächlich betrachtet. Doch du lernst, dass die einmal gefestigte Überzeugung sich durch keinen noch so scheinbar harmlosen Gauklertrick irreführen lässt. Und du lernst, von dreizehn auf vierzehn ist es ein riesiger Schritt, wenn es das Kleid der Familie betrifft.

Ein Debakel für die chromatische Akademie. Du denkst doch nicht, ich machte mich lustig? Da irrst du dich aber gewaltig. Dies ist ein Bericht über Gefühl und Charakter. Und darüber, dass du nie auslernst. Aber, das tut man ja nie.

Grün-Rot!

Oh, dear.

Seinerzeit war Ad von Konrad Henkel (große Ehre) gebeten worden, zu seiner persönlichen Verwendung eine Urkunde von großzügiger Art zu entwerfen. Ich besuchte ihn, und er war, zu meiner großen Freude, sogleich ganz einverstanden mit dem Entwurf. Bis auf eine ganz unerhebliche Kleinigkeit.

»Sehr schön, Pen«, sagte Konrad Henkel zu mir, »bis auf die Farbe des Leders vielleicht. Wir können doch auch ein Grün für den Ledereinband nehmen, da wir als Haus doch so mit Persil identifiziert werden?«

Mich hat es ein wenig heiß überlaufen, weil ich in der absoluten Gewissheit gelebt hatte, die Urkunde sei in Grün gebunden.

Und schamlos reagierte der Gamblergestalter, als er völlig unbeeindruckt sagte: »Aber natürlich, Herr Dr. Henkel, so hatte ich es auch gedacht. Ein Grün, im Ton dieses Braun.«

Konrad Henkel, er nickte nur. Abgemacht. Er war ein äußerst höflicher Mann.

Von schöner Höflichkeit, auch ein anderer Herr. Nichts zu machen? Von wegen. Du wirst es sehen. Wieder an einem Fallbeispiel von höchst eigenem Zuschnitt und diesmal von mittelständischer Art. Ein Traditionsunternehmen von immenser Beharrungskraft, inmitten einer hochgradig beschleunigten Zeit.

Du könntest sagen: »Was tun, wenn man will, doch nicht kann.«

Und zudem, das schmerzliche alte Lied, vom Unternehmen und Unternehmer, im Generationsübergang. Eine Geschichte vom Wollen im Widerstreit. Vergiss alle Management-Wissenschaft. Hier geht es um Herzblut, Ängste und um Verwurzelung. Um Lebensbestand.

Da war Ad bereits Allein-Unternehmer, als die Geschichte zustande kam. So kam sie mir gerade recht.

»Ich hab einen Anruf. Herr Land«.

»Sag bloß. DER Land, selbst?«

Ich hatte noch nie mit dem auch nur einen Kontakt. Persönlich. Doch natürlich kenne ich ihn. So wie praktisch ein jeder ihn kennt. Über hundert Jahre, ein Name von Klang, alte, gewachsene Industrie, von immer noch einigem Rang.

Ich muss um Verständnis bitten, der Name ist vorgeschützt. Der Vorgang, über den zu berichten ist, er ist einfach viel zu intim. Und ungeachtet der Sache, der Herr »Land«, er bleibt mir ganz einfach ein überaus wertgeschätzter Mann.

Ich weiß, der Herr Land ist bereits ein älterer Herr, doch seine Stimme, sie ist sonor:

»Professor Pen?«

»Herr Land! Wie angenehm. Wie kommt es, dass Sie mich ansprechen? Auf jeden Fall ist es schon jetzt eine Freude für mich.«

Land, er scheint aufgeräumt beginnt gleich, mir aus seinem sehr persönlichen Nähkästchen zu erzählen. Er ist so offen, vertraulich, gefällt mir gleich gut.

»Professor, ich will ganz offen zu Ihnen sein. Wissen Sie, und vielleicht haben Sie es ja auch verfolgt, ich habe mich mit der Werbung für unsere Marke doch eine lange Zeit eher sehr zurückgehalten.«

Ich lasse ihn reden, unterbreche ihn kaum.

»Offen gestanden, ich wusste auch nicht, wer mir helfen kann. Ich kenne mich da auch gar nicht so aus. Ein paar kleinere Sachen, die haben wir natürlich gemacht, aber unter uns, gebracht hat es uns nichts.«

»Ja. Ich verstehe Sie gut.«

»Darum geht es ja. Darum rufe ich Sie doch an. Ich habe nämlich, so zufällig, ich glaube im Handelsblatt, eine ganze Seite über Sie gelesen, und da habe ich gedacht, das wäre für dich doch der richtige Mann. Einer, der dich versteht. Den kannst du vielleicht fragen, ob der etwas für dich macht. Na ja, so eben war's.«

»War das etwa dieser Artikel mit dieser Überschrift, die mich so geärgert hat, so etwas wie »Der Buddha …« usw.?«

»Ja, ja, der war's. Aber, die Überschrift fand ich ja gar nicht so schlecht. Für mich war es das.«

»Na. Dann war es ja gut.«

»Ich möchte Sie besuchen, zusammen mit meinem Sohn. Ich möchte Sie wirklich gern sehen. Und vielleicht kommt doch etwas dabei heraus.«

»Herr Land, so oder so, es wird mir ganz bestimmt eine Freude sein.«

Und kurz gesagt, so war es dann auch.

Heute, im rasanten Zeitalter der intelligenten IT, bekommst du ja alles frei Haus. Ich denke, über sein Unternehmen weißt du im Grundsatz genug, nur eben nicht über ihn.

Der ist offen und frei heraus, überhaupt kein geschniegelter Manager. Eher ein handfester Gründertyp, wenngleich in der dritten Generation. Ein ausgesprochen und gleich, wenn er anfängt sich auszusprechen, ein deutlich empfindlicher, bei aller stattlichen Mannhaftigkeit ein äußerst eigener, sensibler Kerl. Doch, das erkennst du sofort, gegenüber allen Vorstellungen von Veränderung abwehrend auf der Hut. Verstellen kann der sich nicht. Ob er will oder nicht, am Ende kommt alles einfach heraus. Vorsicht kommt vor dem Fall.

Im Regionalen, da hat er ein großes Werk. Ein eindrucksvolles Produkt, im Material so buchstäblich stark und natürlich schön. Alles, wenn du's dir vorstellen willst, aus imponierendem Stahl-Email, aus Überlieferung heute hochmodern produziert, im Material von der reinsten Natur, wenn du Ad fragst, ganz unerreicht.

Staunenswert, was du da lernst, über den Flussspat vom Schwarzwald, den Feldspat aus flüssigem Magma, über Quarz aus uralten Algen und den Borax aus der Mojave-Wüste in Kalifornien. Milliarden von Jahren alt. Geschmeidig seidiges Material, so schön wie auch sein Produktdesign.

Im Grunde, das wird schnell klar, es läuft ihnen alles zur Hand. Noch. Denn Herr Land schildert mir auch die Handicaps, die er, eher aus dem Instinkte heraus, doch immerhin sieht.

Über allem, der Wechsel der Generation. Seit jeher die menschlichste Schwierigkeit in der Geschichte der Unternehmer-Welt. Übergabe im Vertrauen, Übergabe von Verantwortung für jetzt sofort und danach. Irgendwie aber doch noch mit mir, »Ich ziehe mich langsam zurück«, doch wie soll es ohne mich gehen?

Der älteste Sohn bereits schon erschöpft. Der jüngere, der ihn begleitet, noch ein paar Jahre im Studium. Sein Marketingmann, so erzählt er es mir, eine reine Enttäuschung, ein Schwachpunkt für sich. Vertriebliche Schwächen bei wachsendem Wettbewerb. Der einstmals eindrucksvolle Bekanntheitsgrad, er sinkt beständig ins drückende Mittelmaß. »Da haben Sie's«, und er lacht.

> »Es geht uns gut, Professor, so ist es nicht. Aber, muss man nicht einiges tun? Deshalb bin ich heute bei Ihnen. Was kann man machen? Was denken Sie?«

Löwe in der Grube, denke ich. Wie bringst du den schweren

Kerl da heraus? So eingegraben in sich, wie der ist? Der verkörperte Status quo. Warum dreht sich diese verdammte Welt dauernd? Er kann knapp noch über die Grubenwand sehen. So ist sein Stolz.

»Herr Land, nur bis Ihr Sohn ausstudiert hat, einen gestandenen Manager auf Zeit, neben Ihnen und vor dem Marketing, das Ihnen, wie Sie sagen, nicht hilft?«

»Einen Manager will ich nicht. Der macht mir mein Unternehmen nur fremd.«

»Einen anderen, einen erfahrenen Marketingmann?«

»Meiner, so schwach er auch ist, wissen Sie, der kennt sich ja wenigstens aus im Haus. Bis ein Neuer es kennt, ist mein Sohn schon längst da.«

Nun, zieh deine Rückschlüsse selbst. In einem Dorf bleibt ein jeder Fremder allzeit verdächtig. Der freundliche und so ehrlich bemühte Herr Land, über die Landesgrenze kam er kaum je hinaus. Mit Misstrauen begegnet er dem fremden, europäischen Geschäft. Unsicherheit, so wird dir überschnell klar, Unsicherheit, die bis zu Lähmung gefriert, sie prägt sein Geschäft.

Der erwartungfrohe Herr Land, er lächelt dich hoffnungsvoll an. Ich weiß, dass er will. Ich weiß aber auch, mehr als er sich eingesteht, dass er nicht kann.

Ich lächle gern zurück und, sende ein Stoßgebet zu dem Gotte der Gaukler, Gambler und Gestalter, wenn es ihn denn gibt, dass ich diesem Mann helfen kann. Von der Angst in die Tat.

So sprechen wir noch eine Zeit. Ich denke, sie nehmen mich an. Ein kluger Junge, sein Sohn. Ich denke, er weiß mehr, als er sagen kann.

Sie laden mich ein, sie zu besuchen. In ihrem »Land«. Um die Produktion zu sehen, die Showrooms und auch eine Forschungspräsentation, alles eben, was nötig wäre, für eine mögliche Zusammenarbeit. Ein Land-Besuch auf dem Land. Sehr persönlich, sehr angenehm.

Trouble is your business, Ad. Und dieses hat's in sich. Verdammt, wenn ich's nicht weiß. Für einen Troubleshooter ist jede solche Herausforderung praktisch wie pures Koks. Du läufst sofort high.

Ein bisschen erinnert mich Senior Land an meinen Freund des Geschäfts. Leo König. So ähnlich. Diese glückliche Erwartung im Blick. Die aufgeräumte Art, die Lasten zu überspielen, die Unsicherheit poltrig wegzulachen.

In das Detail, aus Gründen, die du verstehst, will und kann ich nicht gehen. Ich sehe das riesige Werk, Halle um Halle über Zeit gewachsen, das Produkt als originale Erfindung noch immer sich gleich, heute digital gesteuert nach Bestellung und Zeit. Die Sache ist von bestechender Kraft. Der Leiter der Produktion, er freut sich über mein Kompliment, mehr noch, er spürt, dass hier einer ist, der diesen Wert versteht, jeder ein Profi auf seine Art, das tut gut.

Die Marketingpräsentation dagegen, sie wirkt wie ein kalter Guss. Relativiert, mit anderen Worten, beschönigt viel, doch die Zahlen, die sprechen für sich. Die Art, damit umzugehen, auch.

Auf diesem Parkett ist der alte Land ohne Halt den Fachleuten ausgeliefert, er kann es nicht sagen, aber er spürt eben deutlich, dass vieles nicht stimmt. Vor allem, wo ansetzen?

Also, sie geben den Überblick, ich frage noch einiges nach, und das war's.

»Viel zu tun, Professor, das haben Sie ja nun gesehen. Glauben Sie, Sie können da einsteigen? Etwas machen für uns?«

»Herr Land«, ich bin ganz offen und lege die Hand auf seinen Arm, »wenn Sie etwas tun wollen, dann kann ich es auch.«

»Phantastisch. Was kostet es denn?« Der ist so naiv wie spontan.

»So coram publico?«

»Na, warum nicht?«

»Na, weil das eine Sache zwischen Ihnen und mir ist. Und doch nicht öffentlich. Mir ist es lieb, wenn es vertraulich bleibt.«

Also, irgendwie sieht er das ein.

»Dann gehen wir eben kurz raus auf den Flur. Wir beide allein.«

Gemacht, getan, und da stehen wir nun. Ich bin schon sehr amüsiert. »Also, nun sagen Sie schon, was kostet es mich?«

Ich nenne ihm einen Betrag.

Niemals kann ich darstellen, wie's wirklich war. Es haut ihn regelrecht um. Besser: Der schwere, stattliche Herr, er hebt die Arme, und wie eine Ballerina, graziös, dreht er sich auf den Fußspitzen elegant einmal um sich herum. Dann große Geste, und er gewiss von sich selbst überrascht …

»Das kriege ich hin. Also gut. Ich bin einverstanden. Gehen wir wieder hinein.«

Handschlag. Wie Verschwörer stehlen wir uns zurück. Land, die Wangen ein wenig gerötet. Ad, Pokerface.

»Wir sind uns einig, der Professor und ich«, erklärt Land der wartenden Truppe und wirkt dann doch fröhlich und wie erlöst. Sein Problem ist er los. Denn es liegt nun bei mir. Haltet dem Seiltänzer die Leine straff, liebe Freunde, denn es schaukelt schon sehr.

Ich arbeite mich konzentriert ein und werde schnell einig mit mir. Die Frage bleibt, ob mit ihm. Alles anders als bisher gewohnt über die Technik und Form hinaus – unerhört –, hinein in die Eleganz.

Schöne, neue Anmutung über ein erweitertes Sortiment. Damit es dem Lebensgefühl seiner Zielgruppe von Kaufkraft und eben auch Stil überzeugend entspricht.

Von »sachlich« zu »begehrlich«, wenn du so willst. Er war mir bisher zu stylish, zu kalt. Er soll wieder werden, wofür er mal stand: State of the Art. Das ist nicht zu viel verlangt. So muss es sein.

So weit, so gut, wenn du verstehst. Doch das ist es nicht allein. Aus seiner Grube heraus, muss er auf einen Schlag. Zeitverlust kostet ihn reines Geld.

Mir ist klar: Behutsame Markenpflege der konventionellen

Art bringt ihm weder seinen Ruf, noch die Präsenz und vor allem nicht sein Momentum für das einstmalige Trendprodukt zurück. Es ist eindeutig. Er braucht das Überraschungsmoment.

Ich denke, ich kann es ihm geben. Allerdings, so ein Erstschlag, der kostet ihn Geld.

Aus Testimonials mach ich mir sonst nicht viel. Aber, um sofort mächtigen Impact zu haben, brauche ich regelrecht Aufruhr im Markt. Weil es seinem Produkt so entspricht, brauche ich Hautgefühl. Und dafür, nun ja, eine entsprechende Dame von Welt.

Land, die Marke, sie hat zwar auch ihre Europapräsenz, aber Schwerpunkt bleibt doch vor allem, denk ans Budget, Deutschland und umliegend deutschsprachiges Land. Du magst es nicht glauben, doch wenn du eine genaue Vorstellung hast von Erstklassigkeit, dann ist die Auswahl der Damen sehr rar, im Umfelde unseres Verkaufs.

Rossellini möchte es machen, aber sie stimmt so wenig wie Kidman, die Hayek oder die Stone. Die Bellucci will viele Hunderttausend, aber auch die schönsten Rundungen sind, hier jedenfalls, nicht mein Ziel. Ich brauche Status. Nicht Sex.

Die immer noch hoch attraktive Madame Deneuve erklärt sich bereit, aber sie steht nun einmal nicht für den Tatort im deutschen Raum.

Ich hab eine harte Zeit. Meine absolute, die einzigartige Favoritin lehnt ab. Eine klassische Schönheit von Einfluss und Rang, sie wäre auf Anhieb die Sensation. Und Land, die Marke, sie hätte einfach, mit einem Schlag, das Gesellschaftsniveau, das ihr gebührt. Ich lasse nicht nach.

Bin praktisch fertig. Aber, mehr aus Instinkt, will ich vorher noch einmal zu meinem Gutsbesitzer, Herrn Land. Ich bin es ihm schuldig, denke ich. Vor der geplanten großen, der Enthüllungs-Präsentation sollte er vorbereitet sein auf die Grundidee. So einfach konfrontieren will ich ihn nicht. Denn wozu?

Ich folge meinem Gefühl. Ad, sei nicht naiv. Da ist eine andere Welt. Setz nicht gleich alles, bloß weil's dein Ding ist, als glatt und selbstverständlich voraus. Verschaff dir ein Gefühl, ob der Unternehmer dir auch wirklich folgen kann. Und am Ende auch will. Für ihn steht zu viel auf dem Spiel. Prüf's noch mal.

Ich rufe an. Sie sagen, der Unternehmer habe sich ein paar Tage Urlaub genommen. Ist bald zurück. »Wir melden uns dann.«

Was sie, früher als erwartet, auch tun. Sie sagen, der Unternehmer sei im Urlaub leider erkrankt, nichts Ernstes, er komme aber sicherheitshalber zurück. Und er bitte um ein wenig Geduld. Natürlich. Gesundheit geht grundsätzlich vor.

Bald geht es Land besser. Er meldet sich selbst, scheint wieder vollkommen okay. Er lässt mich verstehen, es sei wohl der Stress. Ich hoffe, es war nicht zu sehr das Projekt.

Des Projektes wegen aber fahr ich zu ihm. Ein Treffen in seinem Privatbüro. Land ist vital, aufgeräumt und, wie immer, zuvorkommend nett.

Alles ganz im Persönlichsten. Er gesteht freimütig, dass mögliche Veränderungen ihm immer wieder recht nahegehen. Aber nun fühlt er sich gut. Worum es denn ginge?

> »Sehen Sie, Herr Land, ich selbst bin so weit, und bald haben wir dann diese vereinbarte, umfassende Präsentation. Aber ich möchte nicht einfach kommen und Sie womöglich mit Dingen überfallen, auf die Sie so gar nicht vorbereitet sind.«

Land sagt, er verstehe das.

> »Wissen Sie, wenn ich nur so ein paar formale Dinge hätte, dann könnten wir uns das ersparen. Aber ich glaube, ich gehe doch ziemlich weit. Praktisch auch tief in Ihr Sortiment. Und dafür brauche ich nun mal Ihr Gefühl. Das ›Gefühl des Hauses‹, Herr Land«, er lächelt erfreut, »nachher stehe ich da, und Sie und Ihr Haus, Sie erklären den Pen für verrückt.«
>
> »Na ja«, nun lacht er, »so schlimm wird's wohl nicht sein, aber, so wie Sie sagen, ist es sicher vernünftiger. Also, lassen Sie hören, Pen. Ich bin ganz Ohr.«

In weißes Seidenpapier verpackt, hab ich für meinen Herrn Land ein kleines Geschenk. Schieb 's ihm herüber und sage:

»Herr Land, schauen Sie sich's an. Ich möchte sehen, ob sie es gleich, ohne viel Worte, verstehen. Denn dieses kleine weiße Schächtelchen«, Land packt es vorsichtig aus, »das ist schon alles. Mit einem neuen Logo darauf. Das ganze, neue Markengefühl, das ich vor Augen habe für Sie, das steckt hier drin.«

Land dreht das hübsche Ding in der Hand, ein elegantes Seifendöschen nur, aber, mit seinem neuen Zeichen drauf ist es glatt ganz plötzlich im begehrlichen Trend.

Zeigen kann ich's hier nicht. Es ist so einfach, wie Eleganz eben ist. Aus zwei identischen Wassertropfen ein »L«, ein bisschen Wellness, ein bisschen Yin Yang, ein bisschen Allüre von Chanel. Die dritte Dimension von Land's Land. Ein riesiger Schritt, von Technik zu begehrlichem Wert.

»Wunderbar«, sagt er. »Das sind wir noch nicht. Aber wir können dahin.«

»Mögen Sie's?«

»Es ist toll. Für uns eine neue Welt. Ich ruf eben meinen Sohn hinzu.«

Während wir warten, erkläre ich ihm die neue Richtung der Konzeption.

»Pen, das ist mir klar. Ich kann's praktisch vor mir sehen.«

Er steigert sich schon beinahe in die sich wie von alleine anbietenden Entwicklungsmöglichkeiten hinein. Ich bin doch überrascht, die Einfühlung, die scheint ihm nicht fremd.

Zu seinem Sohn: »Hier, sieh dir das an. Das ist die Richtung, in die der Professor denkt. Das Logo, als Beispiel. Ich bin begeistert. Was sagst du dazu?«

»Ich finde das unglaublich gut. Und eigentlich ist es ja höchste Zeit, dass wir in diese Richtung gehen.«

»Also, Professor. Sie wollten doch ein Gefühl. Ich bin dafür. Und mein Sohn auch. Hundert Prozent. Wir stehen dahinter. Voll und ganz.« Er strahlt. »Was wollen Sie mehr?«

»Sie müssen sich klarmachen, es ist ein einmalig großer Schritt. Eine Investition.« Ich erkläre nochmals das »Status«-Konzept und eben die notwendig kostbaren Mittel dazu.

Land, nun überaus gut gelaunt, zu seinem Sohn: »Du verstehst, der Professor, auf seine feine Art, der fragt, ob wir auch die Kohle haben, ob wir das auch bezahlen können, das Ganze. Also, dass Sie sich da nur keine Sorgen machen, die Kosten sind für uns kein Problem.«

Er holt noch seinen Marketingmann. Als der versteht, wohin der Haushase läuft, ist der so einverstanden wie die Landherren selbst.

Nun ja. Ich weiß nicht, wie du es siehst. Doch gut? Oder nicht? Was sonst kannst du tun? Ich fahre so ein wenig beruhigt zurück. Was sorgt dich noch, Ad? Mach dich doch nicht verrückt. Und, diese wichtige »Dame von Welt«, die findet sich noch. Jetzt, nun, ein Teil des Plans!

Zwei, drei Wochen noch. Fertig. Es sieht sehr gut aus, bis hin zum nobel gestalteten Katalog. Treffen bei Lands. Die Präsentation ist ein Lauf.

»Bravo! Wir überlegen bei uns alles durch.«

Du weißt, Ad hat ja immerhin schon so einiges gemacht. Aber dieses Ding hier, das will ich doch noch einmal sehen. Eine »Bombe« im Markt.

Auch, weil – während ich auf das »Go« warte (und warte) – die beharrlich umworbene, die beharrlich ablehnende, durch Ads Beharrlichkeit womöglich dann doch zermürbte Dame tatsächlich, ein Wunder, ich springe im Kreis, in der letzten Minute Ihre Zustimmung gibt. Vielleicht war es ja doch die halbe Million? Egal. Sie macht es, und auf los geht es los.

Ich informiere die Lands, den Marketingmann.

»Ach, wirklich, sehr gut. Ich komme sehr bald auf Sie zu.«

Tage darauf. Der lange erwartete Anruf kommt. An der Tonlage hörst du es schon:

»Professor, es tut mir sehr leid. Aber der Unternehmer,

Herr Land, er hat sich nun doch, im Moment, gegen eine Kampagne des Hauses entschieden. Er möchte gar nichts machen. Er ruft Sie aber noch selber an.«

Land meldet sich und kommt, weil er darauf besteht, persönlich noch einmal zu mir.

»Kaffee vielleicht?«

»Nein, darf ich nicht, besser ein wenig Tee.«

Land scheint mit sich im Reinen zu sein. Er hat entschieden, entschieden wird nicht. Das macht frei.

»Professor, ich möchte es Ihnen erklären. Bitte. An Ihrer Arbeit liegt es jedenfalls nicht.«

»An was dann?«

»Ganz einfach. Ich kann es nicht. Ich habe niemanden, der mir hilft.«

»Herr Land. Ich verstehe nicht.«

»Ich habe derzeit nur Unruhe im Haus. Unser Produktmanager hat gekündigt. Seine Mannschaft ist ohne Führung. Ich habe niemanden, der mir hilft.«

»Herr Land. Ein neuer Produktmanager?«

»Der findet sich nicht so leicht.«

»Ihr Marketingchef findet ihn.«

»Dem trau ich's nicht zu.«

»Herr Land, bei allem Respekt. Sagen Sie mir, dass unsere Operation scheitert, weil Sie ein Personalproblem im Produktmanagement haben?«

»Ganz genau.«

»Herr Land. Mir scheint, Sie zäumen das Pferd vom Schwanze auf. Nein? Ich komme nochmals auf meinen alten Vorschlag zurück. Sie beschaffen sich, auf definierte Zeit, einen gestandenen Führungsmann, der Erfahrung mit einem Familienunternehmen wie dem Ihren hat, Sie entlastet, Ihre Mannschaft neu strukturiert …«

»… Nein, nein«, Land wehrt vehement ab, »so einen Mann will ich nicht, der redet mir zu viel herein, macht mir mein eigenes Unternehmen fremd.«

»Aber Sie brauchen doch Unterstützung.«

»Ja, das stimmt schon.«

»Wäre ein erfahrener Beirat eine für Sie brauchbare Idee, ich kenne da …«

»… Das ist mir schon öfter empfohlen worden, aber für mich ist das definitiv nichts.«

»Herr Land. Ein Investor für einen Minderheitsanteil, auf Zeit? Sie zahlen ihn später aus, damit alles bei der Familie bleibt.«

»Ich habe Ihnen ja schon gesagt, ich brauche und ich will auch kein fremdes Geld. Ich habe Anlagen, die übersteigen sogar den Firmenwert.«

»Das heißt, nichts geht mehr.«

»Nicht im Moment. Mein Sohn, der wird ja doch bald übernehmen. Und ich selbst, ich ziehe mich schon langsam zurück. Professor, Sie verstehen mich doch. Ich kann nur tun, was ich kann.«

Der liebenswürdige, gar nicht so alte Herr Land, er lächelt. Ich lächle zurück. Es ist schon alles gesagt.

Ich sage dennoch, nur so zum Schluss: »Nun gut. Also, belassen wir es dabei. Vielleicht, Herr Land, lassen Sie mich noch eines in aller Offenheit sagen.«

Land lächelt noch immer: »Nur zu.«

»Herr Land«, sage ich, so freundlich wie nachdrücklich, »wir wollen eines feststellen: Sie sind und bleiben ein Unternehmer alten Schlages.«

Er sieht mich an. Mit Genugtuung nahezu.

»Genau das bin ich, Professor, genau. Und ich bin es gern.«

Er dankt mir und geht. Erleichtert und doch mit seinen Sorgen allein. Wechsel der Generation. Auf einmal fühlst du dich alt.

Zum Neujahrstag haben wir Grüße getauscht. Ich habe ihm geschrieben, ich hätte nur gute Erinnerungen an die Zeit. Und wieso nicht? Da ist nichts zu machen, wenn nichts zu machen ist.

Gehen wir einmal kurz zurück in die Neunziger.

»Nichts zu machen«, vielleicht erinnerst du dich, so hatten unsere Kaffeeröster uns damals so schnöde abgewinkt. Nur eine Tasse Kaffee vielleicht. Ansonsten ist für Sie nichts drin.

Nichts zu machen, genauso, ganz genau so war es damals bei Mars. Mars? Das ist doch der Riegel aus dieser Werbung, nicht? »Bringt verbrauchte Energie zurück«, das erinnert man heute noch. Sind die hier vielleicht gemeint?

Ja, genau die. Aber dieser Riegel, mit dem Familiennamen darauf, der ist von dem Imperium, um das es hier geht, bloß ein Teil.

Ich geb dir so ein bisschen Hintergrund, dann wird dir die Tragweite klar:

1911 noch haben Frank C. Mars und seine Frau Ethel in ihrer Küche Buttercreme-Bonbons gemacht. Zehn Jahre später etwa kam dann schon »Milky Way«. Das kennt jedes Kind. Heute ist die Familie Weltkonzern. Seit 2008, mit Wrigley, ein riesiger, globaler Konfektionär. In 180 Ländern nur, das ist wohl genügend weltweit.

Mit Snickers, Mars und M&M's, nur so zur Erinnerung. Whiskas, Cesar und Kitekat. Uncle Ben's, Masterfoods, Seeds of Change. Mit Life Savers, Wrigley's Spearmint und Juicy Fruit. Hubba Bubba und so viel mehr. Mars, everywhere.

Also, du spürst es heraus, die universalen Herrschaften, die spielen in der höchsten Klasse. Business Universal. Und wenn du dabei bist, dann spielst auch du von nun an ganz vorn. Nein, oben: Planeten-League. Immerhin, Mars.

In der festen Hand der Gebrüder Forrest und John, das Familienunternehmen in der äußersten Disziplin. Verlangt wird Commitment, eintausend Prozent. Verlangt wird das Absolute. Alle Hingabe an äußerste Qualität. Sie machen es ihrem Management vor, nehmen selbst eine Gabel vom Hundefutter. Behandle den Hund wie den Mensch.

Für das Marketing, für die Markenpflege, für jedwede »Mars«-Botschaft gilt das total gleiche Prinzip. Disziplin.

Du weißt es inzwischen: Eine jede Company, die auf sich hält, hat ihren eigenen Stil. Und was unser Gewerbe betrifft, den Zirkus der Kommunikation, da ist das »willkürlich Kreative«, das, was die Werbeidee womöglich mehr in den Vordergrund spielt als das Produkt, mehr als verdächtig. Seiltanz ohne sicheren Boden und damit ganz ohne Netz.

Willst du eine Agentur sein für Mars, musst du dich eben eignen und damit vor allem, es willig verstehen. Die Arbeit fundieren, und zwar ohne diese aufreibende innere Rebellion. Du musst es einfach nur gut machen. In ihrer und nicht in deiner Art. Also besser, du reibst dich nicht daran auf. Nimm's hin als Gesetz. Als definierte Identität.

Unsere eigene, die ist vom Mars so entfernt wie der Mond. Zwar mögen wir stabil sein in der Substanz, auch konzeptionell nicht weniger stark, aber gleichzeitig, was eben nicht einfach ist, kreativ wohl ziemlich weit vorn.

Über Jahre, führendes Network in Cannes, mit Pepsi, Apple und Co. Wir räumen die Preise ab, sieh dir die alten Listen an, aus den Achtzigern allemal. Groß und gleichzeitig groß kreativ. In diesem Gewerbe, eitel, sprunghaft und gleichzeitig des Vertrauens würdig, fast schon ein Kunststück, wirklich nicht schlecht. Aber, eine typische »Mars«-Company, die wären wir nicht. Unkalkulierbar, zu kreativ.

Wenn's dabei bleibt, wird's keine Geschichte. Eines Tages kursieren Gerüchte, dass Mars sich, nach vielen Jahren bewährter Betreuung, von seiner Agentur trennt. Es ist offenbar etwas geschehen, etwas, das für den langjährig treuen Agenturpartner Mars eine »Scheidung« offenbar unumgänglich macht.

Unter den Umständen, wie immer auch, wenn sich größtes Budget bewegt, ist großer Affekt im Markt. Gerüchte, Gerangel und Gegnerei.

Natürlich sind die ersten der großen Namen im Spiel, Spekulation ist in hitziger Fahrt.

Die Herren Gebrüder Mars, so hört man, sie gehen selbst auf Tournee, sich einen neuen, einen hoffentlich wie maßgeschneiderten Partner zu suchen. Chefsache von höchster Dringlichkeit, denn sie leben in hohem Maße von verständiger Markenführung und zunehmender globaler Präsenz.

Hier und da, so hört man, haben sich die Herren in dem einen oder anderen Network zur Agenturpräsentation angemeldet:

> »Stellen Sie uns Ihr Denken vor, Ihre Vorstellung von den Mitteln der Werbeeffizienz, Ihre Markenerfahrung über Zeit, Ihre Forschungskapazität, Ihr kommunikatives Produkt natürlich auch, Ihre Erfahrung ›below the line‹, eben alles, von dem Sie glauben, dass es unserer Auffassung von durchdringender, effizienter Markendisziplin entsprechen kann. (An dem üblichen Agentur-Hokuspokus sind wir nicht interessiert.) Wir suchen Sachverstand. Vertrauenswürdige Grundlagen. Verstehen Sie?«

Wir sachverständigen Beobachter, wir sehen von außen zu. Was bleibt uns auch sonst. Bis dann, ein Wunder, ein Anruf aus Virginia kommt. Aus heiterem Himmel. Vom Mars.

> »The owners have decided to talk to you. Not that you would belong to the inner circle of the favourite networks they have in mind. But they've heard of you. So, let's have a meeting, ok?«

Also, ein Meeting mit »Mars«. Big fuzz. Das Universum neigt sich herab. Wir sind schockiert, überrascht sowieso, wie auch fast bestürzt.

Phil, Chairman New York und unser aller kreative Autorität, ist realistisch und daher fast außer sich: »Wie, verdammt, soll das gehen? Wir haben bei diesen Leuten doch die Null einer Chance! Klar, ich stelle die beste Rolle von allem, was wir haben, zusammen, und nichts, rein gar nichts davon, arbeitet auf sie zu. Wir können so gut sein, wie wir wollen, aber für Mars ist das ›crap‹, dieses kreative Zeug. Die ticken ganz anders.« Phil ist verzweifelt. Zu Recht. »Das kann nur danebengehen. Ich sag es euch. Keine Chance.«

Die Mars-Gebrüder, sie kommen, natürlich vorgefasst, aber eben doch aus ihrer notwendigen Disziplin heraus, sonst arbeiten sie ihre Pflichtenliste nicht ab.

Machen wir's kurz. Die Präsentation läuft gut, geschlossen vor allem, ich denke, das respektieren sie. Zur allerbesten Commercial-Reel aller Welt wahren sie höflich die ihnen eigene, nun einmal so eingefleischte Distanz.

»Fair enough. Excellent stuff. But, as you will know yourself, it's you, not at all us.« Das seid eben ihr. Nicht wir.

»Wir können damit wirklich kaum etwas anfangen, wenn Sie verstehen. Aber, wir sehen hier etwas, das uns trotzdem interessiert.«

Forrest sieht zu seinem Bruder John, redet leise mit ihm, sein Bruder, er nickt.

Sie sagen: »Vielleicht geben Sie uns einen kurzen Augenblick Zeit.«

Die Gebrüder, sie gehen zum Fenster und besprechen sich. Kommen wieder. Ein wenig lockerer? Ganz gegen die Art. Wie meine Freunde vom Board wohl auch, denke ich, nun ja, nichts zu machen. Das war's.

Doch eigenartig. Irgendwie nachdenklich sind sie schon.

»Wissen Sie«, sagt Forrest Mars, »Differenzen in der Arbeitsmethodik, die sind eine Sache für sich. Darüber wäre zu sprechen. Aber so wie Mars eben ist, wir suchen daneben noch mehr. Etwas, was Partnerschaft ausmacht. Etwas, das uns mit einer neuen Agentur wirklich verbinden kann …«

Die Nadel im Heuhaufen. Ich glaube, ich kann sie hören, wie sie gerade fällt.

Und John Mars: »Ich denke, Sie kennen sicher unser Unternehmensprinzip. Es steht auf fünf Säulen. Ich sage sie Ihnen noch einmal vor. Qualität, Verantwortlichkeit, Gemeinsamkeit, Wirksamkeit und Freiheitlichkeit. Uns ist es wichtig, dass ein möglicher Partner diese uns eigene Auffassung von Business teilt.«

Wieder Forrest: »Um's deutlich zu sagen, wir suchen Charakter. Die größtmögliche Gemeinsamkeit jedenfalls.«

Man entspannt sich etwas. Die Gebrüder, sie wirken immer sehr streng.

»Jedenfalls«, sagt Forrest Mars, »auch wenn es uns und Sie sicherlich überrascht, wir denken, mit Ihnen könnte es gehen.«

Wow! »Mit Ihnen könnte es gehen?«

»Ganz einfach: Weil Sie mit Leidenschaft hinter Ihrem Produkt stehen. Ganz so wie wir. Das kann die Gemeinsamkeit, das Verbindende zwischen uns sein.«

Historische Erdbotschaft aus dem All. »It leaves you breathless.« Wie Wodka pur.

»Auf dieser Basis, so hoffen wir, können wir wohl zusammengehen.«

Avalanche!

»Aber unsere Betreuung, die muss zweifelsfrei erstklassig sein. Allen, was denken Sie?«

Allen, President of Worldwide, der weiß, was er zu denken hat, was auf dem Spiele steht sowieso. Die goldene Kröte, die schluckt er glatt.

»Ich selbst stehe zu Ihrer Verfügung, Sirs. Jederzeit. Account Director hab ich gelernt.«

Gelächter, alle nun hoch und Handschlag darauf. Wir sind Mars-Agentur. Planetoid. Ehre, Bürde, doch Riesengewinn. Das Gewerbe steht Kopf. Ganz so wie wir.

Allen, sonst bis zum Äußersten zugeknöpft, gibt seinem Gefühle nach, bei diesem Sternstunden-Sieg, er lässt zum ersten Male den Korken knallen und schickt an alle unsere Häuptlinge eine Magnum vom Dom Perignon, mit einem Kärtchen, das ich mir bis heute bewahrt habe, als Erinnerung an einen exemplarischen Moment des Gewerbes, als sich der Mars mit der Erde verband:

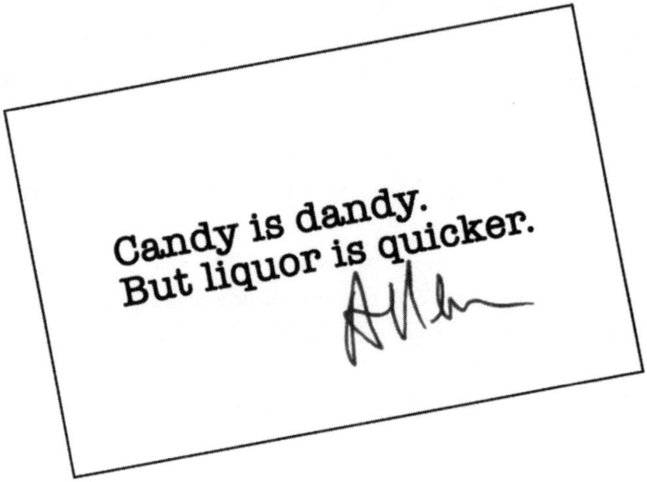

Du siehst, dieses Gewerbe hat enorm Phantasie. Auch, was zu berichten war, fähige Unternehmer von gutem Instinkt.

Nichts zu machen? Oft. Ja. Doch denk nicht zu oft daran. Sonst verlierst du zu viel an Gewicht.

Also, ganz wie im Film.

The End.

Außer, du wirst es nicht glauben, ganz so wie Ad, der Film dreht sich rückwärts, und alles beginnt von vorn. Persönliche Geschichten aus einem erstaunlichen Gewerbe. Sagte ich das denn nicht?

Nach zweieinhalb Jahren. Ein Anruf. Man glaubt es nicht.

»Es ist die Firma Land.«

»Land? Die …?«

»Ja, die. Eine Frau Rosen. Sie sagt, sie kenne Sie. War auch schon einmal bei uns. Ist jetzt bei Land. Als Chefin fürs Marketing … Ich stell sie durch?«

»Natürlich«, Ad abgebrüht, »Hallo …?«

»Professor, hier ist Sophia Rosen. Erinnern Sie sich?«

»Aber Sophia, natürlich. Wie schön, von Ihnen zu hören.«

Die Rosen, die ist eine attraktive Person. Ein Karriere-Weib. Kommt vom Luxus und von der Mode. Nur so ein bisschen zu überstylt. Wie kommt die auf Land?

»Professor, Sie werden gewiss überrascht sein, ich weiß, aber der alte und der junge Herr Land, die schicken mich vor. Sie möchten, so ungewöhnlich es ist, sie möchten Sie nochmals sehen. Sie suchen Hilfe. Wissen Sie, in der Zwischenzeit lief alles nicht wirklich so gut.«

»Und Sie sind nun dort an Bord? Was ist denn passiert in der Zwischenzeit?«

»Na ja, Sie kennen die Lage doch. Buchstäblich nichts. Und nun steht uns dazu noch die Krise ins Haus.«

»Ja.«

»Man hat eine ganze Reihe von Agenturen durchprobiert, und«, so sagt Sophia, neu im Haus und an allem unschuldig, »unter uns, es war alles, na, Murks. Ihre frühere Agentur, die war auch dabei, aber im Test fiel die am Ende auch total hinten durch …«

»Ah ja …«

»Ja. Und nun möchten die Herren sich gern noch einmal mit Ihnen beraten. Sie fragen, ob Sie uns helfen wollen und ob die Herren zu Ihnen kommen können und, nun ja, das möglichst schon übermorgen.«

»… und Madame Sophia soll das Ganze nun richten.«

»Ja. Ich fänd's natürlich wunderbar, wenn wir was zusammen machen könnten.« Schlange. Aber, ein bisschen meint sie es wohl auch so.

Pause.

»Professor?«

»Sophia, wissen Sie, ich mag die Lands. Und, ich habe denen ja nichts nachzutragen. Wenn die Herren kommen wollen, dann gern. Wissen Sie, ich hoffe nur, sie kommen mit klaren Vorstellungen. Besser, mit ›einer‹ klaren Vorstellung. Sophia, Sie wissen, was ich meine.«

Sie seufzt. »Ich denke schon. So viel Einblick hab ich in der kurzen Zeit, die ich hier bin, schon gewonnen. Aber der junge Herr Land schien mir schon auch sehr einverstanden.«

»Nun, wir werden sehen. Sophia, grüßen Sie die Herren von mir und sagen Sie ihnen, sie wären mir jederzeit willkommen.«

»Wie schön. Bis bald also, Professor. Haben Sie ganz vielen Dank.«

Da sitzen sie nun. Sophia ist gekommen, das Familien-Unternehmen an der Hand. Vater und Sohn. Liebenswürdig. Kein Stück verlegen. Großes Hallo. Dann kommen sie gleich zur Sache. Wer führt das Wort? Zweimal darfst du raten.

Laute, aufgeräumte Stimme: »Professor, ich denke, WIR sind nun doch wohl so weit. Und mein Sohn, er drängt mich.« Der Sohn, der sitzt da, unendlich diszipliniert. Um Einklang bemüht, doch gleichzeitig sehr für sich.

»Und ich verstehe ihn. Wir müssen endlich etwas tun. Wollen Sie uns noch einmal helfen? Wir brauchen einen neuen Schub. Und …«, nun doch etwas entschuldigend, »… und nun, da wir beide entschlossen sind, soll es allerdings schnell gehen.«

Wir haben Mai, und er sagt: »Im Herbst müssen wir draußen sein. Und«, er strahlt mich, entwaffnend an und dreht seinen sonoren Bariton auf mich, »Professor, ich habe ja Ihr Konzept von damals mehrmals hin und her durchgearbeitet, es steht da ganz unverändert. Die Grundlage, die Sie uns damals entwickelt haben – ich stimme noch immer mit allem überein, gut«, Senior strömt über vor Saft, »gut, mein Sohn, Sie wissen, er hat nun die Geschäftsführung übernommen und, Sie sehen ja, ein neues Marketing«, strahlt Sophia an, Sophia strahlt artig zurück, »haben wir uns auch geleistet und versprechen uns viel davon«, der alte Land, der verdeckte Schlawiner, er sieht mich so glaubhaft treuherzig an, wie er nur kann.

»Wir haben doch Einigung, nicht? Natürlich hat mein Sohn seine eigenen Vorstellungen, und das soll so sein«, und endlich bekommen wir ein Luftloch, so dass dieser abstrakte »mein Sohn«, der direkt neben ihm sitzt, doch noch zu Wort kommt.

Land junior will machen, im Recht seiner unverbrauchten Energie. Er führt aus, dass er eben erheblich mehr Druck aufmachen will im Verkauf (was heißt hier Image, die Dinger müssen vom Hof) – vor allem will er sich auf das Modernste mit innovativen Trendprodukten wieder sichtbar im Markt plazieren. Es wird nur zu überdeutlich, dass sich seine Schwerpunkte schließlich doch nicht nur marginal vom Unternehmervater absetzen, Originalton: »Wir stimmen im Grundsatz natürlich überein, ich verstehe meinen Vater ja«, und spätestens jetzt wird die Natur unseres Dilemmas allzu deutlich, das gemeinsame Seil wird an beiden Enden gezogen, und ich, Ad, der Flammenlöscher, besten Willens, doch frei von jedweder Illusion, weiß, dass wieder ein Kabinettstück ansteht, der Balanceakt ohne Netz, die Gegenpole zusammenzuführen, ohne einen fühlbar billigen taktischen Kompromiss.

Die schwierigen Herren von Land, sie sehen mich an und verlangen viel.

»Vier Wochen, Professor. Mehr haben wir nicht. Wird das gehen?«

»Die Sache muss getan werden.« Oberstes professionelles Gesetz. Und noch von mir.

»Es muss gehen, nicht?«

Nichts zu machen, denke ich. Wie steht es mit Glück? Wie steht's mit Sophia? Hat sie genug Raffinesse, um zu vermitteln im Haus? Wir besprechen die Umstände, die Wege des Plots, nachdem die Herrschaften schon auf Landpartie sind.

Den Generalplan, den hab ich so gut wie fertig, als Skizze zumindest im Kopf. Muss aber eine Umsetzung sehen, die Anschauung testen, die Idee vor mir haben. Tut sie's oder tut sie's nicht.

Ich probiere und mache und ich denke, es funktioniert. Retro. So krieg ich das Klassische und die Moderne zusammen. Und es hat einen Impact … Unmittelbar. Brauch ich auch. Ich geh auf »High Interest«, weil ich, so ist es nun mal, praktisch ohne festes Budget laviere. Da wo ich bin, brauch ich deshalb alle Intensität.

Ich würd's gern zeigen, glaub es mir. Die Freunde, die Berater vom Fach, die möchten's doch bitte direkt. Aber, verehrtester Lesermensch, sieh es mir nach. Da ist diese eine Schwelle, die der Vertraulichkeit. Und unbedachte Offenheit, das weiß jeder, die stellt gerne bloß. Die intimste Zurschaustellung, die ist ja heute en vogue. Ich schreib nun mal nicht über bestimmte Leute, ich bitte dich, mich zu verstehen. Ich schreibe über die Menschelei, über den Stoffwechsel der Gewerbegestalt, über Grundriss und Ramme, über die Tollkühnheit und die Abwiegelei, über das Unwägbare in jeder Verabredung und über den geschmeidigen Glauben im Selbstbetrug. Über das Gewerbe, so wie es tickt. Über das möglich Unmögliche in der Selbstbehauptung von Bochum gegenüber Detroit. Über Schlaffheit und Klimax der Dienstleistung. Über Schlaflosigkeit, Furor und den letzten Verzweiflungsakt, alles auf »plein«. Über »rien ne va plus.« Die »Lands« stehen fürs Ganze. In übertragenem Sinn. Es gilt allein, sie zu verstehen.

Am Ende, in der Zeit, trete ich an. Reise aufs Land mit meinem Kollegen, der mir assistiert. Wir kommen mit einem empathischen Plan. Alle Einzelheit kann ich und will ich hier nicht geben, das Ganze ist nano-neu und außerdem gehört es schließlich noch mir.

Nur so viel: Ich trete an ohne Media, weil die Lands, gebunden an ein festes Budget, überfordert sind. Wir planen »ad hoc« als Prinzip. Ja, du hörst recht. Wir schleichen uns ein, punktuell. Dann aber, medienaffin massiv. Ja, es hat ein wenig Spice of Guerilla, aber, ich will's ohne Abriss, da zieht sich was durch.

Da ist mal Wert, mal mehr Innovation, doch Schlüssigkeit muss gesichert sein.

Sophia hat's bei mir schon gesehen und mir enthusiastisch Beistand geschworen. Ein beisitzender Vorstand spricht, was einmalig ist, ohne ein »aber« euphorisch schon fast dafür.

Du fragst dich, was machen die Lands? Land senior, gleich links von mir, er inhaliert, »Ja, ich verstehe, ich denke, ich verstehe Sie«, im Augenwinkel sehe ich ihn im Verstehen nicken. Der Junior, rechts von mir, er bedenkt.

> »Ja, ich sehe das alles, durchaus, aber Vater, wenn du mich fragst, sollte man nicht auch bedenken …?«

Im Grunde, du versuchst es zu spüren, ist es – wenn alles gut läuft – gelaufen, ein »Durchmarsch« praktisch, große Sympathie allerseits, »Mensch, Professor, da haben Sie uns aber was hingelegt«, der Senior beeindruckt und nachdenklich, er sammelt die Sachen für sich vom Tisch, »ich werde mir das jetzt über das Wochenende mal gründlich zu Gemüte führen, alles genau durchdenken, und dann entscheiden wir«. Er erhebt sich zum Abschied, »Geht Ihr noch zum Essen, ich verabschiede mich«, und schüttelt dem Professor, der ihm nun wieder quälende Entscheidung abverlangt, herzlich die Hand.

Ich denke, es hat ihn gepackt. Zweierlei. Die Sache, die Anlage, die Markentechnik mit ihrem vermittelnden Wert und sein neues mögliches Bild im Markt. Nun gut, damit kommt er zurecht. Mit der Einordnung. Aber, ich sehe es ihm an, so viel Bewusstheit steht ihm ins Gesicht geschrieben, überrumpelt ist er, der bemühte liebenswürdige Kerl, urplötzlich steckt er in dem, was er am meisten fürchtet, in Entscheidungsnot. Er geht ein wenig gebückt, die Sachen unter dem Arm, ohne sich umzudrehen. Ich fühle ihm nach.

Danach, der übliche Trubel, alle doch im Lebhaften aufgeräumt, Gratulation, »Tolle Sache, Professor, auf jeden Fall«. Zu Tisch im Landgasthof, nur Komplimente und ein zuvorkommend höflicher Junior-Land. »Danke vielmals, nochmals, und wir melden uns bald.« Adieu.

Sagte ich schon, oft hast du, kaum richtig begründbar, so ein Gefühl? Mein Assi und ich, wir fahren, nachdenklich irgendwie, zurück ins Büro.

Ich sage: »Was denkst du? Wie war's?«

»Sehr gut«, sagt er, »das wissen Sie ja, aber, wir haben ja unsere Erfahrungen mit den Lands.«

»Wollen wir wetten«, sagt Ad, der Gambler und inzwischen ergraute Lippenleser und Psychoartist, »ich wette, das wird wieder nichts. Ich denke, der Junior war nicht dabei. Hältst du dagegen?«

»Sonst jederzeit«, sagt mein assistierender Freund, der wie Ad ein naturgeborener Zocker ist, »aber diesmal nicht. Das Essen war irgendwie schlaff.«

Wir fahren, aber eigentlich stehen wir mehr im Stau. Eine beziehungsreiche Analogie. Ich nick etwas ein.

Es dauert ein paar Tage länger, bis sie sich melden. Spekulier nicht, es verbraucht dir nur unnötig Energie. Aber, wohl unvermeidlich, denkst du dir deinen Teil.

Es ist der junge Herr Land. Direkt und offen. Völlig okay.

Er sagt: »Professor, es liegt an mir. Die andere Generation, Sie wissen schon. Meinen Vater haben Sie an Ihrer Seite, der wollte es machen, und zwar total. Und ich, nun, ich kann mich nicht durchringen dazu. Ich find es auch toll, aber, mir ist es nicht »modern« genug. Ich suche etwas anderes, aber, es ist mehr ein Gefühl, ich kann nicht sagen, was. Professor, Sie verstehen das sicher.« Er ist sehr, geradezu mutig vertraulich, es nimmt mich noch mehr für ihn ein. »Wissen Sie, ich weiß auch nicht, ob ich jetzt nicht einen großen Fehler mache, denn schließlich habe ich nichts in der Hand.«

Ich sag ihm, was ich denke. Dass ich ihn ohne Einschränkung verstehen kann, und dass es zu seiner Entwicklung notwendig gehöre, dass er, vom Vater losgelöst, »sein eigenes Ding« mache. Ich sage, ich wünsche ihm allen Erfolg und er möge seinen Herrn Vater grüßen.

Aber das hab ich dann doch hinzugefügt: »Herr Land,

meine Rechnung werde ich Ihnen wie verabredet trotzdem schicken müssen«, und er lacht und sagt: »Ja, natürlich, das ist doch klar.«

Ich spare mir hier noch die üblichen Spekulationen über die womöglich gefährdete Zukunft des Unternehmens, das ist nun ihre Sache, mein Ding ist getan. Sie sind eben nun mal sehr, sehr spät dran.

Nichts zu machen. Aber, ich hoffe, sie machen es doch.

Es ist heillos, dieses Gewerbe. Ganz unerreicht. Was glaubst du? Rufen die Lands noch einmal an?

Vielleicht fragst du, ob denn der junge Herr Land nun schon etwas gemacht hat? Und, wenn ja, hat Ad es gesehen?

Ja, hat er. Irgendwo hat Ad was gesehen. Und, ich soll sagen, wie ich es finde? Ich bitte dich. Die Frage geht doch wohl ein wenig zu weit.

Full Speed

Die Herausforderung

Dieses Gewerbe, ich sage es dir, manchmal ist es ziemlich voll toll. Nicht immer. Oft ist es auch nur ganz einfach flach.

Aber, manchmal, da kommt dir so ein Typ unter, einer fast wie der Branson schon, so einer von dieser Art, ganz ungebremst, mit Full Speed. Vielleicht noch nicht vergleichbar groß, aber in Ego und Energie praktisch gleich. Dann hat es was, das Gewerbe. Den Sex und die Phantasie. Und den Instinkt. So einer läuft mir über den Weg.

Ich werd ihn mal »Harley« nennen, für uns, es läuft hier (fast) alles doch streng anonym, wenn nicht, wär's aber auch nicht schlimm, weil der ja nur super wegkommt, immer Full Speed. Als »Unternehmer des Jahres« natürlich, Lob hier, Ehre da, darunter machen wir's nicht.

Also, auf einem überfüllten Handelskongress, im Gewühl und mit Drinks, da schleppt ein Klient von Ad einen Typen an, der ist vom vielen Schulterklopfen schon reichlich bedient, eine blitzäugig gelhafte Haarbürste, die vor lauter Gezerre und eigener Zappelei so gut wie nicht stillsteht, weil sie innerlich permanent rennt.

»Harley«, sagt mein Klient, »das isser, der Professor Pen. Du weißt schon. Der macht dir dein Ding.«

Der Harley. Der Zauberjunge, Full Speed. In einem Wimpernschlag hat der mich ganz. Die Sache ist für ihn geritzt, so schnell, dass du nicht blinzeln kannst. Ad ist hundert Jahre älter als der.

Der legt mir bloß – ewig kennen wir uns – ganz und gar zutraulich die Hand auf die Brust.

»Hab schon alles über dich gehört.« Der hat Riesenspaß. Alles funkelt an dem.

»Du machst mir das!«

Abgeklatscht. Freunde fürs Leben.

»Klar.«

»Doll. Ich rufe dich an.«

War, worüber auch immer, mein schnellster Deal. Für Ad, den alten Feuerlöscher, wie frisches Wasser, das überläuft, total Schiller: »... und sieh, aus dem Felsen, geschwätzig, schnell, springt murmelnd hervor ein lebendiger Quell ...«

So hab ich's gern, mein Gewerbe. Ein Instinkt-Unternehmer, der kalkuliert und dabei jedes Rot überfährt. Mir total recht. Ich schnall mich ja auch nie an. Kontrolliert.

Ich denk, wir sind füreinander gemacht. Der junge Fuchs und der alte Esel. Wir haben Spaß aneinander. Wir werden ein gutes Team. Ganz bestimmt.

Harley kommt mich besuchen. Und er erzählt. Lässt alles raus über das eigene, auf Erfolg getrimmte, auf Hochtouren laufende Full-Speed-Geschäft. Und über den neuen anliegenden Fall. Ein Erbe von anderer Kategorie. Abholmärkte für den Getränkebedarf. Auch die, gut laufend und weit gestreut.

Es ist alles bestens, überliefert gut, was fehle, so sagt Harley, sei ein rasantes Leitsystem für die Full-Speed-Orientierung und wohl auch ein wettbewerbsstarkes Markengesicht. Sagt er.

Nichts Neues also. Das ist dir vertraut.

»Kannst du's mir machen? Du machst es mir.«

Harley, alles Full Speed. Schön! Und nun? Denkst du vielleicht, Ad hätte sich nicht längstens schon umgesehen? Na.

Rein in die riesigen Läden mit Kisten bis unters Dach, einmal sich umseh'n und dann, gleich wieder raus.

»OK. Ich habe alles gesehen. Und ich weiß auch schon ganz genau, wie's geht. Funktioniert«, sag ich meinem Kollegen, der mit ist und fährt. Und grinst. Und mich kennt.

Vor Ort kommt die Idee. Ich werd ihm, dem Harley, praktisch 'ne neue Sprache geben, bei der man nicht denken muss. Mann. Dem zeig ich's noch, was »Full Speed« ist. Dem Wirbelwind.

Ich mache dem Harley ein Angebot, der schluckt nur kurz, aber er sagt »Fair enough«. Ich könnte gleich loslegen. Aber, das wäre in dem Fall nicht klug. Da ist Verwandtschaft beteiligt, und mein Freund, er ist viel zu gewandt, um sie nicht einzubeziehen:

»Lass uns vorher noch mal besprechen, wir machen ein Abendessen, und ich bring jemand mit.«

»OK. Das ist sehr gut.«

Gleich zwischen Weihnacht und Neujahr noch – du weißt schon – Full Speed.

Bei einem Glas Rotwein wird alles total nett. Sie wollen ja nur ein Gefühl dafür kriegen, sie, die Händler aus eigenem Recht, ihr Geschäft über Jahre aus dem Effeff betrieben, und da schleppt ihnen ihr Irrwisch von Napoleon mal eben so einen fremden Professor an, na, na, das wollen wir doch mal sehen.

Mit meinem Freund Harley ist der Nano-Deal ja so gut wie gelaufen. Aber nun, nun muss ich noch so ein bisschen vortanzen, ein bisschen erzählen von mir. Meine Güte, so eine fade Powerpoint, die verlangen sie ja gar nicht, zum Hauptgang doch bloß ein Tiramisu. Die Wahrheit ist, sie können nicht für ihre Natur, die ihre Händlerart ist. Der Igel in ihrer Tasche, der bewegt sich und sticht, und wer zahlt denn schon blöde und blind für eine Katze im Sack? Bevor er die Mieze sieht?

Ich sage zu Harley: »Hör mal, wenn wir die nicht auf unsere Seite kriegen, dann können wir beide einpacken.«

Die Seite, sie lacht. Er sagt: »Wohl wahr.«

»Ihr könnt mich fragen, was immer ihr wollt. Dafür bin ich ja da.«

»Also«, sagt eine zögerlich, »Professor, ganz ehrlich, wir sind ja bisher ganz prima ohne Marke ausgekommen. Können Sie mir sagen, wozu wir so etwas überhaupt brauchen, eine Marke, ja?«

Hammer. Ich bin gleich an Camel erinnert. »What about dogs in advertising?«

Die Frage, so berechtigt wie auch naiv. Und du, Profilöscher, Erfahrung aus hundert Jahren vom Markengewerbe, du stehst da wie der berühmte Ochs vor dem Berg. Vor der Frage der Fragen.

Wie machst du es denen denn klar? Und auch noch ehrlich? Nicht so irgendwie agenturisch bla bla. Die wollen von mir eine Antwort. Und das zu Recht.

Junge, da stehst du Kopf. Harley, der grinst. Der Filou. Da steckst du ein Leben lang im Markengeschäft, und plötzlich kommt da die Frage »auf Herz und Nieren« daher und, wirklich wahr, du kriegst ein Gefühl, es geht um die Existenz.

Examensfrage, Professor. Na, los.

Ich nehm einen Schluck, im Vino ist schließlich die Veritas. Ich sage, hab keine Ahnung wieso:

»Entscheidend ist, Ihr steht im Wettbewerb. Sagt mir, ob das nicht stimmt. Braucht Ihr da keine Identität?«

Und spontan, wirklich, das sitzt. Das verstehen sie. Die eine klatscht in die Hände:

»Also gut. Gut, gut. Identität. Ja, Das verstehe ich.«

Freund Harley, der grinst. Sein Mann hat's gebracht. In seinen Augen sehe ich es: »Du bist ein Teufelskerl, Ad.« Auf seinem schwarzglitzernden Haar ein bläuliches Spotlight, für einen Zaubermoment. Der verstärkt, dass dieser Typ brennt. Für seine Kistenläden, wofür auch immer. Der rennt, beim Rotwein, Full Speed.

Ich kann's dir nicht schildern. Die Szene ist wie ein Film. Ich seh die und mag die. So wie sie sind. Und zu Ende ist es noch nicht, weil die sich jetzt so gerade mal auf den Sack geeinigt haben. Nur, du musst sie verstehen, die verdammte Katze, die sehen sie einfach noch nicht. Was ist das denn für ein Business?

So drucksen sie noch ein bisschen herum, um den heißen Brei. Aber ich will es ihnen ja leicht machen. Ich selber, ich hab's auch gern direkt. So klar, wie's nur geht. Also rück ich mit einem Vorschlag raus. Oft mach ich so etwas nicht. Aber in dem Film, für die Szene hier, da eben schon.

»Herrschaften«, sag ich, »wo euch der Schuh des Manitu drückt, das weiß ich. Ihr wollt wissen, wofür ihr am Ende bezahlt.«

Harley, hoch amüsiert, er beschwichtigt: »Ad, das musst du verstehen …«

»… mein lieber Freund, das tue ich gerade. Pass auf. Du bist Unternehmer, ich selber war immer Unternehmer, also geh ich mal Risiko. So wie's im Unternehmerischen nun einmal ist.«

Sie lassen mich reden und sind gespannt. Ich erzähl ihnen von meinem Storecheck und dass ich schon eine fertige kreative Idee im Kopf habe für die Positionierung und für das Leitsystem (noch nicht für die Marke), dass ich ausnahmsweise mein eigenes unternehmerisches Risiko laufe (also ich red mich da so ein bisschen in Rage, auch damit ich sie mitzieh – Full Speed) und es ihnen vorab erzähle, wie ich ihnen »markentypisch«, okay?, ihre Läden aufmischen kann, in der allereinfachsten, ihnen eigenen Art, wie ich die Positionierung und Orientierung für ihre Kundschaft auf das Schlagendste in eins zusammenpacke. Die Positionierung nämlich so, damit sofort erkennbar wird, dass sie »alles«, also buchstäblich »alles« haben – als USP – und simultan gleich auch, wo's steht.

All in a rush. Da da dada. Und sie zieh'n mit.

»Ach Mensch, Professor, das ist aber toll«, sagen die, »geht das denn so?«

»Passt auf. Das ist zwar eine wichtige Idee, aber bei weitem nicht alles. Trotzdem gibt sie euch ein Gefühl dafür, wie die Katze ausschauen wird, und vor allem, wie sie mit den Leuten quatscht. Es ist so einfach, ich denke, das versteht ihr sofort. Aber wir machen es so: Wenn ihr wie die Ölgötzen dasitzt und nichts versteht, dann ist der Deal geplatzt. Mein Risiko. Wenn ihr aber gleich ›Oh‹ schreit und alles kapiert und in eure Händchen klatscht, dann haben wir unseren Deal. Soll'n wir's so machen?«

Sie haben Spaß. So etwas hatten sie auch noch nicht.

»Einverstanden. Total super. Also Ad, schieß los.« Die Augen glitzernd, die Bürste hoch.

»Also, ihr seid ein Kunde, der bei euch reinkommt und sich nicht auskennt. Er ist bloß von diesen Kistenstapeln erschlagen, wo sein Zeug steht, erkennt der nicht. Nicht auf den ersten Blick. So, wie ich.

Na, schön. ihr könnt ja sagen, dann müssen wir's eben besser kennzeichnen, größer, aber ich sag euch, es ist nicht genug, wenn da einfach Limo oder Wein steht. Ihr seid wohl keine Bahnstation. Ihr wollt doch rasant verkaufen, Eindruck schinden und eure Alleinstellung deutlich machen, und zwar auf Anhieb, nämlich, dass ihr allein eben alles, rein alles habt.«

Sie hören und sind doch schon wie gebannt.

»Also Leute. Da steht jetzt euer hilfloser Kunde und sucht. Und was sieht er über den Kisten, groß, breit, in den Markenfarben und eben sofort? Er sieht, dass ihr alles habt.

Er sieht: ›Bier. Bier. Bier.‹ Er sieht: ›Wein. Wein. Wein.‹ Er sieht: ›Limo. Limo. Limo.‹ ›Wasser. Wasser. Wasser.‹

Er sieht wo. Und er sieht, dass ihr einfach alles habt. In einem Wimpernschlag. Sekunden-Reklame. Full Speed.«

Aus dem Augenwinkel sehe ich, wie Harley strahlt.

»Seht ihr's? Das ist praktisch, auf das Einfachste runtergebrochen, eine ganze Kampagne, eure ganze Position, eure eigene Sprache. Euer Full-Speed, Marken-Verkauf. Also, was sagt ihr? Seid ihr dabei?«

Und wie. Ich sag dir, das Ding ist geritzt. Kaum zu beschreiben, was da passiert. Die hab ich getroffen. Ins Herz. Nix Flasche leer. Der schöne Rotwein dann schon.

Apropos. Einem jahrelang alten Markenfreund habe ich mal

erzählt, ich würde, so zwischendurch, auch was für den Handel tun. Er war geschockt. Und danach habe ich nie auch nur etwas von ihm gehört. Wenn du mich fragst, ein alberner Frontenkrieg. Die Klugen wissen, man hängt voneinander ab.

Die Präsentation für die Marke, das ganze Zeug, lief total glatt. Was Vorvertrauen so alles macht. Na ja. Zielen können, das musst du schon. Und nicht verschmockt, nur einfach glaubwürdig sein. Nachvollziehbar für die Leute draußen, so gut wie für ihn, Harley, den Lenker der Märkte, der hat ein Gefühl für den einfachen Mann und versteht, was einleuchtend einfach ist.

Er antizipiert wie verrückt, geht die ganze Zeit auf und ab, die Hand seitlich ins Hemd gesteckt. Im Kopf schon den Frontverlauf. Allez! Allez!

Ich verkauf ihm: »VOLL TOLL«.

Blattschuss, auf Anhieb, sofort.

»Wie findest du das?«

»Na, was glaubst du? Voll toll.« Er ist hin. Position und Passion. Er versteht.

Natürlich zeig ich's ihm fertig. Nicht so als traurige Zeile, nein, gleich auf dem Laster drauf. Damit's läuft, auf der Straße. Schön plakativ. In Full Speed.

Ich hab es nun mal mit dem Momentum. Greifbar und schnell. Im Briefing steht's praktisch nie. Akademisch hat es was mit der »Ökonomie der Wahrnehmung« zu tun, aber, akademisch ist langweilig, machen wir nicht. Da ist ein Unternehmer am Tisch. Full Speed.

Am »alten« Markenlogo haben wir auch was gemacht. Eben, was nötig war. Das Logo, das war noch immer so, wie vom Gründer selbst handgemacht, schön farbig, nur ein ganz bisschen ungelenk. Wir fanden, es brauchte ein wenig mehr Kraft. Man kommt ja auch leicht aus der Zeit.

Natürlich, das wissen wir, ein altes geliebtes Logo, es will total sanft behandelt sein, es ist eine »heilige Kuh«, empfindlich also dazu.

Harley, der schon weit voraus denkt, sieht's, versteht's und hat's schon »gekauft«.

Die enge Verwandtschaft aber, sie schwankt. Halb zieht es sie, halb sinkt sie hin. Auch die behutsamste »Korrektur«, sie verletzt die Erinnerung. Harley, obschon ganz Full Speed, er versteht das. Einsichtig. So wie Ad.

> »Ad, ich bin dafür. Aber, ich glaube, das Haus braucht noch Zeit.
> Wir lassen's mal sacken, okay? In ein paar Tagen besprechen wir's noch einmal.«

Phantastische Präsentation, und alles ist gut. Und da du ja immer noch intensiv lernst, eine Grundsatz-Erfahrung dazu. Vom Händler-Gespür. Das ist nämlich ein seltenes Ding.

Einer unserer Altvorderen, ein Gründervater der Marktgesetze, ein Mr. Roy S. Durstine, das »D« im BBDO, der wusste etwas zu berichten darüber, in seinem Buch von 1926, »Reklame, die lohnt«.

Er beschreibt das Wesen des Handeltalentes auf das Köstlichste, zu ausführlich leider, um es hier ganz wiedergeben zu können.

Hier, mein alter Kollege Roy, auszugsweise:

> »Wenn Sie zeigen wollen, dass Sie mit dem Wesen der einfachen Anzeige vertraut sind, wenn Sie glauben, dass das Abfassen einer Anzeige ein Kinderspiel ist, wenn Sie einen Mann kennen, dessen Schwiegersohn Künstler ist, und mit ihm über Kunst sprechen wollen, wenn der Vater Ihrer Frau einmal Drucker war und Sie sich mit ihm über die Buchdruckerkunst unterhalten wollen, dann wird der geheimnisvolle Typ jenes Anzeigenmannes Ihnen erklären, dass er kein einfacher Propagandist, sondern ein Sachverständiger auf dem Gebiet des Handels ist.
> Und, damit sind Sie geschlagen. Denn, es ist Ihnen ganz unmöglich, im Voraus all die verschlungenen Pfade zu kennen oder zu ahnen, in die Sie bei Ihrer Unterhaltung das Wort ›Handel‹ führen kann.

Wenn Sie der Meinung sind, dass das Handelsgeschäft aus einer intensiven Zusammenarbeit zwischen Grossisten und Händlern besteht, wird er den kleinen Einwand erheben, wie es kommt, dass Sie Ihre Packungen gerade so entworfen haben, wie sie zurzeit sind?

Wenn Sie anfangen, ihm über Ihr System der Rabattierung zu erzählen, so wird er geheimnisvoll von einer Untersuchung sprechen, die zu ermitteln hatte, ob in Kansas mehr linkshändige blonde Mädchen als in Connecticut brünette lebten!

Das unbekannte ›X‹ im Reklamewesen ist ohne Zweifel dieses Wort ›Handel‹.

Es ist die Quelle der ewigen Jugend, das Gold am Ende des Regenbogens, der versteckte Schatz am Boden einer unbekannten Lagune, es kann alles und nichts sein … Das ist und wird es bleiben, das große Geheimnis – ›den Handel verstehen‹.«

So weit mein weiser Kollege Roy, und Ad ist bereit, seiner Anschauung zu folgen. Mehr noch, ihr gerecht zu werden.

»Den Handel verstehen«. Die »Handels-Marke«. Die verletzliche Identität. Als Gaukler, vor allem jedoch als Gestalter, brauchst du eine durchgreifend sensible Hand.

Ein paar Tage nach unserer schönen Präsentation rufe ich meinen neuen Freund Harley an. Ich sage ihm, die Sache sei mir zu ernst, ich wolle Übereinkunft im absolut Guten, ich wolle, dass sich niemand übergangen fühlt.

»Harley, ich komme in den nächsten Tagen zu euch, denn wir haben noch eine Menge gemacht, an dem Logo, und ich denke, dass wir, wenn ich alles noch einmal sorgfältig darlege, ganz ohne Druck, zu einem natürlichen Einverständnis mit allen kommen. Ist dir das recht?«

Harley ist erfreut und erleichtert zugleich, er will den Druck ja ebenfalls nicht und hat gleichzeitig doch wenig Geduld. Deshalb ist er froh, wenn da Action ist. Full Speed, damit es läuft. Allez! Allez!

»Ad, das ist total prima. Ich danke dir. Komm also rüber, dann und dann.«

Mein Assistentenfreund und ich fahren zu ihm ins Werk und schleppen so ein paar Pappen an. Überzeugungsarbeit. Für das nostalgische Herz.

Großer heller Besprechungsraum, neueste Technik, und alle, alle sind da, herzlich und neugierig, so soll es sein. An der Längswand eine riesig chromfunkelnde »Harley«. Ach ja. Sieh einmal an. Die hat der Gründer gefahren, erzählt Speedy Harley mir, und er fährt eine, na, sowieso, et cetera, alles a tempo, wir sind zu Haus.

Ich erkläre den Anlass noch mal, das Bedürfnis, und sie bedanken sich. Dann, Blatt für Blatt, sorgfältig in der Analyse, gehen wir die neuen Varianten des möglichen Logo-Schliffs durch.

Bei Beibehaltung der Farben, mal umgestellt, mal anders betont, die Linienführung mal schmal und mal fett, mal kurz und mal lang, Alternativen mit anderer, schmalerer, zeitgenutzter oder impactstärkerer Schrift, mehr Gelb, mehr Schwarz, Geschlossenheit jedenfalls und womöglich mehr Kraft.

Sie sind von der Fülle fast überfordert, erschlagen, erschöpft. Für die Gemeinschaft der Familie, für ihr gutes gemeinsames Gefühl, alleine dafür, haben wir zu ihrer Abwägung und aus Verständnis geschlagene zweiundfünfzig, zweiundfünfzig!, Varianten gemacht, alle gut, alle möglich, aber am Ende, du weißt es vom Highlander, kann es nur eine geben.

Harley ist stolz, fühlt sich verstanden. Alles fürs Herz seiner Crew.

Er sagt: »Seht ihr, was ich seh? Das allererste, das hier, das was der Herr Pen uns neulich empfohlen hat, der eine, der gültige Favorit, er bleibt und er gewinnt. Na? Seht ihr es auch?«

Und jeder nickt. Vergleichende Anschauung aus freier Sicht.

Das ist es. Im Grunde war es ja klar. Nur, es braucht so ein bisschen Zeit, bis man sich an die neue Zeit gewöhnt. Und Freundschaft schließt.

Also, dir kurz gesagt, alles lief gut. Glänzende Augen und Dank. Für Respekt. Weißt du, Gaukler hin, Gaukler her, Gestalter ja ohnehin, ohne Einfühlung wird nichts gescheit. Vor allem, in schnellen Kurven. Full Speed. Bei gutem Grip trägt's dich nicht raus.

Na ja. Alles wurde gemacht und gut. Ganz schnell. Wir setzen um. Total professionell. Denn jetzt, wo wir das Ding und die fertige Markenschrift haben, da wird ein jedes Schild, jede Auspreisung, jedes Plakat, in Schrift und Typik, so eng abgeleitet, eben ganz einfach eins. Mit der nun eigenen Art, mit geschlossener Kraft und damit in vollem Speed.

Natürlich, du bist ja ein Gambler, musst du als Macher von solcher Art schon so ziemlich besessen sein, ein bisschen irre sogar. Nun ja. Die Sache, sie muss getan werden. Denn nichts, aber auch gar nichts, geht ohne die Konsequenz.

Im Moment ist ja Krise. Und da hilft kein Reklamegeschwätz, denn es geht nicht alleine ums Geld. Es geht um Charakter. Und, ich sag's dir. Da kommt der Gestalter ins Spiel.

Gaukler und Gambler, mal ernst? Oh, dear.

»Make Tea, No War.« Kreativ, ganz gewiss ebenso rührend, doch, wie Ad es sieht, auf tragische Weise verfehlt. Niederlage des Denkens, überschwemmt von großem Gefühl. Das Plakat einer jungen Demonstrantin in London. Gegen den Irak-Krieg. Im Einklang mit den Mehrheiten der Welt. Natürlich verfügte man noch über das gläubige naive Herz, wer wäre da nicht mit ihr?

In einer heilen Welt. Oh, dear. Hilflos im Dilemma, aus dem Affekt der Humanität geworben für den Massenschlächter, das Lebensrecht der freien Welt verkauft. Oriana Fallaci, die Wut und der Stolz, eine lauthals verneinte Humanität.

Wie oft schon hat Ad den Iren William Butler Yeats zitiert, mit einer Passage aus seinem Poem »The Second Coming«: »Things fall apart, the centre cannot hold.« Übertrag es auf unseren Wirtschaftsfaktor, unser vergleichbar kleines Gewerbe-Thema, über das wir uns unterhalten, »werben und verkaufen«. Scham und Scherben überall.

In einem Feature von »Vanity Fair« begegne ich wieder George Lois. Mächtiger Bildmacher der 60er Jahre, die mit der Wahl John F. Kennedys eine neue politische, kulturelle, nahezu erotische Energie freisetzten, ein sich überschlagendes Kaleidoskop der Ikonographie, mit den Bildern von J. F. K., Jackie, Chairman Mao, Che, den Suppendosen und Brillo-Kartons Andy Warhols, Marilyn Monroe und mittendrin George, der die weltberühmten Titel für den »Esquire« herauspowerte.

Einst war George Lois einer der großen Adepten Bill Bernbachs, und wie viele von ihnen sagt er heute, die Werbung hätte den Glauben an sich und auch ihre Stoßkraft ganz verloren.

Ads »Advertisements«, sie pendelten zwischen androgyner Kühle oder dem bloßen Entertainment, das Produkt als Feigenblatt verlegen zugeordnet.

Im Grunde klingt es wie das Echo unserer alten Diskussionen, kaum etwas scheint verändert. Lois sagt, seine Generation habe selbst gezeichnet, geschnitten und montiert – so macht Ad es selbst ja auch heute noch – und sie hatte eben eine buchstäblich taktile Verbindung zum lebendigen Gestaltungsprozess.

Das Fertigangebot am Computer, sagt Lois, mache die Designer weniger denken als sehen. Und er sagt zu ihnen: »Was starrt ihr da an? Da sind keine Ideen zu sehen. Bloß Mischmasch. Kreativ ist es nicht.«

Good to hear you, George. Natürlich spricht einer wie er immer noch aus der engeren Designkultur der klassischen Art Direction und des untergegangenen Print-Atlantis, aber ich fühl es ihm nach im Kern.

George, God bless, der war zu seiner Zeit ein frühradikaler Toscani. Der hat ja auch so gedacht: »Wenn es mir nicht gelingt, für Aufregung zu sorgen, dann habe ich etwas falsch gemacht.« Also, für Werben und Verkaufen steht Toscani, der Aufrührer, nicht. Der hat ja eigentlich auch nicht Werbung gemacht, sondern Öffentlichkeit. Aber das war schließlich auch ein großes Verdienst, und riesenhafte Mileage hatte es auch. Lasst es uns nicht zerreden, das rare Genie.

Unschuld kehrt nicht mehr zurück. Die Marke, sie geht zum Volk. Der Berg beginnt sich zu bewegen. Im April 1993 trennt Philip Morris seine Markenpolitik mit einem Schnitt vom klassischen Preisgefüge seiner Produktkategorie ab, über Nacht gibt es die Marlboro zum Handelspreis, um 20% reduziert, globale Konsequenz, Volumen durch Erschwinglichkeit. Nichts anderes hat ALDI je gemacht. Oder, nicht?

Mit seiner Kampf-Zigarette »West« zog Herz von Reemtsma, der eben ein genialer Händler war, nach. H&M machte Marke mit Sex und Fast-Fashion en masse. Beispiele gibt's eine Menge. Interessant allein, was ausgelöst worden ist. Aufgelöst auch, nämlich die erstarrten Ebenen, die den alternativen Basar begründet haben. Da war er nun, zwischen Marke und Handel: der »Markenhandel«.

Wen wundert's, dass auch damit der Handel wiederum zur Marke wurde.

Der »Markenhandel«, die wirklichen Marken, die macht er hart, verfolge doch all die Interviews. Die weichen müssen weichen. Das Gesetz gilt ja allgemein. Das zu erkennen, dazu musst du kein Gaukler sein.

Kommt hier vielleicht gar Relevanz in das Spiel? Aber, weißt du, da ist doch schon sehr viel dahin. Ad sagt das aus der unmittelbaren Anschauung, der seiner Kunden am Tisch. Aus der Anschauung einer Realität, die, so fürchte ich, »die Agenturen«, wenn überhaupt, nur noch so »ungefähr« erreicht. Und wenn das so ist, dann bedingt es sich ganz sicher auch aus der Routine dieser »All-Purpose«-Briefings, mit denen der Dienstleister nahezu naturgesetzlich am Ende dieser langen Genese-Kette des Marketing-Mix sitzt, sitzt und sitzt. Mit seinem kompletten langjährig eingefahrenen Instrumentarium, das kaum noch etwas »direkt«, ja, direkt bewegt.

Das heißt wohl, einfach übersetzt, sollten wir uns nicht vielleicht Gedanken machen? Nein?

Es geht doch allein, so denkt es sich Ad, der Gestalter, um das unternehmerische Moment. Denk darüber nach. An dem

Punkte nämlich ist die dienstleistende Kommunikation der alten Prägung entweder wegen Unerheblichkeit gar nicht erst zugelassen, innerlich schon zu dienstbar oder in ihren bekannt kampagnen-fixierten Umsetzungsebenen bereits so narzisstisch »eigenbefasst«, dass der eigentliche, der radikal eingeschmolzene Fokus des Unternehmensproblems im Arbeitsprozess allzu schnell und allzu leicht aus dem Blickfeld gerät. Wodurch diese artifizielle Kluft entsteht zwischen Problemtiefe und Lösungskitzel. Wo Reklame mit sich selbst kokettiert, statt daherzukommen wie jemand, mit dem man reden kann. Und zwar schnell. Nämlich full speed.

Ad, alter Markengaul, er sagt's halt, wie er's denkt. Der unschuldige heile, der alte Markenmarkt, der existiert nicht mehr. Ein neuer nicht in Sicht. Oder werd ich schon blind? Ich habe mir extra beide Augen komplett neu und scharf machen lassen. Also, ich glaube nicht.

Es steht alles in Frage. Nur eines nicht: Nämlich das, was unser Klient am dringlichsten braucht. Und im Zweifel braucht er keine »fancy 30 seconds« im TV, er braucht Hilfe und das sofort. Die punktgenaue Energie am Markt. Und zwar, Full Speed.

Ad zitiert aktuell Radikales von Prof. Esch von der Universität Gießen. Er kommt mir zupass, weil er sagt, was zu sagen ist. Nämlich unter anderem: »Die Marke ist keine Demokratie-Veranstaltung.« Ja. Und: »Die starke Marke hat was zu tun mit Selbstbeschränkung.« So ist es. Dem Kollegen sei Dank.

Und so steht die Frage erneut: Wie relevant arbeitet die Agentur noch? Für einen Fokus von treibender Energie? In permanenter Unmittelbarkeit?

»Bild« dir deine Meinung. Eben. Gratuliere. Die Ausnahme bildet das Beispiel. Was denkt das Gewerbe? Wohin denn, denkt ihr, geht die Sache wohl?

Kreativ wirkt, Creative Engineering? Wer's glaubt, wird selig. Warum schreit ihr? Weil's nicht reicht? Der allgemeine Ruf, der liegt zu nah. An der Willkür jedweder Art. An der alten

Auffälligkeit um jeden Preis. Einfallslos wiederholt, seit fünfzig Jahren unverändert. Wenn du Ad fragst, ein einfach langweiliges Ritual.

Selbst ein Gaukler nimmt seine Profession doch wohl ernst. Einmal witzig ist keine Kunst. So dümmlich kann keiner sein. Dieses Gewerbe ist eine Disziplin. Die Profession der Profession. Aller Grund also, um groß zu sein: in Arbeit, in Arbeit, in Arbeit. In Eigenart. Im Einverständnis, in der Lust, nahe an den Leuten jedenfalls, tief drin im Problem, am Fokus von eigener Energie. Der Rest ist dann eben Talent. Vielleicht gar, meinetwegen auch, ein »Award«. Doch der ist als Selbstzweck verdammt kein Wert. Und eine Headline, Ad hat es schon oft gesagt, eine Headline, sie ist noch lange keine Idee. Kopfgedanken und keinerlei Position.

Aber ein Logo wie das von TUI, hui, bravissimo, das sagt, das macht, das serviert einfach alles. Alles einfach. Freunde! Ertränkt diesen schrecklichen affektierten Hype von Creation. Arbeitet. Dann weiß man, was man hat. An sich selbst.

Am System. Und an seinem Unternehmertum. Das hier geht an das Marketing. Und an seinen Generalstab. Ans Management. Direkt ins Stammbuch. Von Ad.

Nicht das Thema ist neu, vielmehr seine Ausprägung. Sintflut erfordert Umdenken. Radikal.

Einfach wesentlich.

Eigen. Sichtbar. Schnell. Full Speed.

Das neue Zauberwort, es heißt Unmittelbarkeit. Nichts anderes also als Kapital. Alte Kampagne wird operationaler Fokus. Voll toll.

Einfach, weil Ballast schwer ist und sein Transport extrem teuer. Also geht es um Zeitgewinn. Um das selbsterklärende Moment. Schule der Eigenart. Spröde Verachtung von Trend. Harter Verzicht auf Auch-Gefühl. Ausprägung des Eigenen. Abweisung des Anderen. Das sind wir, das nicht. Arche Noah der Markentechnik: Der operationale Fokus. Radikal.

Gehst du mit?

Vielleicht hört sich das an wie Akademie. Ist aber nur wahre Praxis. Die einfach ist. Die Langzeit-Kampagne, die hat sich längst überholt. Hat noch nicht jeder bemerkt. Bis die Krise half. Was heißt schon Kampagne? Die Welt steht Kopf. Der ganze Globus wird nun generalüberholt. Die Sache muss getan werden. Du weißt es.

Wann? Jetzt. Forget the crisis. Forget tea. Open Champagne.

Nun. Vielleicht traust du dem Gaukler nicht. Und das Gambeln, das liegt dir fern. Nichts zu machen, na schön. Aber wenn Ad ein klein wenig Glück hat, dann magst du der Intuition des Gestalters vielleicht doch folgen. Dann starte die Harley. Geh auf Full Speed. Aber bitte, achte genau auf Grip.

Auf den Grip zu achten, das gilt allgemein. In Ads Gewerbe, du hast es gesehen, geradezu ein Gesetz. Da sind die Wege oft eng, gewunden, und wie leicht trägt es dich da schon mal aus der Kurve hinaus. Gute Traktion, fester Grip tun da viel. Vor allem Allrad bringt dich nach vorn. Setz dich zu Ad in einen Quattro und pass gut auf, was passiert. Fährst du mit? Sehr gut. Dann steig ein. Aber schnall dich auf jeden Fall an.

Bleifuß, Full Speed, mit Allrad die Schanze hoch und in Sekunden hast du den Höhepunkt von deinem Image erreicht? Einmal gepusht, und du bist da? Wenn du dich da nur nicht gewaltig irrst.

So eine Hochjagd, die dauert Jahre, Jahrzehnte von besessener Technik-Intelligenz, bis du dich vom Jahre 77 an – da nämlich begann's –, in einer Klapperkiste auf finnischem Frostgelände, hindurchgetestet und eisklamm durchgefroren hast, zehn Jahre fast, bis du den strahlroten Audi, den CS Quattro, 136 PS, so irrsinnig ausgereift hast, um am Ende am Ziel der Ziele, um als Erster oben, ganz oben zu sein.

Full Speed. In control.

Ad, beratender Beifahrer der Marke Audi, auch Glück muss ein Gambler haben, seit Ingolstadt begleitend dabei. Mitverantwortlich, als Gestalter auf Augenhöhe gefragt.

In Ingolstadt, noch heute bebt es in mir, da waren Zentrale und Produktion zusammen in einem Haus. Das Besprechungszimmer nur durch einen Flur von den Montagehallen getrennt, durch schallschluckende Türen aus Stahl. Hast du sie aufgemacht, brach das Inferno heraus.

Das ganze Gebäude, es hat halt vibriert. Wie ein schwaches Erdbeben, und das permanent. Oft hab ich gedacht, dass nur ich das so fühle. Aber da war ja ohnehin reichlich Spannung, bis unters Dach, weil, so war das, die »Auto Union« nun mal unter VW-Beherrschungsvertrag stand. Für uns ein absolut delikates Loyalitätsproblem.

Denn alles das, was wir für Audi machten, das wurde vorab entschieden, allein von VW. Das war eine Schaukelbetreuung, so schwierig, ich male es gar nicht erst weiter aus. Ich denke, du hast genug Phantasie. Ich sag dir, wer das überlebt, der erreicht viel.

Fünf Vorstände hat Ad erlebt, dein eigener Hubraum vergrößert sich, der wächst irgendwie mit den Baureihen mit, vom 80er bis zum 100er, mit der Hand und den Augen am Prototyp als Modell. Mit dem Audi-Team, so dicht wie nur möglich dabei.

Mit dem ersten »Alu«, der Innovations-Sensation, wirst du mal eben röhrend durch enge Wolfsburger Wäldchen gebrettert, da lernt selbst Ad beten, Freund, damit bist du am Anschlag des Unternehmens dabei, wenn du verstehst. So ein enger Einbezug, er ist das Vertrauen, das sie dir schenken, und mit Verantwortlichkeit zahlst du zurück. Und als Gestalter, hoffentlich, dann mal mit einer Idee.

Am Ende dann, reift auch sie aus. Weil da gemeinsame Basis ist, vor allem aber, das technische Kunststück, das vor dir liegt, die Vorlage, die auf die Umsetzung wartet, auf ein kongenial entsprechendes Bubenstück.

Wir baldowern's gemeinsam aus. Und, versteh, um so ein

Werbe-Highlight geht's nicht allein. Ad weiß, worum es dem Chefdenker Piëch geht, um Image-Aufstand, scharf in den Markt, aus der flachen Ebene in das Hochland hinauf. Es geht allein um Alleinstellung.

Mit dem Vorderrad-Antrieb haben wir vorgemacht, wie man Alleinstellung macht. Sicher, natürlich, den Antrieb gab's nicht alleine bei »uns«, aber, und nur darum geht's, du machst vor allen anderen und besser als sie »den Punkt«. »It is better to be first than it is to be better«, du erinnerst die Herren Ries und Trout.

Den Punkt, den machen wir so einfach es eben nur geht. Ads Partner Eckhard Rössler, ein kreativer Ausnahmemann, er konzipiert, dreht den Spot, der in Cannes gleich auf Gold geht, simply done.

Mit einem Streichholz lässt Eckhard das vorne leicht offene Schächtelchen ziehen, mühelos, in die immer gesicherte Spur. Stößt er aber die symbolische kleine Karre von hinten an, dann fährt sie vorne, wohin sie will. Eindrücklich simpel. Was willst du mehr?

Nun, Ad hat es dir schon gesagt. Du festigst den Vorsprung von Audis technischer Kompetenz. Warum wohl hat Ad damals »Vorsprung durch Technik« geschrieben? Und nun, wo der Anspruch so erstklassig eingelöst ist, da steht der Claim noch bis heute. Stark. So und nicht anders ist der Nachdruck der produktionsgefestigten Markenführung. Allein darum geht's.

Na ja, du kennst die Geschichte wohl einigermaßen. Für den »Quattro«, da wollten wir natürlich noch höher hinaus, um den Punkt zu machen. DEN Punkt.

Den Kopf aller Strategien im Haus, Herrn Dr. Piëch, zu überzeugen war zunächst nicht leicht. Ein Fahrwerksexperte, Jörg Bensinger – er lebe hier nochmals hoch –, er hat seinen Vorstand, Technik zu Technik, am Ende dann doch noch für unser geplantes Spektakel gewonnen.

Als dieser es selber durchgedacht hatte, war es schließlich sein Ding. Wie immer auch – bravo. Immer sucht Großes sich seinen Rang.

Wir präparieren den großen Coup. Eckhard Rössler, unser sensibles Genie, als Creative Supervisor gestaltet er das Commercial und verantwortet die Regie.

Wir schreiben das Jahr 1986, es geht wieder nach Finnland, wo sich in Kaipola, einem einsamen Dörfchen weit nördlich von Helsinki, die für uns ideale, die freistehende Skischanze Pitkävuori findet, gut 57 Meter hoch und, um es uns nur nicht zu leicht zu machen, mit einer unerbittlichen Steigung von 80 Prozent. In Worten, achtzig. O Schande. Du siehst es (in etwa) im Bild.

Auch Harald Demuth, so hat es Eckhard erzählt, der hatte vor diesem hochnäsigen Ding einen Höllenrespekt. Demuth, der Alleskönner, der mit dem Rallye-Blut in den Adern. Doch der eben hatte den Mut. Setzt sich in das Ding, macht eine kurze Probe und fährt. Er wagt, lieber Freund, nur blendenden Himmel vor Augen, diese Steilfahrt ins Ungewisse. Als Orientierung, im Augenwinkel, allein das Geländer der Schanze, als ein gleitend leitender Strich. Bravourös.

Glory, Audi. Halleluja. Wir sind oben, ohne zu stocken. Full Speed im Ziel.

Jubel um Jubel. Natürlich auch in der Agentur.

Fast 25 Jahre ist es nun her und, sieh es mir nach, da ist immer noch Stolz. Die BBDO aus Germany, sie gewinnt den »Goldenen Löwen« des Festivals für Werbung in Cannes. Und noch 1997 hat eine Elite-Jury die »Skischanze« als das beste deutsche Commercial aller Zeiten geehrt. Gaukler, Gestalter, was willst du mehr?

Nun, bei aller Genugtuung, als ein professioneller Dienstleister lässt du die Kirche doch bitte im Dorf. Die Idee, auch hier, war eben eines, die technische Leistung aber Voraussetzung. Alleine wichtig ist doch, mit den Mitteln der Ambition, für Echo und vor allem die Langzeit-Erinnerung, den markenführenden Punkt zu machen. Den Durchbruch, in Image und Kompetenz. Bedenke es, dann verstehst du die Tragweite und den Schritt.

Die Marke, die anfangs so gar keine war, vielmehr, sagen wir's offen, doch wohl ein Bastardkonstrukt von zu vielen Eltern, die »Auto Union«, der Daimler-Benz von Volkswagen abgekauft – DKW, Ro, Wanderer, der Zweitakter NSU, sie alle spielten doch mit hinein, ebenso wie der Firmengründer Horch, aus dem sie – lateinisch – dann »Audi« machten. Wer verstand das denn schon?

Selbst die ersten Annoncen kamen lateinisch daher, das war ein Patchwork von Eignern, Technik und Auftritt zugleich, als Marke geboren war Audi jedenfalls nicht.

Also sieh dir, von diesem Ausgangspunkt aus, dem wirren

Konstrukt vor gut dreißig Jahren, Audi von heute an. Im Ansehen, im Zuschnitt, in seiner Trendführerschaft und in seinem »Vorsprung durch Technik« zugleich. Audi. Die Marke. Ganz oben. Ein Bravourstück der Produkt- und der Markentechnik. Nach Jahrzehnten ganz vorn. Und vier Ringe glitzern. Respekt.

Und irgendwie hast du, über so lange Zeit, doch wohl ein wenig zum Ganzen beigetragen und siehst, dass dein Gewerbe zum Antrieb gehört. War eine große Zeit. Auch für Ad. War mächtig Speed.

Independence Day

Um Kopf und Kragen

Da wir uns hier nun längst unterhalten über Hals-über-Kopf-Artisten, ganz ohne Netz, komm ich am Ende doch nicht um eine Geschichte herum, die – urteile später selbst – wohl zweifellos von eigenem Charme ist.

Ein ganz einmaliges und unbedingt mutwilliges Bubenstück von kühlwütender Selbstbehauptung, an dem Ad das Vergnügen hatte, als Zeuge beteiligt zu sein.

Der Typ, um den es hier geht, den will Ad als »eindeutig« benennen. Der wusste, er hält seinen Kopf hin, und hat sich gesagt, was soll's. Tu ich es nicht, dann habe ich auch verloren. Vor mir selbst. Der hatte noch eine Richtschnur für sich. Noch jung zu nennen, jedoch ohne Frage ein fertiger Mann.

Hochnotpeinlicher Sonderrapport in einem für solch eilige Fälle eigens gebauten Airport-Hotel, einberufen vom direkt aus China einrauschenden CEO eines weltmächtig präsenten Handelskonzerns, weil auch zu Hause die Hütte brennt.

Zitiert ist sein Topmanagement, also geht es um was, und ebenfalls der führende Partner der betreuenden Agentur. Alleinunternehmer Ad, wie schon erwähnt, ist ebenfalls dringlich gebeten, in seiner Eigenschaft als Berater des CEO. Mit der Angelegenheit selbst, einem Fernseh-Commercial ohne Fortune, vielmehr mit Ärger und Kosten belastet, hat Ad operativ rein gar nichts zu tun.

Also, da sitzen die Missetäter versammelt und warten so ziemlich unbehaglich herum. Du kennst das. Ein piefig steriles Mietbüro, die üblichen Wässerchen, Säfte und abgestandener Keks. Die Mienen mürrisch, die Augen nach innen gewandt, wird mühsam aneinander vorbeigeschaut.

»Meine Herren, wir haben nichts zu verbergen«, mit leiser Stimme, vorbeugend trotzig, des CEOs erster Mann, ein hochsympathisch ernsthafter Treuhänder. Die Agentur, ohne jedes Zeichen der Einschüchterung, nur unmutig in der Langeweile, alles verlorene Zeit.

Ad nimmt einen faden Keks, da bricht ein chinesischer Elefant durch die Tür. Touch down und unmittelbar mittendurch.

Mein CEO, ein machtströmender Macho von hautnaher Körpersprache, ein italienischer Tito Gobbi mit ausdrucksbewusstem Bariton, »Giro d'Italia«, wie Ad ihn namensspielerisch für sich genannt hat, er scheint im superlativen Stress, was diesen Fall betrifft, der vielleicht nur der Tropfen ist, damit das berühmte Fass endlich überläuft.

Die Augen rotgerändert, todmüde, voll übersäuert, durchschwitzt er alle die Eleganzia, grad noch ein »Hi«, das Unternehmen spricht Englisch, damit kommt auch er leichter zurecht, »Sir, hier, ein Wasser vielleicht?« »Mmh, yeah, ok«, wer nie auf einem solchem Trip war, hat keine Ahnung, wie's dem grad geht. »You start as a passenger and you arrive as a package.«

Die ewige, niemals endende Flugreise noch im Blut, die bildrandvolle Schlaflosigkeit, das Verhandlungsgift der chinesisch durchtriebenen Händlerart noch im wütenden Bauch, im Ohr und im Mund, und dazu noch obendrauf ein elendes Meeting in Germany, das ihm den Rücken freihalten soll, verdammt, und stattdessen Löcher in die Kosten reißt und überhaupt.

Ich schiebe dem armen Kerl, wenn auch nur als eine hilflose

Geste, eine Cola hinüber. Ad weiß, wie's ihm geht. Dreckig. Verzweifelt irgendwie auch. Und so muss auch gleich alles heraus, weil's ihn nicht hält. Junge, strahlt der eine Hitze aus.

The CEO gets ballistic: »Meine Geduld ist gleich null. Wenn ich recht informiert bin, und ich denke, damned, dass ich das bin, dann will ich jetzt und hier wissen, wer verantwortlich ist für das Debakel, ich habe es nämlich bis hier.« Die Hand flach bis zum Mund.

> »Von Herumgerede hab ich genug. Ihr wisst, ich komme ja gerade aus China, wo uns die Chinesen, kaum, dass sie sich durch uns haben einlernen lassen, schon den Stuhl vor die Türe stellen. Den Markt durften wir für sie machen, den Profit, und zwar absolut, den wollen sie ganz für sich. Meine Herren, Sie verstehen doch wohl, dass ich bei solchen Problemen nicht auch noch Trouble im eigenen Laden will. Für den Sie alle hier verantwortlich sind.«

Nimmt einen Schluck von der Cola. Ein Blick zu mir. Und dann, vor allem zur Agentur.

> »Ich habe Verständnis für Fehler, ich habe am Anfang selbst welche gemacht, nur für Unfähigkeit gebe ich kein Pardon. Wer nicht professionell arbeiten kann für mich, der wird besser gehen. Damit wir uns richtig verstehen. Ich möchte jetzt hören, was Sache ist.«

Er zeigt auf den Vorstand Marketing, »Fangen Sie an«, und sieht mich dabei wieder kurz an. Ja, Giro, ich weiß. Auch mich rettet nichts, selbst wenn ich nicht im Geringsten beteiligt bin. Gewitter, die differenzieren nicht. Sie schwemmen nur weg, damit sie selber erleichtert sind, vom Gewicht ihrer Energie.

Des CEOs Konfident erstattet Rapport. Sachlich, und Ad ist recht fasziniert, ohne auch nur einen Hauch von schuldhaftem Ton. Wirklich sehr gut. Er berichtet die Sache, neutral. Du spürst das objektive Moment. Ich glaube, dass »Giro« es selber spürt. Er scheint überrascht.

Sir, die Sache ist die, eins hat zum andern geführt. Wenn ich es bitte ausführen darf: Alles war äußerst knapp. Der Pre-Test des

Films kam erst sehr kurz vor der Aktion. Das Aktionsmaterial stand direkt vor der Auslieferung, am Wochenende darauf war schon der Start. Nun kommt's.

Im Grundsatz war der Pre-Test völlig okay. Die Empfehlung der Forschung war aber, das Demo des Produktes, wenn möglich, noch deutlicher herauszuarbeiten, also der Leistung mehr Raum zu geben.

Die Zeit war unglaublich knapp, Sir, wir wollten natürlich alles herausholen für den Verkauf und haben also die Agentur gebeten, das Menschenmögliche eben möglich zu machen, und am Ende, Sie sehen es gleich, hat sie es auch geschafft. Und massiv verhandelt mit uns, wegen der Kosten und weil es praktisch zu dreißig Prozent beinahe eben ein Neudreh war, ein Shooting im Studio, über Nacht dann die Überarbeitung in der Postproduktion, an professionell präzise Kalkulation war kaum zu denken.

Zuletzt noch eine regelrechte Umkomposition der unterlegten Musik, Sir, weil der Spot ja um ein paar Sekunden länger geworden und die Betonung auf den Schwerpunkt des neuen Montage-Demos neu anzupassen war. Aber solche sogenannten Details kann die Agentur Ihnen gleich besser erklären.

Die Folgekosten, das räume ich ein, die haben wir am Anfang weit unterschätzt. Die sind praktisch explodiert. Der Film ist nicht besser geworden, aber die Wirkung war zweifellos gut. Der Verkaufserfolg der Aktion gibt uns am Ende recht.

Wir aus dem Hause, Sir, wir können heute nur sagen, dass das kreative Ergebnis dennoch nicht im Verhältnis zu dieser ganzen Anstrengung steht.

Offen gestanden, wenn Sie erlauben – wenn du zu viel willst, bekommst du oft weniger – eine Lehre für uns, für das nächste Mal.

So ist die Sache ganz einfach aus dem Ruder gelaufen. Ein Effekt wie beim Domino. Das wissen wir heute, aber hinter unserer Entscheidung, Sir, stehen wir nach wie vor. Und, dass Sie nicht einbezogen waren, bedauern wir sehr.«

Sein CEO, immer noch grimmig, er nickt. Entwaffnet ist er noch nicht. Er erteilt nun das Wort der Agentur, die er prinzipiell schätzt und respektiert, und die dennoch, so ist das Gewerbe, stets unter strenger Bewährung steht.

»Gentlemen, what's your perspective on that? Tell me in detail, what was going on. Without any euphemism, please.«

Die Agentur ist so sachlich, wie das Management ihres Klienten es selber war. Sie erläutert aus ihrer Sicht. Sie macht es ebenfalls unaufgeregt und deshalb gut.

Du bist immer gut, wenn du nichts verbirgst. Doppelt gut, wenn in Wahrheit nichts zu verbergen ist.

»Sir, der Spot, den Sie hier sehen können, er ist in unseren Augen immer noch anständig. Das Ansinnen, Produktleistung zu steigern, ist, nur weil du stets kreativ denkst, nicht unsittlich.

Unzumutbares haben wir stets kritisiert, manchmal auch, wenn's hart auf hart ging, zurückgewiesen, aber immer argumentiert. Wir müssen uns nicht entschuldigen. Und Schuldzuweisungen machen wir nicht. Nicht an Ihr Haus, dem wir zu Hilfe verpflichtet sind, und nicht an die Forschung, weil sie sagt, was sie glaubt, und nur empfiehlt. Mit Entscheidungen zu leben ist unser Problem.

Herr Vorsitzender, das Problem, das hier vorliegt, entsteht, wenn Image und Sales gegeneinanderstehen.

Ich darf es bitte ausdrücklich sagen: Die Agentur steht nicht gegen Ihr Haus. Ihren Druck haben auch wir zu verstehen. Und immerhin kommen wir noch auf ›anständige‹ Weise aus dieser ganzen Sache heraus. Das ist nicht alles, es war aber viel. Und kein ›Debakel‹, wie Sie es vielleicht sehen.

Qualität ist ein Lernprozess. Ich denke, wir haben aus sehr hohem Druck noch etwas gemacht. Und alle Mängel, die Sie womöglich noch sehen, die sehen wir auch. Das ist alles, Sir.«

»Giro«, im Gesicht noch ein wenig rot, er fragt auch noch Ad, raunzt mich richtig an, ob ich nicht auch noch 'ne faule Ausrede hätte, aber da ist die Luft schon halb raus.

Ich sage nur kalt: »Ich denke, Ihr Haus hat bereits alles gesagt. Die Sache, sie spricht für sich.«

So nach und nach beruhigt sich unser Tiger. Auf einmal scheint die ganze Chose weit weg. Wie China fern.

»Shouldn't we have a bite at least?«, fragt dann entlastet und wohl doch auch ein wenig beruhigt ein einfach müder, erschöpfter Mann.

»Excellent.« Man bemüht sich sogleich um den Service. Und die Lage, nun, die »Lage«, sie scheint, überraschend genug, doch schon tiefer atmend entspannt. Du siehst, so kann es gehen.

Der Angriff, er ist ins Leere gelaufen. Doch er war da. Wissen alle. Immer noch steht die Luft.

Wir warten, keiner sagt auch nur ein Wort.

Und, ja, so ganz unvermittelt, da meldet sich in der verbindlichsten Form freundlich nachfragend, dieser anfangs erwähnte »eindeutige Mann«. Partner und kreativer Kopf seiner Agentur, einer – dazu kennt Ad ihn allzu lange und gut –, einer, der eine abgeladene Unterstellung nicht so einfach und leicht auf sich sitzen lässt.

Ich denke, ich höre nicht recht, wie er im Freundlichsten sein Kabinettstück abliefert, seinen Klienten-Befehlshaber ansieht und höflichst in die entstandene Pause hinein fragt:

»Herr Vorsitzender, vielleicht erlauben Sie mir, dass ich auf Ihre ersten einführenden Worte zurückkomme. Wenn ich es recht erinnere, so erwähnten Sie, dass auch Sie zu Beginn Ihrer Tätigkeit im Unternehmen Fehler gemacht hätten. Herr Vorsitzender, wenn ich Sie fragen darf, welche Fehler haben Sie denn bitte gemacht?«

Madonna mia. Ad überlauft es heiß.

Still. Stille, wie Stille nur still sein kann.

Ad hat schon viel erlebt. Aber nicht das. Die Augenhöhe als

gleiches Maß. Die Grenze der alles duldenden Dienstbarkeit. Oh Mann. Oh Moment. Der riskiert gut und gern seinen Kopf. Und demonstriert ihn auch.

Da sitzen wir alle wie paralysiert. Es steht Spitze auf Knopf.

Auge in Auge, nach einem schweren Bedenken, entscheidet sich schließlich der CEO. Und, Ad, in meinem Kopfe singt's »Halleluja«. Giro, er entscheidet sich für Respekt: Er antwortet. Unerhört.

Ad hört die Chöre seines Gewerbes jubeln. Das ist ein großer Tag. Es ist unser »Independence Day«.

Giro, keiner, der kleinlich denkt, er antwortet ohne Affekt. Von gleich zu gleich. Ad ist beeindruckt.

Der CEO, er zählt alles auf, legt bereitwillig offen, wie's für ihn war. Schwer. Und eben auch manchmal fehlerhaft. Fast lockert es ihn. »Standing«, das hat er immer gemocht. Auch wenn es, wie jetzt, um ihn selber geht.

Der Anlass, die Spannung der Sitzung, nun ist sie weit weg. Das Essen kommt. Pasta. Und auch der Wein. Er wählt einen Montepulciano. Italien. Molto bene. Europa hat ihn zurück.

Natürlich ist da noch der stetige Druck. Aber nicht mehr die unbefriedigte Wut.

Doch, du weißt, Ad ging es hier nicht alleine um Stress. Mit dem letzten Statement der Agentur ging es Ad allein um das zentrale Thema unseres Gewerbes. Nenn es das gleiche Recht. Wenn du willst, nenn es auch Charakter. Such ihn dir aus, den Kern der Dinge, den eigenen, unverkäuflichen Kopf.

Ich weiß, gewiss nicht nur einige haben sich ebenfalls mehr als verdient gemacht, selbst in der schwärzesten Abhängigkeit. Ihnen allen erweist Ad seinen Respekt.

So eben wie auch diesem Mutwilligen hier, dem's affektiv contre cœur ging, durch so stillschweigende Duldung zum dümmlichen Herdentier geschoren zu sein. Zum mundtot gestempelten Dienstleister.

Verehrter Kollege. Ein Tusch.

Die Gambler und Gaukler, vor allem die Gestalter – das

Dienst-Gewerbe, es klatscht dir zu. »Welche Fehler haben Sie denn gemacht?«

Dass du Kopf und Kragen riskiert hast, für jeden von uns.

Independence Day, Mann.

Einfach mal frei gemacht.

Nichts gelernt

Du willst einfach zu viel

Ads üblicher Abendgang. So ein wenig durch den nächtlichen Wald. Doch heute ist es schon etwas spät und recht dunkel geworden. Du kannst die Pfote vor den Augen kaum sehen. Und bums. Du kennst das. Was ist das? Vor dir?

Eine Schlange? Und blind? Ich höre eine Stimme: »Wer da?« Ein wenig schnarrend, so wie ein preußischer Offizier. Ich sage nichts.

Der streckt seine Zunge lang raus, ich stehe besser ganz still. Er tastet mich rundherum ab, dann sagt er:

> »Hmm, du bist rundlich, du bist sanft, du bist pelzig, ja? Du hast diese langen Ohren, du hast so eine zuckende Nase – du musst ein Kaninchen sein.«

Kaninchen, das hört Ad nicht gern, Ad ist ein alter Hase, über so ein blödes Karnickel längstens hinaus.

> Es ist jetzt so dunkel, du kannst kaum noch was sehen. Ich sage: »Hey, du hast recht. Warte mal einen Moment«, streck meine Pfote aus und sag, was ich da fühle: »Hmm, du bist kalt, glatt und du bist schmal, du hast richtig große Giftzähne … und keine Eier: Du musst ein Investmentbanker sein.«

Empathische Pen-Studie des verehrten Kollegen Prof. Wolf Erlbruch,
Universität Wuppertal.

Ich höre ein Zischen, verächtlich und indigniert, aber widersprechen tut das Ding nicht.

»Wie heißt du?«

»Gottlieb.« Patzig. Irgendwas passt meinem Ringelschwanz nicht.

»Viel Trouble, Gottlieb?« Ich versuch es mit Smalltalk.
Mein Gegenüber macht ein Hohlkreuz, total arrogant. Pah!

»Bei uns nicht.«

»Aha. Großer Laden, wie?«

»Ja. Kann man wohl sagen. Sehr groß.«

»Und die Krise?«

»Welche Krise? Was soll damit sein?«

»Entschuldige. Ich frage ja nur.«

»Wir bringen Leistung, verstehst du? Mit Leidenschaft.«
Ads Nase juckt.

»Toll. Leistung aus Leidenschaft!« So schnarrend wie er.

»Was dagegen, eh?« Gleich aufgebracht.
Mich juckt es wieder. Althasen-Art.

»Wenn du schon fragst, wo find ich die denn? Die Leidenschaft? Im Fernsehen, bei diesem Cowboy auf Eis vielleicht? Dem Typen, der sich mit dem Lasso an die Prozente zieht? Von 4,5 unverdrossen herunterbeworben, jetzt schon auf stolzen 2,5?«

»›Come to where the profit is?‹ Meint ihr das?«
Mein Gottlieb, er rollt sich ein wenig ein. Er kennt es wohl nicht. Sieht ja auch nichts. Meine Barthärchen aber, die sind voll elektrisiert.

Ad hat die Nase schon lange voll von diesen sinnentleerten Klischees.

Von deren »Ertragswinkel« auch. Den haben die durchpenetriert, noch und noch. Erinnerst du's auch? Ich frag ihn einmal.

»Von eurem ›Ertragswinkel‹ aber, von dem hast du schon gehört?«
Er raschelt. Ein wenig widerwillig. Mürrisch, gespitzelt gezischt:

»Da war ja wohl was. Früher mal. Hab ich gehört.«

»Das habt ihr dauernd gezeigt. Da ging die Bilanz immer rauf.«

»Na ja. Ist das denn schlimm?« Mein cooler Banker, er rollt sich ein wenig zurück.

»Ich bin zum Spaß da mal rein bei euch.«

Er hört mir wohl zu, zuckt nur mit der Zunge ein wenig herum. Die Lider voll zu. Wie auch sonst.

»Ich hab da nach diesem ›Ertragswinkel‹ gefragt. Als Interessent. An einer Investition.«

Mein Freund im Dunkel, er regt sich nicht. Aber er hört zu. Und sicher denkt er, ein komischer Hase, das.

»Die haben gesagt, davon wüssten sie nichts. Vom Ertragswinkel. Dann haben sie den Filialchef geholt. Anders ging das mit dem Verrückten nicht.«

Gottlieb rollt sich noch ein wenig weiter zurück. Vielleicht grinst er gar. Was hat er schon damit zu tun?

»Der Typ war erst höflich und hat mir dann allen Ernstes erklärt, dass das bloß Werbung ist. Und als er gemerkt hat, dass ich ein alter Hase bin und das schon längst weiß, da hat er mich, so unauffällig das ging, nun eben schleunigst aus seinem feinen Haus herauskomplimentiert.«

Mein neuer Freund Gottlieb, so eingeigelt, ist kaum noch da. Meine Nase zuckt wie verrückt.

»Ich habe noch laut gerufen, ›LEISTUNG DURCH LEIDENSCHAFT‹, aber da hatten sie den Tölpel schon auf die Straße gesetzt.«

Stille. Was soll er auch sagen. Der ist von Natur aus cool.

»Ich konnte noch froh sein, dass ich nicht in die Zwangsjacke kam.« Keine Regung. Ich hab schon fast Mitleid mit ihm. Und bau ihm eine Brücke, über den Stress:

»Ihr seht ja auch nichts.«

Vor mir, da regt sich ein wenig was. Und leise:

»Company-Philosophie. Wer zu viel sieht, läuft zu viel Risiko.«

Althasen-Erfahrung reißt mich ein wenig hin:

»Viel Spaß habt ihr da nicht!«

»Schlimm«, er wird regelrecht lebhaft, »das Betriebsklima«, und richtet sich auf. Nervös: »Aber, dafür tun sie ja richtig was.«

»Ach ja.«

»Ja. Damit man sich besser fühlt.«

»Wie denn? Ach was. Nun erzähl schon. Das ist aber interessant.«

»Na, wie soll ich sagen. Eben mit so einer Art von Logo-Events. Wenn du verstehst.«

»Logo-Events?« Mein Bürzel brennt irgendwie.

Er fragt, schon irgendwie schadenfroh: »Du weißt doch wohl, was ein Logo ist?«

Ad, alter Hase: »Na klar. Ich hab für 'ne Menge Hasen ja selber welche gemacht.«

»Was du nicht sagst. Dann kannst du mich ja mal besuchen kommen. Weil, darüber gibt's bei uns ein richtiges, ein wirklich dickes Buch.«

Er ist jetzt schon fast wieder aufgeblüht, die Zunge gelöst, und schwärmt:

»Das Logo, diese steile Bilanz im Quadrat«, Junge, der hat's aber drauf, »du weißt, das haben die überall aufgestellt. In unserer ganzen Welt.

An der Wallstreet, riesig auf Brücken über 'nem großen See. Sekretärinnen haben diese geile Bilanzlatte umarmt«, er kichert sogar, Gottlieb, fast schon frivol, »ich glaube, in Indien sind sie mit Feuerfackeln drumrumgetanzt … du kannst es sehen, alles toll dokumentiert.« Er reißt die Augen auf, aber sieht nichts.

Ehrlich gesagt, lieber Freund, Ad stehen die Härchen gesträubt, selbst der Wald um dich herum, der wird so ziemlich empfindlich kalt.

»Du meinst den Tanz um das Goldene Kalb«, sage ich, denn alte Hasen bewahren sich immerhin noch einen Rest von Gefühl, »das Goldene Kalb, das bei euch doch wohl der Mammon ist, um das tanzt ihr herum? Heute? Verstehst du überhaupt, was das heißt? Heute? Ohne das kleinste Gefühl für die Zeit?

Wo die Leute ihr letztes Hemd verlieren? Und sich dutzendweise das Leben nehmen, wie in Frankreich bei der France Télécom? Da schmeißt ihr Millionen heraus? In der schwersten Krise eines schon haltlosen Kapitalismus, da feiert ihr euer Kapital? Versteht ihr denn überhaupt nichts? Und die Welt liegt dabei auf den Knien? Keiner von euch wundert sich, milde gesagt, über Vertrauensverlust?«

Ich höre nichts. Der glatte Kerl, er ist schon fast überhaupt nicht mehr zu sehen. Ein alter Hase wundert sich nicht. Solche, die schlängeln sich ja, lang geübt, nur allzu leicht weg.

Vielleicht ist er nun ja, ein wenig zumindest, doch bestürzt. Also:

»Gottlieb, entschuldige, es ist nicht persönlich gemeint, seid ihr denn wirklich so blind? Leidet ihr unter Real-Verlust? Und schämt euch noch nicht einmal? Du bist ja wohl unterkühlt, aber ich frag dich trotzdem, gibt es für euch noch so etwas wie, na, sagen wir, ›verantwortetes Geld‹?«

Selbst ein alter Hase wie ich hat noch etwas Hirn. »Also, sag mir, hat Geldwirtschaft keine Wertaufgaben mehr?«

Ad, schon viel zu sehr außer sich. Pfeifen im Walde. Und weiß selbst, es ist blöd.

Mein imprägniert glattkalter Zufallsfreund, so blind in sich gerollt, er hat keine Antwort auf irgendwas. »Es ist nicht alles so schwarz und weiß«, sagt er dann heiser, also wohl doch ein wenig verstört, »komm mal vorbei, ganz so schlimm, du wirst sehen, ist's bei uns nicht.«

Tatsächlich treffe ich Gottlieb noch ein weiteres Mal, in seiner Schlangengrube, gänzlich bei sich. Vor Ort lernst du viel und eben dazu, und lange Ohren habe ich ja sowieso. Von Beruf.

Du kriegst es mit, ob du willst oder nicht. Auf ihren Fluren, da diskutieren sie, sich selbst auf die Schulter klopfend, ihre neue Wunschposition.

Nämlich, pass auf, aus dem gegebenen Namen heraus, also national stark und ohne die eigene Art zu verleugnen. Und gleichzeitig aber, das ist dann wirklich schon schwer genug, ein starker »Player«, wie sie so sagen, im Internationalen zu sein. Doppelpositionierung, ganz allgemein, sie ist immer höchst anspruchsvoll.

> »Tolle Sache«, bekommt Ad auf den Fluren da mit und sieht, wie sich einer das Augenlid verschwörerisch dabei herunterzieht, Kumpels im blinden Verständnis mit sich:
> »This is Deutsche«, sagt der doch wirklich und nickt dazu ganz genießerisch, sie feiern sich schon und finden sich toll.
> Nämlich global.
> »This is Deutsche«.

Endlich. Positioning!

Lies es noch mal. Ja, du siehst recht. Lies es noch mal und erbrich dich nicht, ich bitte dich, lieber Freund.

Ad, alter Hase und empfindlicher Narr, es liegt wohl allein an dir. Du kannst nicht mehr folgen. Wem? Dem Ungeist des Ungeschmacks. Dem Ungeist, bar jeden Gefühls einer deutschen Vergangenheit.

Hätt ich's nicht selbst gehört und gedruckt auch gelesen, Ad hätte es nicht geglaubt. Und glaub es mir, den Einblick in solch ein Gewerbe, den hätt ich dir gern erspart.

Falls dir die Fabel am Ende zu bitter wird, tut's mir so richtig nicht leid. Wegen der Überzeugung. Auch so ein närrischer Kram.

Bei der Unbildung des Geschmackes, da setzt bei Ad, dem Gestalter, das beliebige Gaukeln und lässige Gambeln ganz aus, verdammt, da packt mich an meiner glühnassen Nase ganz einfach die heilige Wut, und die Ohren, die werden mir spitz und steif, so wie die Hörner von meinem Sternbild, dem Stier.

Bildung, heute von jedermann so geschwätzig beschworen, sie hat – hör auf den alten Hasen – den geschulten Instinkt für den Stil zu bilden, sonst stinkt jeder Hasenstall, man will doch schließlich Manier. Ich muss wohl wieder mal an die Luft.

Und so, an einem anderen Tag, nichtsahnend auf meinem Weg, da treff ich doch wieder auf meinen glitzkalten Freund. Gottlieb. Im Gegenlicht, schlängelnd in der Sonne, sieht er doch ganz passabel aus.

»Na, alte Pfusch-Otter«, sag ich versöhnlich, »was macht die Kunst? Macht ihr noch immer an euren Logos herum? Die Leidenschaft, sie ist euch nicht abgekühlt?«

Er blinzelt etwas. Ich seh etwas funkeln. Ich glaube, der glatte Gottlieb, der ist in Wirklichkeit gar nicht so blind. Alles nur Mimikry. Was für ein Schatz.

»Nein, weißt du«, so zischelt er, »im Moment, da steht bei uns alles auf Rot. Wir ackern die Altfelder noch einmal um. Weil jede Kartoffel zählt. Hattest du da die Pfoten im Spiel?«

»Ich fürchte, so direkt nicht. Aber wer weiß. Vielleicht fangt ihr ja doch noch zu lernen an.«

Ich merke, meine Bartspitzen, die fangen schon wieder ein bisschen zu glühen an. Das Beste ist, ich mach mich weg.

Ad, aus der Hall of Fame der Althasen, seine Schneidezähne sind, geistig zumindest, noch genügend geschliffen. Das hoffe ich doch, ich denke, so manchem Karottenlümmel knapps ich noch glatt seine Rübe weg. Aber nun ist es gut. Gottlieb, elegant, ganz in Blau und sich selbst genügend, schniegelt sich, Derivate jonglierend, über den Acker weg.

Ad, setzt sich auf seinem Bürzel zurecht. Aufrecht, die Lauscher auf vollen Empfang gedreht. Spiel, Satz und wenigstens Haltung bewahrt. Ich glaube, ein junges Möhrchen, das tät mir jetzt gut.

Für einen Moment sitz ich da. Es geht mir noch was durch den Kopf. Ich hab's von Tom Wolfe, und der hat's von Thomas Mann.

So hat Tom Wolfe es erzählt:

Dass ein jeder nicht nur sein persönliches Leben als ein Individuum lebt. Sondern, bewusst oder nicht, gleichzeitig das Leben seiner Epoche.

Die aber zeigt zu viel von dem, was bedauerlich möglich ist. Das sage ich. Die Produktion imaginärer Schneebälle, die nichts produzieren, außer nur Illusion.

Leistung durch Selbstbetrug.

Doch auch Schneebälle schmelzen einmal. Und, das ist gut. Ebenso die geblähten Luftblasen des Gewerbes, so hoffe ich. Das Getön in das Nichts.

Lehre, durchaus auch eben für uns, so sitz ich und denke ich, für das Gewerbe. In Einfühlung, die Ohren offenzuhalten. Und steif. Sonst haben auch wir nichts kapiert.

Ach, Ad. Du lernst es nicht.

Immer willst du zu viel.

Ich sage dir, alles nur Spiel

Aber schlaf nie

Es ist doch so. In unserem Spiel. Erst haben wir alle gelernt, wie es geht. Womöglich richtig sogar. Und nun steht der Ochs vor einen Megaprodukt, einem Berg von sich übersteigend hochpushender Kommunikation. Schweinebauch-Kram, der sich in seiner gesamten Masse selber die Wege verstellt. Und damit ist die Zeit für Stand-up-Comedians, die früher auf schnellen Applaus hoffen konnten, eben viel härter geworden. Einmal gelacht ist zu kurz gesprungen.

Ganz richtig. Das ist es wohl, warum man mit Aids und Krieg, so wie Benetton, zum Schocker als Ausweg gegriffen hat. Wie auch Saturn, mit »Geiz ist geil«. Du willst doch nicht jeden Tag ins Bordell?

Du hörst es heraus, ja, Ad hält so viel nicht davon. Vom Kotzbrocken-Eintopf. Man macht es sich leicht und gleichzeitig laut. Das denkt Ad. Weil die Verachtung der Öffentlichkeit ja schon immer und ganz ohne Mühe alle ungeteilte Aufmerksamkeit fand. Frag den »Dirty Old Man«.

Die eindeutige, die klare Wahrnehmung der Marke, sie ist nun einmal das wichtigste Kapital einer Industrie. Ich dränge es dir ja nicht auf. Aber je unübersehbarer der Markt, desto härter muss sich dein Fokus behaupten, desto höher muss deine Festung sein.

Der Berg bewegt sich nicht. Das wusste doch schon der alte Sun Tsu. Ein Wort, eine Botschaft, eine Kompetenz, ein Ding.

Und wenn du Ad fragst, dann ist das wichtigste Mittel, um dennoch präsent zu sein, die Vereinfachung. Vereinfachung, ja.

Versteh mich recht. Das muss so einfach sein wie der Vers von einem Lied, keine Masche, kein Trend, kein blindes Nachrennen hinter dem Zeitgeist. Gefragt ist alleine die Eindeutigkeit.

Ich weiß, den Kreativen, denen schmeckt so was nicht. Aber, Kinder, wirklich, so ein bisschen bittere Diät, sie schadet euch nicht. Im Gegenteil, ihr werdet es sehen, entscheidend schärft sie euch den Geschmack.

Und den Instinkt. Wie du Zukunft sicherst. Besitzstand befestigst. Deine Wettbewerbsfähigkeit schärfst. Ich sag dir dazu das Mission Statement eines unserer großen Weltweit-Klienten, General Electric. Direkt von Neutronen-Jack, dem Chairman Jack Welch:

»Speed, Simplicity, Self-Confidence«.

Damit kann man doch arbeiten, nicht? Für intelligenten Erfolg. Jack, Junge, war der eine Macht.

Grundlagen, einige immerhin.

Für Ad, den Gestalter, die Roadmap.

Für den Gaukler der feste Stand. Für den Gambler der Pot. Im Treibsand, ein wenig Halt. Für allen Zusammenhang.

Vor ein paar Jahren, da schaltet Ad, der Reklame-Narr, eine Anzeige an seine frühere Zunft. An das Gewerbe, das scheinbar so gänzlich unberührt weiterläuft, als gäbe es diese unerhörte, wieder gänzlich neue »Ökonomie der Aufmerksamkeit« nicht, auf die uns ein weitsichtiger, ein klug beobachtender Mann, Georg Franck, auf das Klärendste aufmerksam macht.

Auf die Wahrnehmung eben. Das »erste Denken.« Nach Duns Scotus, in Intuition. Und, eben in Einfachheit.

Also schreibe ich, so im Alleingang, dieses so überfällige Pamphlet.

So Sachen müssen eben heraus.

Ich denke ja schlicht: Wenn keiner es macht, dann mach du's. Denn, machst du's nicht, bist du wie die. Nämlich stumm.

Wahrscheinlich bin ich ja nur begriffsstutzig. Es will und will mir nicht einleuchten, wieso die Kommunikationswelt nicht kommuniziert. Über die Sache. Über die neue Zeit. Da ist doch was faul im Reklamestaat. Ad. Ich lerne es nie. Reg mich schon wieder auf. Aber, ich sag's hier noch mal:

Neben der Dummheit, wie's Oscar Wilde sagt, ist die Trägheit die größte Sünde.

Kreativität ist die Überwindung der Gleichgültigkeit. Das sagt dir jeder Jongleur. Wenn er sich fit hält. Im Wettbewerb. So, wie Ad es versucht, in der absoluten Hinwendung auf das Problem. Die Bälle in der Luft zu halten, dazu brauchst du nicht nur Talent. Weit wichtiger, Konzentration. Weil Routine, so ist nun einmal ihre Natur, bedauerlich schläfrig macht. Alles eben, nur Spiel.

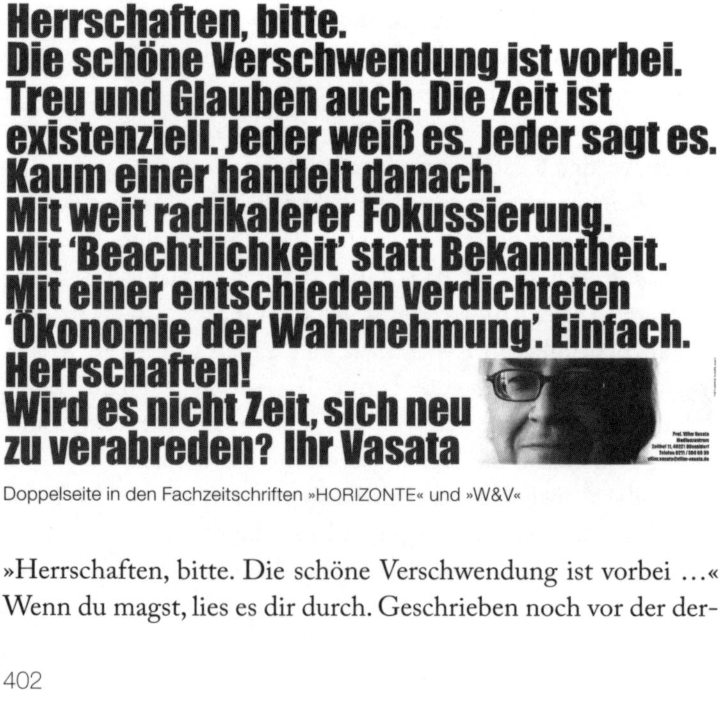

Doppelseite in den Fachzeitschriften »HORIZONTE« und »W&V«

»Herrschaften, bitte. Die schöne Verschwendung ist vorbei ...« Wenn du magst, lies es dir durch. Geschrieben noch vor der derzeitigen Weltwirtschaftskrise, die wir alle, wir gebrannten Lehman Brothers, bis auf die pharaonischen Guggenheim-Bauten eines ölblinden Abu Dhabi, am Verfall unseres Kurswertes am eigenen Leibe spüren.

»Herrschaften«. Das Gewerbe, es war doch recht aufgeschreckt. Das tat mir gut.

So weiß ich, nachdem es mir keiner gesagt hat, Zusammenfassung tut gut. Zusammen ist überhaupt alles. Bring die Sachen zusammen, dann haftet es. Mach dir ein Bild.

»Things fall apart, the centre cannot hold.« 1921. Von Yeats.

Obama tries, although he knows that he can't. Er muss sich allein auf Beschwörung verlassen. Wie die Schamanen, die wussten, warum. Denn nur Wiederholung, nur die Vervielfältigung zählt. Der Zusammenhang. Die Revolution der Information, überall Echt-Zeit, das Smart-Phone, global, heute verknüpft es alle mit allen, hinein in den großen Zusammenhang. Wie ein jeder es kann, kannst du nun wissen, was und wann du es willst. Anything, anywhere, anytime. Wenn du die Zeit nur richtig liest.

Wenn du ein spöttischer Narr bist, na ja, dann gratuliere ich. Immerhin hat selbst der große Sir Popper in seinem letzten Buche gemahnt: »Optimismus ist Pflicht.«

»Wer's glaubt, wird selig.« Halt dich daran, wenn du willst. Aber vielleicht denkst du noch einmal darüber nach. Hör mir zu:

Ich sage dir, die Evolution ist gesprengt.

Fragst du dich wie? Sieh doch nur hin.

Durch die Machtwäsche der Hirne. Die Machtwäsche, die das freie Denken durch fanatische Indoktrination real und endgültig ausradiert hat.

Die, stimme mir zu oder nicht, es geschafft hat, das ewige Naturgesetz von der Erhaltung des Lebens in das Ideal des Todes zu pervertieren. Und, immerhin recht persönlich doch interessant, dich und Ad, uns Ungläubige, aus der Welt in die Luft aller Unwelt bläst, wo und wann es ihr so beliebt. Ist dir das denn nicht Erklärung genug?

Das, lieber Freund, ich sage es dir, das ist die Konsequenz. Und, sag du es mir bitte zurück. Ist das denn etwa nichts? Ein Somali über Detroit?

Alles nur Spiel, sagst du? Ja, doch nur, wenn du in dem Momente nicht schläfst.

Ich frage dich, wie schnell lassen sich Phänomene heute noch fassen, wenn alle Wahrnehmung dich umfängt? Sieh dich um. Virtuell wird real, World 2.0, Tokio Hotel, Bill Kaulitz. Kaulitz, ich bitte dich, 22, Hysterieauslöser, wie ein Beatle, fast eine Mischung aus young Liz-Taylor-Ebenmaß und Michael-Jackson-Affektation, wortverschluckend, von der plumpen Konvention eines Händedrucks erschöpft zu Boden sinkend, fragiles Genie aus der Anime-Produktion, clean, doch auf andere Weise ebenso high wie sein Brudergespenst Pete, der todesgetriebene Doherty, nicht ist unmöglich. Selbst eine Rückrufaktion nicht, von Toyota. Ayamari, Entschuldigung, wirklich sehr peinlich. Ja. Und, dennoch hält Ad von Toyota viel, wenn nicht alles. Denn sie geben ein Beispiel. Für innere Festigkeit. Bist du überrascht?

Für Ad haben die klugen Herrschaften heute den größten Produktionsausstoß von Commitment in aller Welt. Und seinen Truppen gibt Toyota das entschiedene Kriegs-Credo vor: Mission impossible. Ohne Tom Cruise, ich bitte dich, das versteht sich doch wohl von selbst.

Ich sage dir, da ist nichts von Fiktion. Fintieren ist dort nicht der Sinn. Der Sinn, er ist nur die Perfektion und damit aller Erfolg. Sonst nichts. Und so geht's: Ein falscher Handgriff und du bist schon tot. Und zwar noch bevor du es selber weißt. Gelernt von den Samurai.

Dem Werkzeug zur Umsetzung gibt Toyota auch gleich einen praktischen, für alle verständlichen Fokus: »Genchi Genbutsu«. Wörtlich: »Am Ort des Geschehens. Mit dem Teil in der Hand.«

Reißleine. Notarzt. Steht das Band, Herzstillstand, Rückstoß bis nach Nagoya. Freund, du spürst es wohl, Ad ist immer noch hoffnungslos enthusiastisch bei so einer Konsequenz. Deshalb sag ich es dir. Das gilt selbst für Rückschläge. Wie die im Moment. Alarmierende Rückrufaktion. Davor ist keiner gefeit. Ändert nichts an der Philosophie. Bestätigt sie nur umso mehr. Vielleicht bist du überrascht. Aber Ads Überzeugungen drehen sich nicht nach dem launischen Wind.

Also, vergiss das momentane Problem. Formel Toyota, so denkt Ad als Gestalter vielmehr, das ist nichts anderes als das äußerste Bewusstsein von Zeit. Keinerlei Management-Faselei. Kern der Marke ist keine Folie, auf der »Value Proposition Statement« steht. Kern der Marke ist auch kein Item, kein Slogan, wie immer »nicht unmöglich« er auch sein möchte. Kern der Marke, so sieht es Ad, ist allein Konzern-Energie.

Wie viel du davon hart kämpfend benötigst, zeigt dir die heutige Krisenzeit. Wo selbst der Staat dem Markt der Automobile zu Hilfe eilt. Weil Markenstatus allein längst nicht mehr reicht. Weil der Markt nur noch rechnet, nicht glänzt. Und sich zudem noch einer kaum fassbar vagabundierenden Käuferschaft ausgesetzt sieht, die sich als »Schwarmintelligenz« bildhaft macht. »Online« die Marken wechselt, mit einem Klick. Des Schwierigkeitsgrades momentan letzter Stand, der, so wie Ad es entschieden denkt, umso dringlicher nach dem beständigsten Fokus verlangt.

Fokus. Verzeih, wieder und wieder komm ich darauf zurück. Fokus. Stell ihn dir vor als ein feststehendes Karussell. Jedoch in drehender Fahrt. Als einen Rotor, dessen operational weit ausschwingende Sitze, bis hin zu dieser »Schwarmintelligenz«, doch stets zum Ausgangspunkt, ihrem Fokus, sicher zurückkehren.

Ja, gewiss, das ist nur ein Bild. Aber das Konzept, das es darstellt, das führt zu einer so eindeutig einfachen Kraft, vor deren Entschiedenheit gar manche sich beinahe fürchten. Bist du vielleicht überrascht? Ich sage dir, das ist Tatsache. Ich hab's erlebt.

Nun sind aber die Ressourcen nicht endlos, und auch die Orientierung der Marken bleibt elementar. Am Ende widersprichst auch du mir hierbei wohl nicht.

Du weißt es doch selbst. Die unschuldigen Zeiten der schönen Verschwendung, sie sind vorbei. Treue und Gewissheit weitgehend auch. Mit der kaufkritischen Zeit, den Heuschrecken und Profitnattern ist das existentielle Wirtschaften über uns gekommen, und wir sollten uns endlich entscheiden, es persönlich zu nehmen. Denn mit gutem Gambling hat das wohl kaum noch etwas zu tun.

Und deshalb sage ich dir, so denkt Ad unverdrossen, müssen, sollten wir uns wohl auch verständigen über veränderte Anschauungen und über den Einsatz unserer eigenen Mittel. Ihrem Gambling und ihrem Ernst. Also über das etwa, was Pepsi's CMO das 3-D-Marketing benannt hat, und andere die grassierende Interaktivität nennen, das immerzu neu sich facettierende Kaleidoskop unserer Marktschwärmer doch wohl.

Da sind wir zurück bei der Fachlichkeit.

Nimm's auf dich, Freund. Die Narren haben schließlich auch Anspruch auf ihr Gesetz.

Also. Ich sage dir: Deutlich macht klar:

Es gibt keinen »braven« Weg der Durchsetzung mehr. Die Langzeit-Kampagne ist überholt. Wie das normale Briefing auch. Denn es sagt nichts über Dichte und Energie. Nichts über den operationalen Fokus. Nichts über die unmittelbar selbsterklärende Angebotsart. Kein Wort von Momentum. Momentum, immer im Dienste vergleichender Anschauung, weil sie die erhellendste der Künste ist, Qualität von Qualität zu unterscheiden.

Und, viel zu klein sprechen Briefings über den Stoff, den der famose Victor Hugo – Monsieur, Chapeau! – als die Erektion der Intelligenz bezeichnet hat: die Imagination.

Und, weiter: Der klassischer Markenaufbau, er ist heute ebenso zeitraubend wie kostspielig.

Und, merke: Ballast wiegt schwer und sein Transport ist teuer. Deshalb braucht Durchsetzung alle Energie des verdichteten Fokus. Verstehst du? Nicht alle deine fünfundzwanzig Argumente und auch noch Produkte auf einem Plakat. Nein, Fokus. Das heißt, Reduktion. Alle einfache Wahrnehmung.

Die Maßnahmen gebündelt, die Aktion permanent, die

Punchline, das Agens des Marktes. Damit, nun endlich, des Pudels Kern.

Ads Gebote:

Erstens. Ich sage dir: Sichtbar.

Präsent sein ist alles. Wer nicht gehandelt wird, ist nicht dabei. Markenpräsenz geht heute vor Markenpflege. Das ist elementar. Schon fast eine Revolution.

Zweitens. Ich sage dir: Triftig.

Das Angebot: Einleuchtend. Relevant. Begehrlich und preisattraktiv zugleich. Aus triftigem Grund im Markt. Denn die kaufkritischen Zeiten sind da. Himmel, das ist doch einsichtig?

Drittens. Ich sage dir: Beachtlich.

Nicht bloß irgendwie bekannt. Nein, womöglich sogar berühmt. Der Kurswert deiner Beachtlichkeit ist nämlich dein Kapital. Es sagt hierzu der Hirnforscher Eric Kandel: »Ohne Aufmerksamkeit wird nichts behalten – und ohne,dass es für meine Gefühle bedeutend ist, auch nicht.«

Viertens. Ich sage dir: Einfach.

Direkt. Es geht um den Dialog. Sofort. Ohne Zeit zu verlieren: selbsterklärend. Wie Pampers. Pampers, ja. Ein Markenartikel, im Nutzen so selbsterklärend wie eine Handelsmarke. Also einleuchtend. Unmittelbar. Denn, die Halbwertzeit des Aktuellen wird stetig kürzer. Darum ist Zeit dein Kapital. Und, Einfachheit deine Durchsetzung.

Fünftens. Ich sage dir: Authentisch.

Dabei geht es nicht allein um die Definition des Eigenen. Gleichzeitig geht es um die Abweisung des Anderen: Das bin ich. Das nicht. Identität absolut.

Spielst du mit?

Personenregister

Kursive Seitenzahlen beziehen sich auf Abbildungen

FSC
Mix
Produktgruppe aus vorbildlich
bewirtschafteten Wäldern und
anderen kontrollierten Herkünften

Zert.-Nr. SGS-COC-001940
www.fsc.org
© 1996 Forest Stewardship Council

Econ ist ein Verlag
der Ullstein Buchverlage GmbH

ISBN: 978-3-430-30047-6

Gesetzt aus der Caslon
Papier: Pamo Super von Arctic Paper Mochenwangen GmbH
Satz: Pinkuin Satz und Datentechnik, Berlin
Druck und Bindearbeiten: GGP Media GmbH, Pößneck
Printed in Germany

Das Grundlagenwerk des Erlebnis-Marketing

Christian Mikunda · **Warum wir uns Gefühle kaufen**
Die 7 Hochgefühle und wie man sie weckt
272 Seiten mit 16 Seiten Farbabbildungen, Hardcover
€ [D] 29,90 · € [A] 30,80
ISBN 978-3-430-20068-4

Glory, Joy, Power, Bravour, Desire, Intensity, Chill – das sind die sieben Hochgefühle, nach denen wir verrückt sind! Aus den sieben Todsünden geboren, haben sie deren emotionale Kraft, aber ohne zerstörerische Wirkung. Sie symbolisieren das, was Konsumenten erleben wollen: Kultur auf höchstem emotionalen Niveau, Naturerfahrungen, die unser Leben verändern, Lifestyle-Inszenierungen, die Waren mit echten, tiefen Erlebnissen verbinden.
Christian Mikunda enthüllt das faszinierende System der Hochgefühle und illustriert mit zahlreichen Beispielen aus aller Welt wie es gelingt, Konsumenten diese willkommene Verführung anzubieten.

Econ